普 通 高 等 教 育“ 十 一 五 ”国 家 级 规 划 教 材
教育部高等学校高职高专测绘类专业教学指导委员会组织编写

GPS 定位测量

（第3版）

主　编　周建郑
副主编　屈丽娜　张亚辉　李　猷
　　　　甘新辉　张新建
主　审　丁仕俊

黄河水利出版社
·郑州·

内 容 提 要

本书为普通高等教育“十一五”国家级规划教材，由全国测绘地理信息职业教育教学指导委员会组织编写。全书共分10章，主要内容有：绪论，GPS定位的坐标系统和时间系统，GPS定位系统与GPS信号，GPS卫星定位基本原理，GPS卫星定位的来源及其影响，GPS定位测量的设计与实施，GPS控制网的数据处理，GPS实时动态定位原理，GPS接收机的选择和使用，GPS在国民经济建设中的应用等。

本书主要供高职高专院校工程测量技术、测绘工程技术、矿山测量、摄影测量与遥感技术、地籍测量与土地管理、测绘地理信息技术、建筑工程技术、水利水电工程、工程地质等教学使用，也可作为注册测绘师考试辅助教材和从事以上专业的工程技术人员参考用书。

图书在版编目（CIP）数据

GPS定位测量/周建郑主编. —3版. —郑州：黄河水利出版社，2017.7 （2020.01 重印）

普通高等教育“十一五”国家级规划教材

ISBN 978-7-5509-1804-7

Ⅰ.①G… Ⅱ.①周… Ⅲ.①全球定位系统-测量-高等学校-教材 Ⅳ.①P228.4

中国版本图书馆CIP数据核字（2017）第187503号

出 版 社：黄河水利出版社　　网址：www.yrcp.com

地址：河南省郑州市顺河路黄委会综合楼14层　　邮政编码：450003

发行单位：黄河水利出版社

发行部电话：0371-66026940、66020550、66028024、66022620（传真）

E-mail：hhslcbs@126.com

承印单位：河南承创印务有限公司

开本：787 mm×1 092 mm　1/16

印张：16.5

字数：380千字　　印数：4 101—7 100

版次：2005年7月第1版　　印次：2017年7月第1次印刷

2017年7月第3版　　2020年1月第2次印刷

定价：48.00元

教育部高等学校高职高专测绘类专业教学指导委员会
规划教材审定委员会

序

我国的高职高专教育经历了十余年的蓬勃发展，获得了长足的进步，如今已成为我国高等教育的重要组成部分，在国家的经济、社会和科技发展中发挥着积极的服务作用，测绘类专业的高职高专教育也是如此。为了加深高职高专教育自身的改革，并使其高质量地向前发展，教育部决定组建高职高专教育的各学科专业指导委员会。国家测绘局受教育部委托，负责组建和管理高职高专教育测绘类专业指导委员会，并将其设置为高等学校测绘学科教学指导委员会下的一个分委员会。第一届分委员会成立后的第一件事就是根据教育部的要求，研讨和制定了我国高职高专教育的测绘类专业设置，新设置的专业目录已上报教育部和国家测绘局。随后组织委员和有关专家按照新的专业设置制订了“十五”期间相应的教材规划。在广泛征集有关高职高专院校意见的基础上，确定了规划中各本教材的主编和参编院校及其编写者，并规定了完成日期。为了保证教材的学术水平和编写质量，教学指导分委员会还针对高职高专教材的特点制定了严格的教材编写、审查及出版的流程和规定，并将其纳入高等学校测绘学科教学指导委员会统一管理。

经过各相关院校编写教师们的努力，现在第一批规划教材正式出版发行，其他教材也将会陆续出版。这些规划教材鲜明地突出了高职高专教育中专业设置的职业性和教学内容的应用性，适应高职高专人才的职业需求，必定有别于高等教育的本科教材，希望在高职高专教育的测绘类专业教学中发挥很好的作用。

这里要特别指出，黄河水利出版社在获悉我们将出版一批规划教材后，为了支持和促进测绘类专业高职高专教育的发展，经与教学指导委员会协商，今后高职高专测绘类专业的全部规划教材都将由该社统一出版发行。这里谨向黄河水利出版社表示感谢。

由教学指导委员会按照新的专业目录，组织、规划和编写高职高专测绘类专业教材还是初次尝试，希望有测绘类专业的各高职高专院校能在教学中使用这些规划教材，并从中发现问题，提出建议，以便修改和完善。

高等学校测绘学科教学指导委员会主任

中国工程院院士

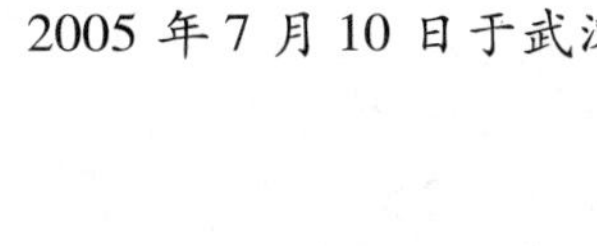

2005 年 7 月 10 日于武汉

第 3 版前言

自 2010 年本书第 2 版发行后,全球导航卫星系统发生了巨大的变化,由美国全球卫星导航定位系统 GPS 一家独大发展到俄罗斯的 GLONASS、中国的 Compass(北斗)、欧盟的 Galileo系统,以及相关的增强系统,全部建成后其可用的卫星数目达到 100 颗以上,为了统一名称,以(Global Navigation Satellite System) GNSS 全球导航卫星系统作为所有在轨工作的卫星导航定位系统的总称。

为了及时反映 GNSS 全球导航卫星系统技术发展的最新成果,适应社会及测绘行业的发展,进一步提高强化专业理论知识与操作技能,培养提高学生的服务意识和素质,拓宽学生的知识面,以期满足学生就业及个人发展需要,增强学生的个性发展和就业竞争能力。同时便于广大读者阅读和理解,对本书第 2 版的第一章至第十章做了修订,主要有以下几方面的修改:

(1)关于 GNSS 全球导航卫星系统,补充介绍了美国的 GPS 系统、俄罗斯的 GLONASS 系统、中国的 Compass(北斗)系统和欧盟的 Galileo 系统,增添了印度 IRNSS 区域卫星导航系统和日本 QZSS 准天顶卫星导航系统,删除了 GPS 航天飞机测图系统内容。

(2)使用最新颁布实施的《全球定位系统(GPS)测量规范》和《卫星定位城市测量技术规范》。

(3)将多基准站 RTK 改写为连续运行参考站技术,并增加了区域改正数法(FKP)技术、主辅站技术(MAX)和如何申请使用 CORS 系统。

(4)增加了北斗时间系统(BDT)和提高 GPS 水准精度的措施。增加了智能穿戴设备、智能手机的 GPS 功能。

本书由黄河水利职业技术学院周建郑教授担任主编。其中第一章、第二章、第四章由中原工学院屈丽娜编写,第三章由黄河水文勘察测绘局张亚辉编写,第五章、第六章由湖北国土资源职业学院李猷编写,第七章、第八章由江西应用工程职业学院甘新辉编写,第九章由黄河水文勘察测绘局张新建编写,第十章由周建郑编写。全书由周建郑教授统稿。在本书编写过程中,得到了黄河水利出版社和编写者所在单位的大力支持,在此一并致谢。

武汉大学测绘学院博士丁仕俊教授审阅了本教材,提出了宝贵的修改意见,在此表示诚挚的感谢。

由于 GNSS 全球导航卫星系统发展日新月异,同时也由于作者水平有限,书中难免有不足与疏漏之处,恳请广大读者批评指正。

编　者

2017 年 6 月

第3版前言

第 1 版前言

本书是根据教育部《关于加强高职高专教育人才培养工作意见》和《面向 21 世纪教育振兴行动计划》等文件精神,以及由全国水利水电高职教研会拟定的教材编写规划,报水利部批准,用中央财政安排的“支持示范性职业技术学院建设”项目经费组织编写的水利水电类全国十一五规划教材。

全球卫星定位系统是美国从 20 世纪 70 年代开始研制,历时 20 年,耗资 200 多亿美元,于 1994 年全面建成,具有在海、陆、空进行全方位实时三维导航与定位能力的新一代卫星导航与定位系统。GPS 以全天候、高精度、自动化、高效益等显著特点,成功地应用于大地测量、工程测量、航空摄影测量、地壳运动监测、工程变形监测、资源勘察、地球运动力学等多种学科,从而给测绘领域带来一场深刻的技术革命,目前已遍及国民经济各种部门,并开始逐步深入人们的日常生活。它是 20 世纪最重大的科技成就之一,是学生学习专业知识、专门技术及获取新知识能力的重要课程。同时也是学生将来生活、工作实践中的一个重要工具。其课程的主要任务是:讲授 GPS 卫星定位的基本原理,GPS 卫星定位的误差来源及其影响,GPS 卫星定位的设计与实施,GPS 卫星定位的数据处理。培养学生使用 GPS 接收机在各种大、中型工程勘测,大地控制网、施工控制网和工程的施工放样中进行定位工作的能力。对培养学生的专业和岗位能力具有重要的作用。

为使本教材具有较强的实用性和通用性,突出“以能力为本位”的指导思想,编写时力求做到:基本概念准确,各部分内容紧扣培养目标,文字简练、相互协调、通顺易懂,减少不必要的重复。以利于学生学习,提高学生解决工程中实际问题的能力。

在编写本教材时,我们力求体现高职教育的特点,力求满足高职教育培养技术应用型人才的要求,力求内容精练、突出应用、加强实践。为了体现教材的特色,我们对传统的教材内容体系做了适当的调整,希望调整后的体系能更适合高职教学的要求。

根据高等职业教育理论与实践并重,理论课课时较少的情况,本书内容按“必需、够用”的原则安排。

本教材主要是为了满足高职工程测量技术、摄影测量与遥感、地理信息系统与地图制图技术、地籍测量与土地管理、水利水电工程、农业水利技术、工程监理、水文水资源、道路与桥梁、工业与民用建筑、工程地质、水文地质、给水排水等专业的高职高专院校教学使用,也能适应其他相关专业教学及岗位培训的需要,并可供从事以上专业的技术人员参考。

本书由黄河水利职业技术学院周建郑教授主编。其中第一章、第二章由黄河水利职业技术学院陈琳编写,第三章、第四章由黄河水利职业技术学院陈慧编写,第五章、第六章由黄河水利职业技术学院周建郑编写,第七章、第八章由黄河水利职业技术学院郭玉珍编写,第九章、第十章由黄河水利职业技术学院纪勇编写,附录一由开封市规划勘测设计研究院李智祥编写,附录二由黄河勘测规划设计有限公司测绘信息工程院曹天一编写。全书由周建郑教授统稿。在本书编写过程中,得到了黄河水利出版社和编写者所在单位的大力支持,在此一并致谢。

武汉大学测绘学院博士丁仕俊教授审阅了本教材，提出了宝贵的修改意见，在此表示诚挚的感谢。

限于编者的水平、时间及经验，书中定有欠妥之处，敬请专家和读者批评指正。

编　者

2004 年 10 月

目　录

第一章　绪　论

GNSS 是全球导航卫星系统(Global Navigation Satellite System)的缩写。它是所有在轨工作的卫星导航定位系统的总称。

目前,GNSS 包含了美国的 GPS、俄罗斯的 GLONASS、中国的 Compass(北斗)、欧盟的 Galileo(伽利略)系统,可用的卫星数目达到 100 颗以上。它可提供实时的三维位置、三维速度和高精度的时间信息,给测绘领域带来一场深刻的技术革命,它标志着测量工程技术的重大突破和深刻变革,对测量科学和技术的发展,具有划时代的意义。

除此之外,还有 WAAS 广域增强系统、EGNOS 欧洲静地卫星导航重叠系统、DORIS 星载多普勒无线电定轨定位系统、PRARE 精确距离及其变率测量系统、QZSS 准天顶卫星系统、GAGAN GPS 静地卫星增强系统和 IRNSS 印度区域导航卫星系统。

GNSS 的发展最初是以军事为目的的,但是成熟完善要依赖于民用市场的高度发展。目前,除应用于军事领域外,现已广泛地应用于国家经济生活的方方面面,包括航天飞行器的定位控制、通信网与电力网的授时、交通导航与监控、海事和海洋渔业的风险躲避、灾害监测、抢险救灾的指挥等,这些应用都极大地增加了 GNSS 系统的影响力,促进了 GNSS 产业的发展。

第一节　GPS 全球卫星定位系统

1973 年 12 月,为了满足全球战略的需要,美国国防部组织陆海空三军十多个单位共同组成联合计划局。在联合计划办公室的领导下,吸取其空军提出的“621—B”计划和海军提出的“TIMATION”计划的优点,共同研制了 Navigation by Satellite Timing And Ranging/Global Positioning System(缩写成 NAVSTAR/GPS),即导航卫星测时和测距/全球定位系统,简称 GPS 定位系统,或直接简写为 GPS。

GPS 工作卫星的外形如图 1-1 所示,卫星发射进入轨道后,星体两侧各伸展出由 4 叶拼成的太阳能电池翼板,总面积为 7.2 m^2。两侧翼板能自动对太阳定向,给 3 组 15 A 的镉镍蓄电池不断充电,保证了卫星在地影区也能正常工作。GPS 卫星采用的是螺旋形天线阵列和圆极化式发送射电信号,12 根螺旋形天线组成了天线阵列,其发射波束的张角大约为 30°,可以覆盖卫星的可见地面。除上述部分外,卫星还包括入轨动力、反作用控制、姿态和速度控制系统、遥测和指令系统以及导航信号发送系统等。卫星姿态是采用三轴稳定方式,由 4 个斜装惯性轮和喷气控制装置构成三轴稳定系统,致使螺旋天线阵列所辐射的波速对准卫星的可见地面。

图 1-1　GPS 工作卫星

GPS 定位是一种被动定位，必须建立高稳定的频率标准，因此每颗卫星上都必须安装高精确度的时钟。当有 1×10^{-9} s 的时间误差时，将引起 30 cm 的距离误差。实验表明，一般原子钟能够提供高稳定的频率。氢原子频率标准的稳定性最好，在 100 s 至 1 d 的时间内，氢原子频率标准的稳定优于 1×10^{-14}，比石英晶体频率标准要高出两个数量级以上。所以，在每一个 GPS 工作卫星中，一般都要设置两台铷原子钟和两台铯原子钟，部分 GPS 工作卫星采用了氢原子钟。虽然 GPS 卫星发送几种不同频率的信号，但都来自同一个基准频率 10.23 MHz。所以只需启用一台原子钟，其余的作为备用，以备更替出现故障的时钟。

2000 年 5 月 1 日，美国政府取消了限制民用精度的"SA"政策，仅在局部或个别卫星上实施 SA 技术。

2010 年 1 月，美国空军宣布执行 24 + 3 星座布局方案，这种新的星座布局方案目的是增加可见卫星数量，从而提高定位精度以便能满足用户尤其是使用实时动态差分技术(RTK)用户的定位需求。其基本参数是：卫星颗数为 24 + 3(24 颗工作卫星，3 颗备用卫星)，6 个卫星轨道面(见图 1-2)，卫星高度为 20 200 km，轨道倾角为 55°，卫星运行周期为 11 h 58 min(12 恒星时)，载波频率为 1.575 GHz 和 1.227 GHz，卫星通过天顶时，卫星的可见时间为 5 h，在地球表面上任何地点、任何时刻，在卫星高度角 15°以上，平均可同时观测到 7 颗卫星，最多可达 12 颗卫星。截至 2016 年 2 月 5 日，GPS IIF – 12 卫星被成功送入轨道。GPS IIF – 12 是升级的 12 颗 IIF 系列卫星中的最后一颗，也是第 50 颗 GPS 卫星。运营了 25 年的 GPS IIA – 10 卫星将进入退休，GPS IIA – 10 将脱离星座被升至更高的墓地轨道后关机。现在正在运行的组网工作 GPS 卫星包括 11 颗 Block IIA 卫星、12 颗 Block IIR 卫星、7 颗 Block IIR – M 卫星和 12 颗 Block IIF 卫星。从 2017 年开始，将启用下一代 GPS 卫星——GPS Block IIIA，此后，美国的 GPS 布网频率将会逐渐加快，而卫星的定位精度将会更高、抗干扰能力更强。目前，GPS 已发展到第五代卫星，其中 31 颗每天提供导航信号，其信号精度已经达到 45.3 ~ 70.3 cm。而且，GPS 的导航性能还在不断提升。

图 1-2　GPS 卫星星座

GPS 全球定位系统可满足各种不同用户的需要，可从根本上解决人类在地球的任何位置进行导航和定位的问题。在海上，可用于海上协同作战、海洋交通管理、石油勘探、海洋捕鱼、浮标建立、管道铺设、暗礁定位、海港领航等方面；在空中，可用于飞机导航、飞机会合、空中加油、武器投掷和空中交通管理等；在陆地上，可用于各种部队的定位、各种军事设施和其他设施的定位等；在空间技术方面，可用于导弹、飞船、飞机的导航和定位等；在人们的生活中，如汽车、旅游、摄影、探险、狩猎、捕鱼、农业生产等都可方便地使用。

综上所述，GPS 导航定位系统的特点如下：

(1)定位精度高。应用实践证明，GPS 相对定位精度在 50 km 以内可达 10^{-6}，100 ~ 500 km 可达 10^{-7}，1 000 km 以上可达 10^{-9}。在 300 ~ 1 500 m 的工程精密定位中，1 h 以上观测的解其平面位置误差小于 1 mm，与 ME – 5000 电磁波测距仪测定的边长比较，其边长较差最大为 0.5 mm，较差中误差为 0.3 mm。

（2）观测时间短。随着 GPS 系统的不断完善，软件的不断更新，目前，20 km 以内的相对静态定位，仅需 15 ~ 20 min；快速静态相对定位测量时，当每个流动站与基准站相距在 15 km 以内时，流动站观测时间只需 1 ~ 2 min；动态相对定位测量时，流动站出发时观测 1 ~ 2 min，然后可随时定位，每站观测仅需几秒。

（3）测站间无须通视。GPS 测量不要求测站之间互相通视，只需测站上空开阔即可，因此可节省大量的造标费用。由于无须点间通视，点位位置根据需要，可稀可密，使选点工作甚为灵活，也可省去经典大地网中的传算点、过渡点的测量工作。

（4）可提供三维坐标。经典大地测量将平面与高程采用不同方法分别施测。GPS 可同时精确测定测站点的三维坐标。目前 GPS 水准可满足四等水准测量的精度。

（5）操作简便。随着 GPS 接收机不断改进，自动化程度越来越高；接收机的体积越来越小，重量越来越轻，极大地减轻了测量工作者的工作紧张程度和劳动强度，使野外工作变得轻松愉快。

（6）全天候作业。目前 GPS 观测可在一天 24 h 内的任何时间进行，不受阴天黑夜、起雾刮风、下雨下雪等气候的影响。但雷雨天气不要进行 GPS 观测，要注意防雷电。

（7）功能多，应用广。GPS 系统不仅可用于测量、导航，还可用于测速、测时，其应用领域不断扩大。测速的精度可达 0.1 m/s，测时的精度可达几十毫微秒。

第二节　GLONASS 全球卫星定位系统

GLONASS 全球卫星导航系统的起步晚于 GPS 九年，在广泛使用 GPS 的同时，苏联在全面总结 CICADA 第一代卫星导航系统优缺点的基础上，吸取美国 GPS 系统的成功经验，从 1982 年 10 月 12 日开始，逐步建立了第二代卫星导航系统——GLONASS 全球卫星导航系统（Global Orbiting Navigation Satellite System）。

图 1-3 为 GLONASS 卫星的外形结构，星体直径为 2.25 m，展开的太阳能电池翼板的宽度为 7.23 m，可产生 1.6 kW 的电力；磁强仪拉杆的长度为 7.84 m，卫星在轨质量为 1 400 kg。

一、GLONASS 卫星星座

GLONASS 卫星星座的轨道为 3 个等间隔椭圆轨道（见图 1-4），3 个轨道平面的相互夹角按升交点经度计算为 120°，3 个轨道平面的编号分别为 No.1、No.2、No.3，按地球自西向东的旋转方向由 No.1 至 No.3 递增。No.1 的卫星编号为 1 ~ 8，No.2 的卫星编号为 9 ~ 16，No.3 的卫星编号为 17 ~ 24，在同一个轨道平面上的各颗卫星，其编号按卫星飞行的反方向递增。轨道倾角 64.8° ±0.3°，轨道的偏心率为 ±0.01，每个轨道上等间隔地分布 8 颗卫星。卫星离地面高度为 19 100 km，运行周期为 11 h 15 min 45 s。由于 GLONASS 卫星的轨道倾角大于 GPS 卫星的轨道倾角，所以在高纬度（50°以上）地区的可视性较好。地面上的用户每天可提前 4.07 min 见到同一颗 GLONASS 卫星，在中国境内可见到 24 颗 GLONASS 卫星中的卫星高度角 5°以上的 11 颗卫星，这比能够见到的 GPS 卫星要多三四颗。每颗 GLONASS 卫星上装有铯原子钟，以产生高稳定的时标，并向所有星载设备提供同步信号。星载计算机将从地面控制站接收到的信息进行处理，生成导航电文向地面的用户广播。

图 1-3　GLONASS 卫星

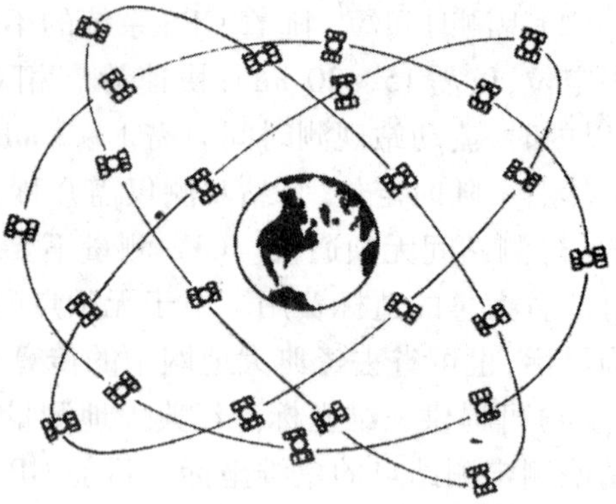

图 1-4　GLONASS 卫星星座

二、地面控制系统

地面控制站(GCS)包括一个系统控制中心(在莫斯科区的 Golitsyno -2),一个指令跟踪站(CTS),网络分布于俄罗斯境内。CTS 跟踪着 GLONASS 可视卫星,遥测所有卫星,进行测距数据的采集和处理,并向各卫星发送控制指令和导航信息。在地面控制站(GCS)内有激光测距设备对测距数据作周期修正,为此所有 GLONASS 卫星上都装有激光反射镜。

三、用户设备

GLONASS 接收机接收 GLONASS 卫星信号并测量其伪距和速度,同时从卫星信号中选出并处理导航电文,并算出位置坐标的三个分量、速度矢量的三个分量和时间。

GLONASS 系统进展较快,但生产用户设备的厂家较少,生产的接收机多为专用型。GPS 和 GLONASS 联合型接收机有很多优点:用户同时可接收的卫星数目增加约一倍,可以明显改善观测卫星的几何分布,在一些遮挡物较多的城市、森林等地区,可提高定位精度,还可有效地削弱美俄两国对各自定位系统的可能控制,提高定位的可靠性和安全性。

四、俄罗斯对 GLONASS 系统的使用政策

GLONASS 系统可供国防和民间使用,不带任何限制,也不计划对用户收费,该系统运行时间至少 15 年。民用的标准精度通道(CSA)精度数据为:水平精度 50 ~ 70 m,垂直精度 75 m,并声明不引入选择可用性(SA)。测速精度 15 cm/s,授时精度为 1 μs。

2003 年 10 月 12 日,第一颗 GLONASS - M 卫星入轨运行,并于 2004 年 12 月 9 日开始向广大用户发送导航定位信号;这标志着 GLONASS 现代化迈出了坚实的第一步。为维持系统在轨卫星的数目,2012 ~ 2020 年间,GLONASS 系统将发射 13 颗 GLONASS - M 卫星以及 22 颗新一代的 GLONASS - K 卫星,以替代过期服役的卫星。2012 年 6 月 20 日GLONASS 在轨卫星达到 31 颗,其中 24 颗 GLONASS 卫星正常工作,4 颗卫星在轨备份,2 颗卫星在轨维护,1 颗卫星在轨测试。2014 年 12 月 1 日俄罗斯第五颗 GLONASS - K 导航卫星已经成功进入预定轨道,这是俄罗斯 2014 年发射的第三颗格洛纳斯导航系统卫星。GLONASS - K 是俄罗斯继 GLONASS 和 GLONASS - M 之后的第三代导航系统卫星,于 2011 年开始发射,应于 2020 年完成组网。与此前的 GLONASS - M 卫星相比,GLONASS - K 的预期使用寿命

由 7 年提升至 10 年，质量由 1 415 kg 减少至 935 kg。GLONASS - K 卫星将逐步替代俄罗斯全球卫星导航系统中运行的 GLONASS - M 卫星，以提高导航精确度。2020 年后，GLONASS 的导航精度将达到 1 m，与 GPS 的水平相同。

第三节　北斗导航卫星定位系统

北斗卫星导航系统（BeiDou Navigation Satellite System，英文缩写 BDS）是中国正在实施的自主发展、独立运行的全球卫星导航系统。系统建设目标是：建成独立自主、开放兼容、技术先进、稳定可靠的覆盖全球的北斗卫星导航系统，促进卫星导航产业链形成，形成完善的国家卫星导航应用产业支撑、推广和保障体系，推动卫星导航在国民经济社会各行业的广泛应用。根据北斗系统“三步走”发展战略，中国首先在 2000 年建成北斗卫星导航试验系统；“第二步”建成了由 14 颗组网卫星和 32 个地面站天地协同组网运行的“北斗 2 号”卫星导航系统；“第三步”是到 2020 年前后将建成由 5 颗地球静止轨道卫星和 30 颗非地球静止轨道卫星组成的北斗全球卫星导航系统，也就是“北斗 3 号”。

我国自行研制的第一颗导航定位卫星——“北斗导航试验卫星”，于 2000 年 11 月 1 日凌晨 0 时 2 分在西昌卫星发射中心发射升空，并准确进入预定轨道。2000 年 12 月 22 日凌晨 0 时 20 分第二颗“北斗导航试验卫星”在西昌卫星发射中心发射成功，这两颗试验卫星构成了我国“北斗双星导航定位系统”。2003 年 5 月 25 日又发射了导航定位系统的备份卫星，它与前两颗卫星组成了完整的卫星导航定位系统，确保全天候、全天时提供卫星导航信息。“北斗双星导航定位系统”的服务区域为东经 70° ~145°、北纬 5° ~55°范围。

定位精度：平面 ±20 m，高程 ±10 m。北斗导航定位系统具有快速定位、短报文通信、精密授时三大功能。基本形成了覆盖全中国的区域导航和定位系统，这一系统被称为“北斗”1 号。

双星导航定位系统定位的基本原理为空间球面交会测量原理。地面中心站通过两颗卫星向用户询问，用户应答后测量并计算出用户到两颗卫星的距离；然后根据地面中心站的数字地图，由地面中心站算出用户到地心的距离，再根据两颗卫星和地面中心站的已知地心坐标计算出用户的三维位置，由卫星发给用户。2007 年发射的第四颗“北斗”1 号导航卫星，替换了退役的卫星。

到 2007 年底，中国成功发射了第一颗“中轨道”导航系统，标志着“北斗”系统在技术和规划上的重大突破。有关覆盖全球的“北斗”2 号系统计划已经浮出水面。从有源双星定位的北斗 1 号试验系统，步入无源定位的北斗 2 号先区域、后全球的新的发展阶段。2012 年 10 月 25 日 23 时 33 分，中国在西昌卫星发射中心用“长征三号丙”运载火箭，成功将第 16 颗北斗导航卫星发射升空并送入预定转移轨道。覆盖区域由东经 84°至 160°扩展到东经 55°至 180°，定位精度由平面 25 m、高程 30 m 提高到平面 10 m、高程 10 m，测速精度由 0.4 m/s 提高到 0.2 m/s。信号覆盖西至波斯湾霍尔木兹海峡，东至美国中途岛西部，北至俄罗斯腾达，南至澳大利亚、新西兰南部海域，如图 1-5 所示。这意味着中国的北斗卫星导航系统已经形成覆盖亚太大部分地区的服务能力。

2012 年 12 月 27 日，北斗卫星导航定位系统正式开始运行，这是 2011 年 12 月 27 日宣布试运行后，北斗卫星导航系统发展的又一个里程碑。从 2015 年 3 月 30 日起，北斗导航卫

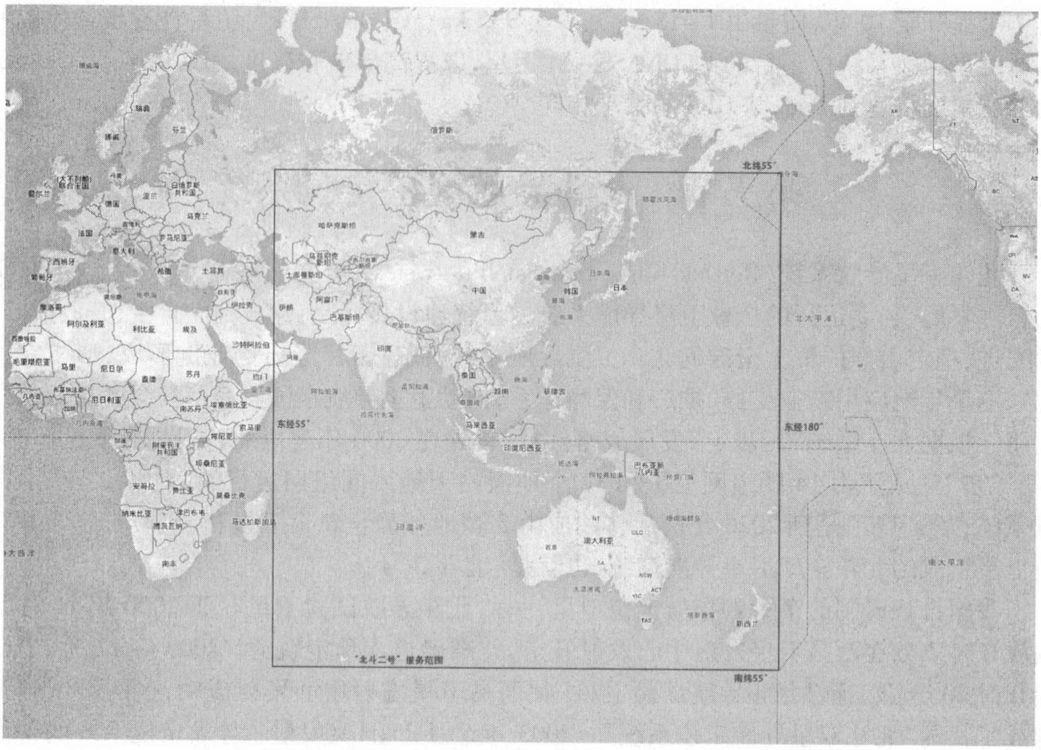

图 1-5　北斗导航卫星现阶段服务区域

星迎来密集发射期，截至 2016 年 6 月 12 日，共发射 7 颗北斗导航卫星，现在在轨卫星颗数达到 23 颗。从 2017 年开始，为了提高发射效率，将采取一箭双星的发射方式，加速推进北斗卫星网络建设。计划发射 6～8 颗北斗 3 号 MEO 卫星；2018 年发射约 10 颗北斗 3 号 MEO 卫星和 1 颗北斗 3 号 GEO 卫星；2019～2020 年，发射 6 颗北斗 3 号 MEO 卫星、3 颗北斗 3 号 ISGO 卫星和 2 颗北斗 3 号 GEO 卫星，在 2020 年前建成一个包括 27 颗中高度圆轨道卫星（MEO）、3 颗倾斜地球静止轨道卫星（ISGO）和 5 颗地球静止轨道卫星（GEO）的庞大卫星导航星座。卫星性能也大幅提升，单星设计寿命达到 12 年。卫星将采取星间传输、地基传输功能一体化设计，实现了高轨、低轨卫星及地面站的链路互通，将形成覆盖全球的定位、导航以及通信服务能力。“北斗 3 号”与“北斗 2 号”的区别不仅在于卫星组网从区域走向全球，更在载荷、星间链路、激光通信等方面有创新，采用星载氢原子钟，其精度将比“北斗 2 号”的星载铷原子钟提高一个数量级。新增加卫星搜救功能及全球位置报告功能。这也意味着，在未来的太空中，它将有能力与美国的 GPS 和俄罗斯的 GLONASS 卫星导航定位系统一争高下，建成后的北斗 3 代导航卫星星座如图 1-6 所示。北斗导航卫星外形如图 1-7 所示。

除天上的卫星网络要加速推进外，地上的北斗导航增强系统网络，也将大面积展开。现在中国已经完成北斗地基增强系统第一阶段（150 个框架网基准站，1 200 个加强密度网基准站，国家综合数据处理中心，6 个行业数据处理中心等）的建设任务。到 2018 年，将完成北斗地基增强系统第二阶段建设，进行覆盖全国主要区域的米级、分米级定位精度，以及加密覆盖区厘米级和后处理毫米级修正数的试播发。

目前，北斗地基增强系统（见图 1-8）在中国的部分地区已经进行了大密度的建设，尤其

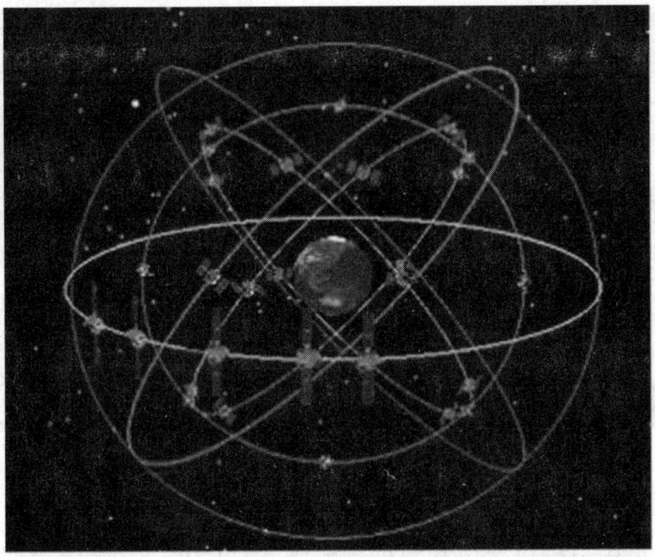

图 1-6 北斗导航卫星星座

图 1-7 北斗导航卫星

是东南沿海地区。承担北斗地基增强系统建设的主要公司是千寻位置公司。据千寻位置公司介绍,目前千寻位置可以提供满足多种需求的导航定位服务。其中“跬步”(实时米级定位服务)覆盖面积达到 1 160 万 km^2,实现全国覆盖,并外延到部分海域;“知寸”(实时厘米级定位服务)可以服务于自动驾驶、无人机自主飞行以及未来的机器人,目前的覆盖面积是 260 万 km^2。如今可以提供厘米级服务的地区主要集中在东南沿海等经济发达地区。“见微”提供的是静态的毫米级解算能力,可用在地质滑坡监测、危旧房监测以及高铁路基沉降监测领域。2017 年北斗地基增强系统将在云南、贵州、四川、山西、广西和新疆进行厘米级覆盖,之后会逐步实现对全国的厘米级覆盖。

我国的北斗导航系统综合了天文导航定位和地面无线电导航定位的优点,相当于一个设置在太空的无线电导航台。可以在任何时间、在定位服务区域内的任何地点为用户确定其所在的地理经纬度和海拔。该系统主要为我国的交通运输、气象、石油、海洋、森林防火、灾害预报、通信、公安以及其他特殊行业提供高效的导航定位服务。北斗运营服务中心以北斗信息服务系统为平台,可为各类集团用户提供其下属北斗用户接收机及其监控与管理中心(指挥所)设备入网许可服务;可为集团用户中心提供其下属终端用户的位置、短报文等

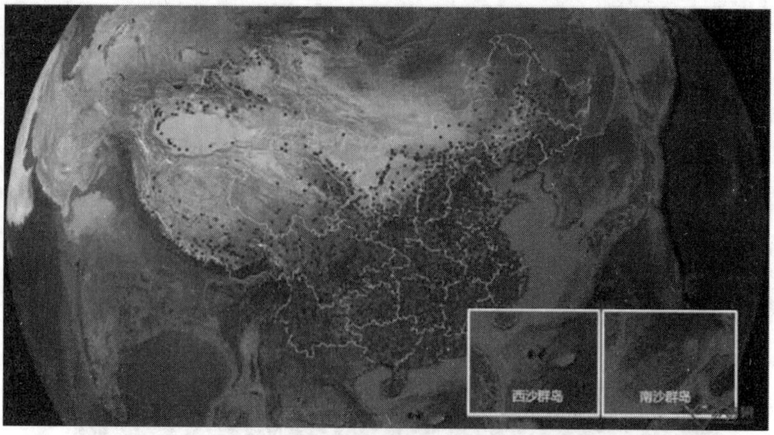

图 1-8　北斗地基增强设施建设密度图

信息服务，也可将集团用户的指令信息发送给其下属；可将用户信息长期保存，以便用户随时查询；可为数据采集用户提供定位和数据传输服务；可为气象、物流等部门提供信息咨询、受托研究等服务。北斗应用具有五大优势：①同时具备定位与通信功能，无须其他通信系统支持；②融合北斗导航定位系统和卫星导航增强系统两大资源，提供更丰富的增值服务；③覆盖中国及周边国家和地区，24 h 全天候服务，无通信盲区；④定位解算都集中在地面控制中心站，特别适合于大范围移动目标监控与管理；⑤自主系统，高强度加密设计，安全、可靠、稳定，适合关键部门应用。

第四节　Galileo 全球卫星导航定位系统

意大利天文学家伽利略（Galileo Galilei，1564.2～1642.1），利用天文望远镜发现银河系由无数颗恒星组成，月亮表面凹凸不平，木星有 4 颗卫星，有时太阳会出现黑子等，取得许多观测成果，证明了哥白尼的日心说，也使他成为利用望远镜观察天体取得丰硕成果的第一人。为了纪念这位卓越的天文学家，1999 年欧盟决定实施具有自主知识产权的卫星导航系统计划时，将这一计划命名为“Galileo”卫星导航计划。

一、Galileo 计划的提出

2002 年 3 月 24 日，欧盟首脑会议批准建设 Galileo 卫星导航定位系统的实施计划，在该次欧盟首脑会议之后，欧盟 15 国交通部长会议立即做出决定，首次拨款 5.5 亿欧元，加上欧洲航天局（ESA）5.5 亿欧元拨款，Galileo 系统在 2002～2005 年的首期 11 亿欧元建设费已经到位。

二、Galileo 卫星星座

Galileo 卫星星座将由 30 颗卫星（27 颗工作卫星和 3 颗备用卫星）组成，如图 1-9、图 1-10 所示。卫星采用中等地球轨道，卫星均匀地分布在高度约为 23 616 km 的 3 个中高度圆轨道面上，倾角 56°。并于 2004 年 1 月 10 日，在我国长江流域上进行了 EGNOS 欧洲静地卫星导航重叠系统的动态应用测试。Galileo 卫星导航系统头两颗卫星是 2011 年 10 月由欧空局库鲁发射中心发射的,2012 年 10 月,欧洲再次发射了两颗 Galileo 卫星,轨道验证阶段在 2012 年夏末完成。2016 年 11 月 17 日,Galileo 系统首次以一箭四星方式发射导航卫星,这次发射使得 Galileo 卫星数量达到 18 颗,根据发射计划,到 2020 年,Galileo 导航系统全部完成时,将在 3 个绕地轨道上部署 30 颗卫星,基本实现全球覆盖。

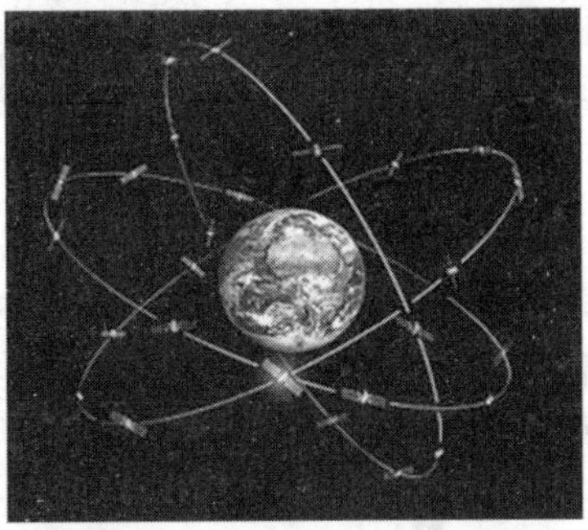

图 1-9　Galileo 卫星星座

图 1-10　Galileo 卫星

三、地面控制系统

地面控制设施包括卫星控制中心(用于卫星轨道改正的遥感和遥测中心)和提供各项服务所必需的地面设施。地面控制设施管理卫星星座及测定和播送集成信息。系统使用 4 个载频向全球播发 5 种导航信号,这些导航信号支持公开服务(OS)、商业服务(CS)、安全服务(SAS)、政府服务(PRS)和搜救服务。系统还划分为 8 个区域部分,用来发送针对各自区域的集成信息。

四、用户设备

种类齐全的 Galileo 接收机不仅可以接收本系统信号,而且可以接收 GPS、GLONASS 这两大系统的信号,并且实现导航功能与移动电话功能的结合、与其他飞行导航系统的结合。任何人只要装备了 Galileo 接收机就能接收 GPS、GLONASS 和 Galileo 卫星导航系统的信号。公开服务将与商业和生命安全服务共享两个开放的导航信号。公开服务将主要用于道路交通中的个人导航、道路信息和提供路线建议的系统、移动通信等应用领域。

商业服务将主要涉及专业用户,这些专业用户将来自测绘、海关、船舶和车辆管理以及关税征收等领域。商业服务将提供在独立频率上的第三种导航信号的接入服务,并使用户能利用三载波相位模糊分辨力技术(TCAR)来改善精度。政府服务的对象是那些对于精度、信号质量和信号传输的可靠性要求极高的用户。政府服务将包括以下三种:生命安全服务、政府管理服务和搜救服务。Galileo 系统的基本结构包括星座与地面设施、服务中心、用户接收机等。

2016 年 12 月 15 日,欧洲委员会(EC)——欧洲 Galileo 全球卫星导航系统的拥有者正式宣布 Galileo 初始服务启动,这是该系统向全面运行能力迈出的第一步。

Galileo 系统初始服务提供三种类型的服务,包括开放服务、授权服务和搜索与救援服务。

第五节　IRNSS 区域卫星导航系统

印度“区域导航卫星系统”(Indian Regional Navigational Satellite System，简称 IRNSS)由7颗位于地球静止轨道和地球同步轨道的卫星、地面控制段及用户段组成。根据印度空间研究组织(ISRO)的计划，印度自主研制的 IRNSS 区域导航卫星系统将由4颗倾斜同步轨道卫星和3颗静止轨道卫星所构成(轨道高度均为36 000 km)。其中3颗同步卫星(GEO)分别位于东经34°、83°及132°，另外4颗卫星(GSO)位于倾角29°的轨道上，分别与赤道交于东经55°及111°，见图1-11。通过这样的轨道设计，它能最大限度地提高覆盖区域内的定位精度，并将所需卫星数量降到最低。这样的安排意味着7颗卫星都可以持续地与印度控制站保持联络，卫星负载将包含原子钟及产生导航信号的电子装备。

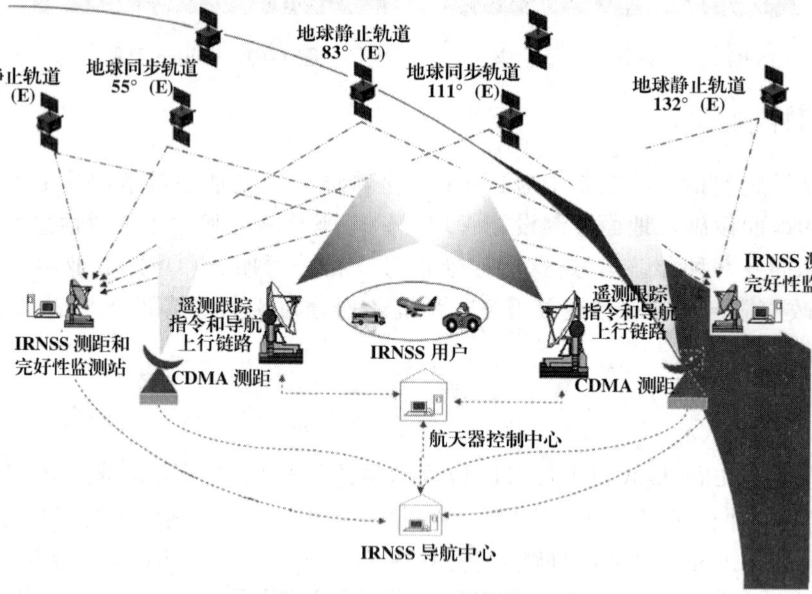

图1-11　IRNSS 卫星分布示意图

如图1-12所示，IRNSS 系统的设计星座覆盖范围为东经40°至东经140°和南纬40°至北纬40°印度及周边1 500 km以内区域，可以为用户播发单频和双频信号，标准服务定位精度优于20 m。

IRNSS 系统地面控制段由2个 IRNSS 系统导航中心(INC)，2个 IRNSS 卫星控制中心(SCC)，9个遥测、跟踪与上行站(IRTTC)，17个测距与完好性监测站(IRIMS)，2个 IRNSS 授时中心(IRNWT)，4个 CDMA 测距站(IRCDR)，IRNSS 激光测距站(ILRS)和数据通信网络(IRDCN)组成。其中2个 IRNSS 系统导航中心，一个主中心，一个备份中心，主中心位于印度的班加罗尔市；卫星控制设施包括 IRNSS 卫星控制中心以及遥测、跟踪与上行站等设施，被分置于哈桑和博帕尔两个城市；17个测距与完好性监测站中，印度本土有15个，印度境外有2个，分别位于毛里求斯和比亚克岛。

印度区域导航卫星如图1-13所示，卫星发射时间表如表1-1所示。

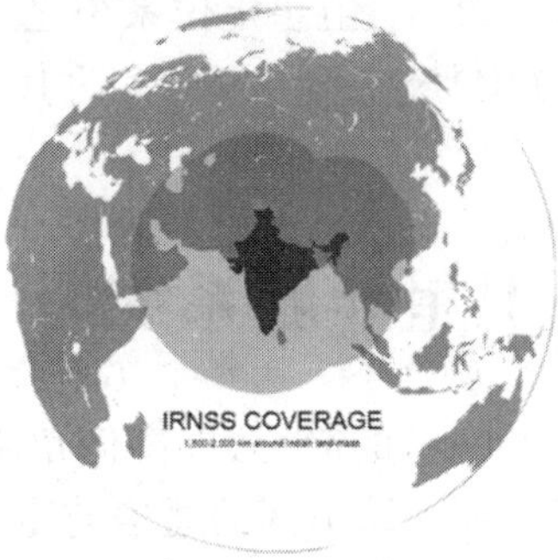

图 1-12　印度区域导航卫星覆盖范围

图 1-13　印度区域导航卫星

表 1-1　IRNSS 卫星发射时间表

卫星编号	IRNSS－1A	IRNSS－1B	IRNSS－1C	IRNSS－1D	IRNSS－1E	IRNSS－1F	IRNSS－1G
发射时间（年-月-日）	2013-07-01	2014-04	2014-10-16	2015-03-28	2016-01-20	2016-03-10	2016-04-28
轨道	地球静止	地球静止	地球静止	地球同步	地球同步	地球同步	地球同步
质量（kg）	1 425	1 425	1 425	1 425	1 425	1 425	1 425
寿命（a）	9.4	9.4	9.4	11	11	11	11

IRNSS 系统可以提供标准定位服务（SPS）、精密定位服务（PPS）和政府特许用户服务（RS）。空间段采用 C 波段、S 波段和 L 波段 3 个载波波段。其中，C 波段频率主要用于测控，S 波段和 L 波段主要为用户提供导航定位服务。标准定位服务和精密定位服务信息调制在 S 波段和 L 波段的 L5 波段上。政府特许用户服务信息仅调制在 L5 频段上。IRNSS 采用 GPS 坐标系统 WGS－84。

IRNSS 卫星全天时可见，能实时为用户消除授时误差、电离层延迟误差，提供相应的完好性信息，包括标准定位服务、精密定位服务和特殊授权用户服务，以及信息传输、灾情评估、公共安全、对地监测等业务。

IRNSS 监测站的主要功能是接收地球静止轨道卫星和倾斜地球同步轨道卫星数据，对它们的测距值进行修正后，传送到导航控制中心。导航控制中心主要计算卫星星历、卫星钟差改正参数、电离层延迟误差数以及相应的完好性信息，并将计算结果传送给上行注入站，通过地球静止轨道卫星广播给用户。航天卫星控制中心主要负责管理、控制和维护在轨卫星的正常工作。CD—MA 测距站和激光测距站负责采集 IRNSS 卫星测距信息，进行修正后传送到导航控制中心。用户终端主要包括特殊设计的单频用户接收机和双频用户接收机，除接收 IRNSS 信号外，也可以接收空间其他定位导航系统的信号（如 GPS、GLONASS 等）。

IRNSS 的导航原理与美国 GPS 类似，其向使用者传输至少来自 4 个卫星的信号。为了让位置信号准确无误，这些信号必须完全同步，每个卫星上都有 4 个铷原子钟，达到十亿分之一秒的稳定性，利用用户接收到的信号时间差，计算出用户位置。

目前，世界上比较成熟的“全球卫星定位系统”主要有 3 个，分别是美国的 GPS 系统、俄罗斯的“GLONASS”系统和中国的“北斗”系统。从目前发展情况来看，IRNSS 很可能将会赶在欧洲“Galileo”系统之前，成为继 GPS、“GLONASS”、“北斗”卫星定位系统之后的第四个投入应用的卫星定位系统。据悉，印度计划建成国产的 IRNSS 后，再发射大约 10 颗导航卫星，最终形成印度版全球卫星定位系统。

第六节　QZSS 准天顶卫星导航系统

QZSS 是准天顶卫星系统(Quasi Zenith Satellite System)的简称，以高仰角服务和大椭圆非对称“8”字形地球同步轨道为其特征，服务于闹市区和中纬山区的通信与定位，是 GPS 的区域增强系统，2010 年 9 月 11 日，日本在种子岛宇宙中心使用 H－2A 火箭发射了首颗“准天顶”定位卫星“引路号”，这是日本首次发射本国自主研发的导航定位卫星。按照计划，“指路号”试运行后如果不出现技术问题，日本将陆续发射另外两颗“准天顶”定位卫星。

日本准天顶卫星系统(QZSS)由 3 颗卫星组成，分别运行在倾角 45°，升交点赤经 140°，与地球自转周期相同的 3 条轨道上，见图 1-14。相对于地球而言，每颗卫星每天都是沿着相同的轨迹运行。通过调整平均近点角，可以使 3 颗卫星以大约 8 h 的间隔在同一轨迹上等间隔运行。卫星轨道的长半径与地球静止轨道相差不多，约为 42 164 km。卫星每个恒星日(约 23 h 56 min)绕地球一圈。但与地球静止轨道卫星不同的是，这 3 颗卫星各自有不同的轨道，并且这 3 条轨道都与地球赤道所在平面成 45°的夹角。因此，从日本本土来看，始终有 1 颗卫星停留在靠近天空顶点的地方，所以日本称之为“准天顶卫星系统”。日本的“准天顶”导航卫星，就是想以“打补丁”的方式，通过增加日本上空的卫星密度，来解决民用 GPS 导航信号的精度问题，见图 1-15。

图 1-14　QZSS 卫星星座

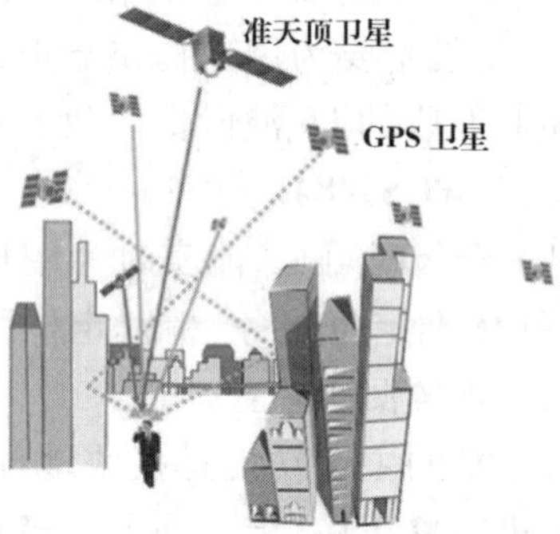

图 1-15　QZSS 卫星应用

为了加强自身的卫星导航系统，日本在 2017 年 6 月发射了第 2 颗卫星，并将在 2018 年 3 月底前再发射 2 颗 QZSS 卫星。准天顶系统将在 2018 年 3 月完成在轨测试，自 2018 年 4 月起，以“4 星体制”进行定位，新的卫星导航系统有望用于汽车自动驾驶等新的技术领域。

第七节　我国的 A、B 级 GPS 大地控制网

作为大地测量的科研任务是研究地球的形状及其随时间的变化，因此建立全球覆盖的坐标系和统一的高精度大地控制网是大地测量工作者多年来一直梦寐以求的。直到 GPS 技术逐步完善的今天才使全球覆盖的高精度 GPS 网得以实现，从而建立起了高精度的(1 ~

2 cm)全球统一的动态坐标框架,为大地测量的科学研究及相关地学研究打下了坚实的基础。

1991 年国际大地学会(LAG)决定在全球范围内建立一个 IGS(国际 GPS 地球动力学服务)观测网,并于 1992 年 6 ~9 月间实施了第一期会战联测,我国积极配合并参与了这项工作。目的是在全国范围内确定精确的地心坐标,建立起我国新一代的地心参考框架及其与国家坐标系的转换参数;以优于 10^{-8} 量级的相对精度确定站间基线向量,布设成国家 A 级网,它将作为国家高精度卫星大地网的骨架并为地壳运动及地球动力学的研究奠定基础。

建成后的国家 A 级网共由 27 个主点和 6 个副点组成,它们均匀分布于全国,平均点间距 650 km,如图 1-16 所示。从 1992 年 7 月 25 日至 8 月 5 日的 9 d 内,在这 33 个点上进行了 9 昼夜的连续观测。国家 A 级网经地面联测后全部与国家天文大地点重合,且重合点分布均匀。经过精细的数据处理,平差后在 ITRF 91 地心参考框架中的点位精度优于 0.1 m,边长相对精度一般优于 1×10^{-8},随后在 1993 年和 1995 年又两次对 A 级网点进行了 GPS 复测,其点位精度已提高到厘米级,边长相对精度达 3×10^{-9}。

平差后的 GPS 网的精度比整体平差过的天文大地网的精度高出 1 ~2 个数量级。将 GPS 网与天文大地网合点成果化算至同一坐标系统后,用各种方法进行比较,就可以发现天文大地网的某些局部伸缩和变形。

图 1-16 中注明了 GPS 网与天文大地网的相应弦长之差。从图中可以看出,其差值超过 1 m 的共有 14 条,说明我国天文大地网存在的变形和位移,大多分布在周边地区,安多、拉萨、安西、下关、三亚等点比较明显。其主要原因是早年所布测的天文大地网是锁段控制、逐级传递,距离大地原点愈远,系统误差积累也就愈大,所以边远地区的大地网存在变形是可以理解的。

作为我国高精度坐标框架的补充以及为满足国家建设的需要,在国家 A 级网的基础上建立了国家 B 级网(又称国家高精度 GPS 网)。布测工作从 1991 年开始,经过 5 年努力完成外业工作,内业计算已经完成。全网基本均匀布点,覆盖全国,共布测 818 个点左右,总独立基线数 2 200 多条,平均边长在我国东部地区为 50 km,中部地区为 100 km,西部地区为 150 km,经整体平差后,点位地心坐标精度达 ±0.1 m,GPS 基线边长相对中误差可达 2.0×10^{-8},高程分量相对中误差为 3.0×10^{-8}。

我国国家 A 级和 B 级 GPS 大地控制网分别于 1996 年和 1997 年建成并先后交付使用,这标志着我国空间大地网的建设已进入一个新阶段。新布成的国家 A、B 级网已成为我国现代大地测量和基础测绘的基本框架,将在国民经济建设中发挥越来越重要的作用。国家 A、B 级网以其特有的高精度对我国传统天文大地网进行了全面改善和加强,从而克服了传统天文大地网的精度不均匀、系统误差较大等传统测量手段不可避免的缺点。通过求定 A、B 级 GPS 网与天文大地网之间的转换参数,建立起了地心参考框架和我国国家坐标的数学转换关系,从而使国家大地点的服务应用领域更广阔。A、B 级 GPS 网的高精度三维大地坐标,并结合高精度水准联测,从而大大提高了确定我国大地水准面的精度,特别是克服我国西部大地水准面存在较大系统误差的缺陷。国家 A 级和 B 级 GPS 大地控制网的建成,标志着我国具有分米级绝对精度的三维大地控制坐标系统已基本建立,它将为我国空间技术和空间基础数据、动态实时定位等技术提供一个精确可靠的参照系。

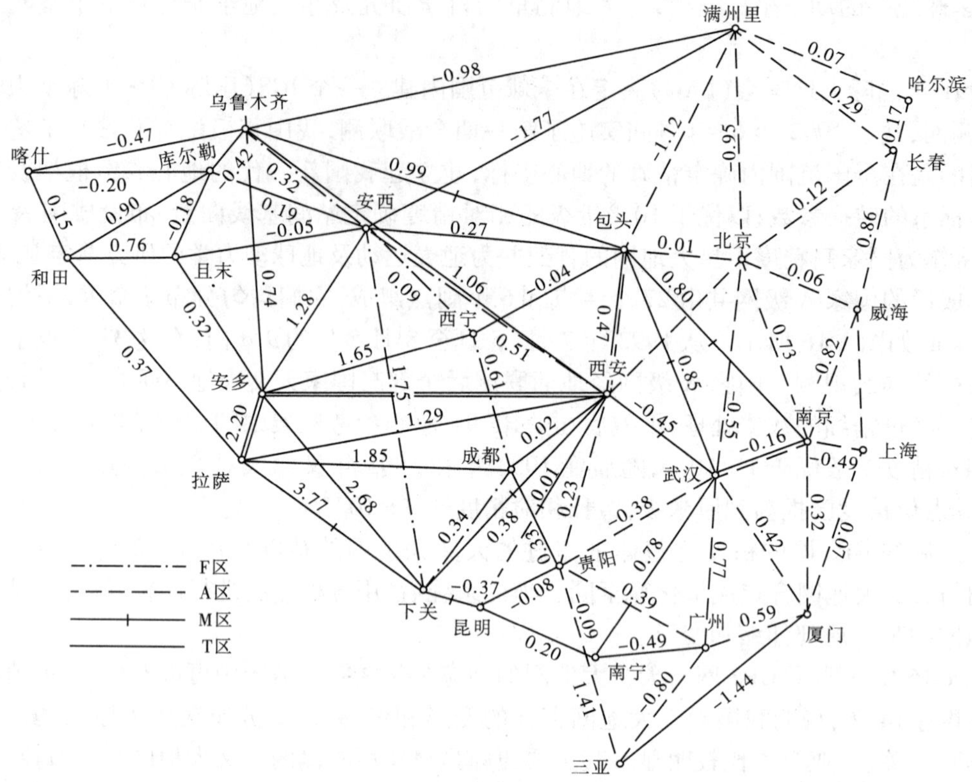

图 1-16 我国 A 级 GPS 网布设情况

思考题与习题

1-1 GPS 定位的实质是什么？

1-2 GPS 定位技术的优点是什么？

1-3 GPS 导航定位系统的特点是什么？

1-4 北斗导航定位系统采用什么定位原理？其优缺点是什么？

1-5 北斗卫星导航系统的三大功能是什么？

1-6 北斗 2 号卫星导航系统与 GPS 系统相比有哪些优缺点？

1-7 建立中国国家 A 级和 B 级 GPS 大地控制网的意义是什么？

第二章 GPS 定位的坐标系统和时间系统

坐标系统与时间系统是描述卫星运动,处理观测数据和表达观测站位置的数学与物理基础。点的位置可用坐标系统来表示。同一个点的位置,在不同的坐标系统中,可有不同的表达方式和数据,而不同的坐标系统,则是由不同的坐标原点位置、坐标轴的指向和尺度比例所决定的。

与传统大地测量观测技术不同,GPS 卫星定位技术是通过固定在地球表面上的 GPS 接收机,同时接收 4 颗以上的 GPS 卫星发出的信号测定接收机的位置,其空间位置随同地球自转而运动,但观测目标却是主要受地球引力作用而绕地球质心旋转的人造地球卫星,它与地球自转无关。因此,为了统一描述卫星在其轨道上的运动,正确处理地面测站及卫星的观测数据,需要采用两类坐标系统来实现各种坐标系之间的转换。

描述人造卫星的运动常采用空间直角坐标系。任一点的空间位置可由该点的三维坐标唯一地确定。通过坐标平移、旋转和尺度转换,可以将一点的位置向量方便地转换为另一坐标系中的位置向量。根据坐标轴指向的不同,可划分为两大类坐标系——天球坐标系和地球坐标系。地球坐标系随同地球自转,可看作固定在地球上的坐标系,便于表述地面观测站的空间位置和处理 GPS 观测数据,它在经典大地测量学中,具有多种表达形式和广泛的应用;天球坐标系则与地球自转无关,对于描述人造地球卫星的位置和状态极其方便。

地球坐标系统又可进一步分为参心坐标系统和地心坐标系统。

本章在第四节还将介绍 GPS 定位的时间系统,它是精确描述天体和人造卫星运行位置和空间关系的重要基准。

第一节 参心坐标系

一、概述

在经典大地测量中,为了处理观测成果和传算地面控制网的坐标,通常须选取一参考椭球面作为基本参考面,选一参考点作为大地测量的起算点(称为大地原点),利用大地原点的天文观测量来确定参考椭球在地球内部的位置和方向(见图 2-1)。参心坐标系中的“参心”二字意指参考椭球的中心,所以参心坐标系和参考椭球密切相关。由于参考椭球中心无法与地球质心重合,故又称其为非地心坐标系。参心坐标系按其应用又分为参心大地坐标系和参心空间直角坐标系两种。

参心大地坐标系的应用十分广泛,它是经典大地测量的一种通用坐标系。根据地图投影理论,参心大地坐标系可以通过高斯投影计算转化为平面直角坐标系,为地形测量和工程测量提供控制基础。由于不同时期采用的地球椭球不同或其定位与定向不同,我国历史上出现的参心大地坐标系主要有 BJZ54(原)、GDZ80 和 BJZ54 等三种。

参心空间大地直角坐标系是用三维坐标 x、y、z 表示点位的,它可按一定的数学公式与参心大地坐标系相互换算。通常可由GPS定位结果(地心空间大地直角坐标系)计算。

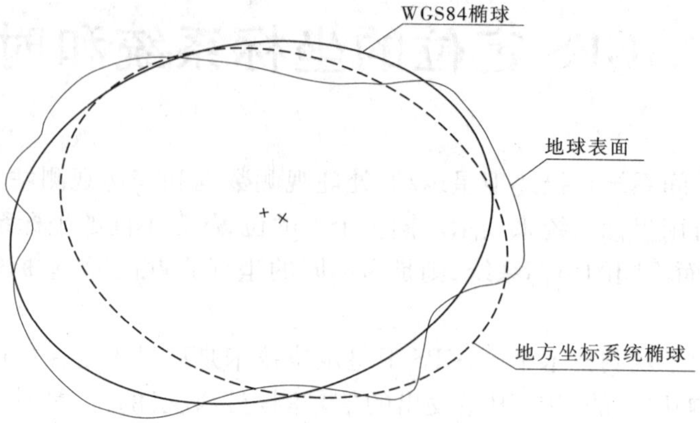

图2-1　地球表面与各种椭球之间的关系

参心大地坐标系为一种过渡换算的坐标系。

建立一个参心大地坐标系,必须解决以下问题:①确定椭球的形状和大小;②确定椭球中心的位置,简称定位;③确定椭球中心为原点的空间直角坐标系坐标轴的方向,简称定向;④确定大地原点。解决这些问题的过程,也就是建立参心大地坐标系的过程。

二、1954年北京坐标系(BJZ54(原))

新中国成立初期,我国大地坐标系是采用河北省石家庄市的柳新庄一等天文点作为原点的独立坐标系统,采用该点的天文坐标作为其大地坐标,以海福特(Hayford)椭球进行定位。

随着我国大地网的扩展,采用海福特椭球元素误差太大,且没有顾及垂线偏差的影响。为此,1954年解放军总参谋部测绘局在有关方面的建议与支持下,采取先将我国一等锁与苏联远东一等锁相连接,然后以连接呼玛、吉拉林、东宁基线网扩大边端点的苏联1942年普尔科沃坐标系的坐标为起算数据,平差我国东北及东部地区一等锁。这样传算过来的坐标,定名为1954年北京坐标系。该坐标系是以苏联当时采用的1942年普尔科沃坐标系为基础建立起来的,所不同的是1954年北京坐标系的高程异常是以苏联1955年大地水准面差距重新平差结果为起算值,且以1956年青岛验潮站求出的黄海平均海水面为基准面,按我国的天文水准路线传算出来的。

几十年来,我国在该坐标系上完成了大量的测绘工作,实施了天文大地网局部平差,通过高斯-克吕格投影,得到点的平面坐标。测制了各种比例尺地形图。但是随着测绘新理论、新技术的不断发展,人们发现该坐标系存在如下缺点:

(1)因1954年原北京坐标系采用了克拉索夫斯基椭球,与现在的精确椭球参数相比,长半轴约长109 m。

(2)参考椭球面与我国所在地区的大地水准面不能达到最佳拟合,存在自西向东明显的系统性倾斜,在我国东部地区大地水准面差距最大达+68 m。

(3)几何大地测量和物理大地测量应用的参考面不统一。我国在处理重力数据时采用赫尔默特1900~1909年正常重力公式,与公式相适应的赫尔默特扁球和克拉索夫斯基椭球不一致,给实际工作带来了麻烦。

(4)定向不明确。椭球短轴未指向国际协议原点 CIO,也不是我国地极原点 $JYD_{1968.0}$;起始大地子午面也不是国际时间局 BIH 所定义的格林尼治平均天文台子午面。

(5)椭球只有两个几何参数(长半轴、扁率),缺乏物理意义,不能全面反映地球的几何与物理特征。同时,1954 年北京坐标系的大地原点在普尔科沃,是苏联进行多点定位的结果。

另外,该坐标系是按分区平差逐步提供大地点成果的,在分区的结合部产生了较大的不符值。但该坐标系确实在测绘生产中发挥了巨大的作用,至今仍在一些部门使用。

三、1980 年国家大地坐标系(GDZ80)

为了进行全国天文大地网整体平差,采用新的椭球参数和进行新的定位与定向,来弥补因 1954 年北京坐标系存在的椭球参数不够精确、参考椭球与我国大地水准面拟合不好等缺点,所以建立我国新的大地坐标系是必要的、适时的。

(一)椭球的参数

在几何大地测量学中,通常用椭球长半径 a 和扁率 f 两个参数表示椭球的形状和大小,但是从几何和物理两个方面来研究地球,仅有两个参数是不够的。

在物理大地测量中研究地球重力场时,需要引进一个正常椭球所产生的正常重力场。关于物理的重力场,有著名的司托克斯定理:如果物体被水准面 S 包围,已知它的总质量为 M,并绕一定轴以常角速度 ω 旋转,则 S 面上或外部空间任一点的重力位,都可以唯一确定。

正常重力位的球函数展开式为:

$$U = \frac{GM}{\rho}\left[1 - \sum_{n=1}^{\infty} J_{2n}\left(\frac{a}{\rho}\right)^{2n} P_{2n}(\cos\theta)\right] + \frac{\omega^2}{2}\rho^2 \sin^2\theta \tag{2-1}$$

式中 ρ——地心矢径;

θ——余纬度;

$P_{2n}(\cos\theta)$——勒让德多项式;

a、J_2、GM 和 ω——正常椭球的四个参数,式中其他的偶阶带谐系数 J_4、J_6 等可根据这四个参数按一定的公式算得。

1967 年国际大地测量与地球物理联合会(IUGG)第十四届大会上,开始采用这四个参数全面描述地球的几何特性和物理特性。

这四个量通常称为基本大地参数,在四个基本参数中,长半径 a 通常由几何大地测量提供,地球自转角速度 ω 由天文观测确定,它们的精度都比较好。地球的质量 M 虽难测定,但是 GM(G 是地球引力常数)利用卫星大地测量学可精确测定至千万分之一。通过观测人造地球卫星,确定与 a 等价的二阶带谐系数 J_2,其精确度提高了二个数量级。这些参数,可以充分地确定地球椭球的形状、大小及其正常重力场,从而使大地测量学与大地重力学的基本参数得到统一。

(二)极移和地极原点

地球自转轴与地球表面的交点叫地球极点。由于地球内部和外部的动力学因素、地球极点在地球表面上的位置随时间而变化,这种现象称为地极移动,简称极移。1765 年,欧拉最先从力学上预言了极移的存在。1888 年,德国的屈斯特纳从纬度变化的观测中发现了极移。1891 年,美国天文学家张德勒指出,极移包括两个主要周期成分:一个是周年周期,另一个是近 14 个月的周期,称为张德勒周期。前者主要是由于大气的周年运动引起地球的受迫摆动,后者是由于地球的非刚体引起的地球自由摆动。极移的振幅约为 ±0.4 角秒,相当于在地面上一个 12 m×12 m 范围。观测瞬间地球自转轴所处的位置,称为瞬时地球自转轴,相应的极点称为瞬时极,某一时期瞬时极的平均位置,叫作平地极,简称平极。

对于与地球固联的坐标系来说,地球极点是作为地球坐标系的一个重要基准点,自然我们希望它在地球上的位置是固定的,否则地球参考系的 Z 轴方向将有所改变,也就是说,地球赤道面和起始子午面的位置均将有所改变,从而引起地球上点的坐标变化。

如果地极在移动,那么经度相同的两地,其纬度变化的大小和符号应相同;而经度相差 180°的两地,其纬度变化的大小应相同而符号则相反。为了用实测数据来说明地极移动的存在,国际弧度测量委员会于 1891～1892 年组织了观测队在欧洲的柏林、布拉格和太平洋中的檀香山等地进行纬度变化的观测。结果表明,在相距不远的柏林和布拉格两地的纬度变化,符号相同,大小也几乎一致。距柏林经度相差 180°的檀香山的纬度变化则与前两地的大小相同而符号相反。由此证明,纬度变化确是由地极移动引起的。地极在地球表面移动的轨迹近似圆形,约 14 个月移动一周。

地极的移动,将使地球坐标系坐标轴的指向发生变化,这样一来,将对实际工作造成许多困难。因此,在 1967 年国际天文学联合会和国际大地测量学与地球物理学联合会共同召开的 32 次讨论会上,建议平极的位置用国际纬度服务站五个台站的"1900～1905 年"的平均纬度来确定,见表 2-1。平极的这个位置相对于 1900～1905 年平均历元(1903.0),叫作国际协议原点(Conventional International Origin),简称 CIO。如图 2-2 所示为 1971～1975 年间相对于 CIO 地极运动的轨迹。

表 2-1　国际纬度站分布

站址	纬度 φ	经度 λ
卡洛福特(Carloforte)/意大利	39°08′09″	8°18′44″
盖瑟斯堡(Gaithersburg)/美国	39°08′13″	-77°11′57″
基塔布(Kitab)/苏联	39°08′02″	66°52′51″
水泽(Mizusawa)/日本	39°08′04″	141°07′51″
尤凯亚(Ukiah)/美国	39°08′12″	-123°12′35″

1975 年观测北磁极的地理坐标约为北纬 76.2°、西经 100.6°,在加拿大北部巴瑟斯特岛西北;南磁极为南纬 65.8°、东经 139.4°,在南极洲威尔克斯地东北岸海边。实际应用时,多采用把地磁场按偶极磁场推算的理论磁极,通称"地磁极"。即磁北极的地理坐标为北纬 79°、西经 110°,磁南极的地理坐标为南纬 79°、东经 111°。

1977 年我国极移协作小组利用 1949～1977 年期间的国内外观测质量好、成果比较连续的 41 架光学仪器的测纬资料,运用滤波方法求得各测纬仪器的纬度长期变化,进而解出极移的长期分量(x_0,y_0);而周期分量(x_1,y_1)则按单站法用我国的测纬资料计算得出。根据以上长期分量和周期分量的分析研究后,确定了我国的地极原点,记作 JYD1968.0(历元平极)。

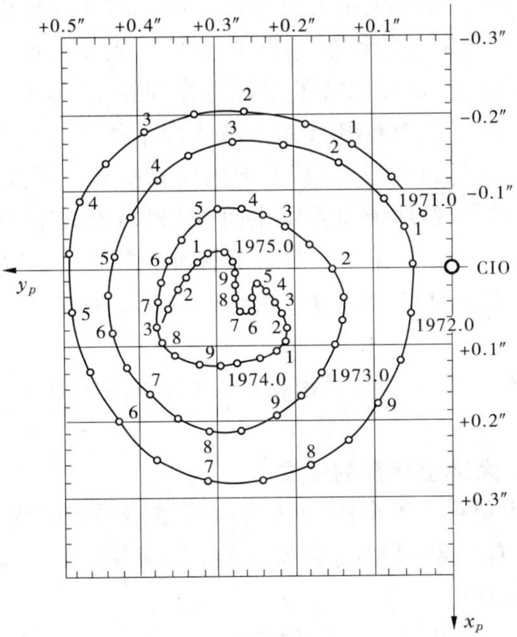

图 2-2 地极运动轨迹

在 1979 年 4 月前的国际时间局(BIH)数据均相对于 1968 年 BIH 系统。此后,因加入了美国国防部测绘局(DMA)的多普勒极移成果而改用 1979 年 BIH 系统。随着观测技术和手段的发展,以及观测台站和数据的增加,国际极移服务机构(IPMS)所定期公布的瞬时地极坐标,严格地说,已不再是以原来所定义的 CIO 为极移原点。国际时间局所建立的 1979BIH 系统作为协议地面参照系以及所发布的瞬时地极坐标已加入了卫星多普勒及激光测月技术来求定极移,其地极原点与原有的 CIO 自然也不一致,1988 年后完全摒弃了天文光学观测成果,国际协议原点(CIO)作为历史上曾沿用过的名词已失去原来的意义,目前我们可以这样认为,由国际时间局所公布的瞬时地极坐标所相应的坐标原点即为 BIH 系统中的协议地极原点。

(三)起始天文子午线

1884 年国际经度会议决定,以通过英国格林尼治天文台艾黎仪器中心的子午线作为全世界计算天文经度的起始天文子午线。起始天文子午线与赤道的交点 E,就是天文经度零点。

但是,地极位置的变化,势必引起起始子午线的变化。加之格林尼治天文台已于 1959 年搬迁至 75 km 以外的赫斯特莫尼尤克斯,新的格林尼治天文台已经失去了它的特殊意义。

考虑到极移的影响和格林尼治天文台迁址,为使沿用成习的经度计算尽量不变,1968 年国际时间局(BIH)决定,采用通过国际协议原点(CIO)和原格林尼治天文台的经线为起始子午线。起始子午线与相应于 CIO 的赤道的交点 E 为经度零点。这个系统称为“1968BIH”系统。

显然,起始子午线或经度零点,只靠一个天文台是难以保持的。所以国际时间局的 1968BIH 系统是由分布在世界各地的许多天文台所观测的经度,反求出各自的经度原点,取它们的权中数，作为平均天文台所定义的经度原点。国际时间局再根据 1954 ~ 1956 年的观测资料求出格林尼治天文台所定义的经度零点 E 与平均天文台所定义的经度原点的经度差值，来修订各天文台的经度值，从而保持了用 E 点作为经度零点。

由于上述原因，国际时间局的 1968BIH 系统改为以平均天文台为准，习惯上仍称以"格林尼治平均天文台"为准。自然，这种称呼事实上已经和格林尼治没有直接的关系。

通过投影计算可以证明，虽然地极位置发生改变，起始天文子午线的定义发生了变化，导致了不同赤道上的经度零点发生变化。但是这种变化很小，实际上仍然可以认为不变。我国采用 JYD1968.0 作为地极原点，其对应的经度零点和 1968BIH 系统的经度零点相比较，差异很小，可以忽略不计。

起始天文子午线和起始大地子午线紧密相关，后者直接关系到大地坐标系的定义和不同系统的大地坐标换算。

（四）我国 1980 年国家大地坐标系的建立

1978 年 4 月，我国在西安召开了全国天文大地网整体平差会议，在会议上决定建立我国新的国家大地坐标系。有关部门根据会议纪要，开展并进行了多方面的工作，建成了 1980 年国家大地坐标系（GDZ80）。

1980 年国家大地坐标系采用了全面描述椭球性质的四个基本参数（a、GM、J_2、ω），这就同时反映了椭球的几何特性和物理特性。四个参数的数值采用的是 1975 年国际大地测量与地球物理联合会第 16 届大会的推荐值：

地球椭球长半径　$a = 6\ 378\ 140$ m；

地球引力常数（含大气层）　$GM = 3\ 986\ 005 \times 10^8\ \mathrm{m^3/s^2}$；

地球重力场二阶带谐系数　$J_2 = 1\ 082.63 \times 10^{-6}$；

地球自转角速度　$\omega = 7\ 292\ 115 \times 10^{-11}$ rad/s。

大地坐标系的原点，设在我国中部——陕西省泾阳县永乐镇北洪流村，在西安以北 60 km，简称西安原点。

1980 年国家大地坐标系的椭球定位，是按局部密合条件实现的。依据 1954 年北京坐标系大地水准面差距图，按 1°×1°间隔，在全国均匀选取 922 点，列出高程弧度测量方程式，按 $\sum_1^{922}\zeta^2$ 最小，求得椭球中心的位移 ΔX_0、Δy_0 和 Δz_0，进而可以求出大地原点上的垂线偏差分量（η_k、ξ_k）和高程异常（ζ_k）。再由大地原点上测得的天文经纬度（λ_k、φ_k）和正常高（H_k）以及至另一点的天文方位角（α_k），即可算得大地原点上的大地经纬度（L_k、B_k）和大地高（h_k）以及至另一点的大地方位角（A_k），以此作为 1980 年国家大地坐标系的大地起算数据。

1980 年国家大地坐标系的椭球短轴平行于由地球质心指向我国地极原点 JYD1968.0 的方向，起始大地子午面平行于我国起始天文子午面。

大地点高程是以 1956 年青岛验潮站求出的黄海平均海水面为基准。

新的国家大地坐标系的建立，标志着我国测绘科学技术的进步和发展。无论是椭球的选择及其定位、定向，还是其后的全国天文大地网平差，都体现着世界当时的先进水平。

四、1954 年新北京坐标系（BJZ54）

尽管 1980 年国家大地坐标系具有先进性和严密性，但 1954 年原北京坐标系毕竟在我国测绘工作中潜移默化，影响深远。40 年来，数十万个国家控制点都是在这个系统内完成计算的，一切测量工程和测绘成果均无例外地采用着这个系统。

为了既体现 1980 年国家大地坐标系的严密性，又照顾到 1954 年原北京坐标系的实用性，有关部门和单位想出一种两全其美的办法，就是将 1980 年国家大地坐标系的空间直角坐标经三个平移参数平移变换至克拉索夫斯基椭球中心，于是就产生了 1954 年新北京坐标系。所以说，1954 年新北京坐标系的成果实际上就是从 1980 年大地坐标系整体平差成果转换而来的。

因此，1954 年新北京坐标系的成果既具有整体平差成果的科学性，其坐标精度和 1980 年国家大地坐标系的坐标精度是一致的，改变了 1954 年原北京坐标系局部平差成果的局限性。同时，由于参考椭球又恢复成克拉索夫斯基椭球，使新北京坐标系内的坐标值与原北京坐标系内的坐标值相差很小。

据统计，新 1954 年北京坐标系与原 1954 年北京坐标系相比较，就控制点的平面直角坐标而言，纵坐标 x 差值在 -6.5 m 至 $+7.8$ m 之间，横坐标 y 的差值在 -12.9 m 至 $+9.0$ m 之间，差值在 5 m 以内者约占全国 80% 的地区。这样的差异没有超过以往资用坐标与平差坐标差异的范围。反映在 1∶5万比例尺地形图上，绝大部分不超过 0.1 mm。

第二节　地心坐标系

地心坐标系分为地心空间大地直角坐标系和地心大地坐标系等。地心空间大地直角坐标系又可分为地心空间大地平直角坐标系和地心空间大地瞬时直角坐标系。通常所说的地心坐标系都是指地心空间大地平直角坐标系，简称地心直角坐标系，它是卫星大地测量中的一种常用坐标系，本节主要介绍地心直角坐标系。

一、建立地心坐标系的意义和方法

地心坐标系中的“地心”二字意指地球的质心。在地心空间大地平直角坐标系中用 X_D、Y_D、Z_D 表示点的位置，地心大地坐标系中用 L_D、B_D、H_D 表示点的位置。由于前者可以通过卫星大地测量获得点的空间三维直角坐标，并不涉及椭球及其定位，但地心大地坐标系则要涉及椭球的大小和定位，所以地心直角坐标系是 GPS 定位中采用的基本坐标系。

仅就从地形图测绘来说，地心直角坐标系并不十分需要，因为参考椭球面已经和测区范围的大地水准面达到最佳密合，按参心坐标系测绘地形图还是方便的。但是，就整个地球空间而言，参心坐标系就表现出不足，主要是以下 3 点：

(1)不符合建立全球统一坐标系的要求；

(2)不便于研究全球重力场；

(3)水平控制网和高程控制网分离，破坏了空间点三维坐标的完整性。

在上述这 3 方面，地心坐标系就表现出明显的优势。因人造地球卫星围绕地球运转，其轨道平面随时通过地球质心，所以通过对卫星的跟踪观测来处理与观察站位置有关的问题时，就需要建立以地心为坐标原点、与地球体相固连的三维空间直角坐标系统。因此，建立并不断精化地心直角坐标系统，对于发展空间技术和解决卫星大地测量等问题具有特殊意义。

从理论上讲，建立地心直角坐标系的方法很多，例如可以按重力方法建立，还可以按天文大地测量方法建立，但实际上又各有困难，难以完成。更严重的是椭球中心很难做到和地球质心重合。

建立地心坐标系的最理想方法是采用空间大地测量的方法。20 世纪 60 年代以来，随着空间技术的发展，美、苏等国利用卫星进行洲际联测，并综合天文、大地、重力测量等资料，开展了建立地心坐标系的工作。我国有关部门在建立地心坐标系方面也已取得一定的成果。1978 年建立了地心一号（DX－1）转换参数，1988 年建立了更为精确的地心二号（DX－2）转换参数，用于将 1954 年北京坐标系与 1980 年西安坐标系的坐标转换为我国地心坐标系 DXZ_{78} 或 DXZ_{88} 的坐标。

二、地心坐标系的表述形式

地心直角坐标系如图 2-3 所示，它的定义是：原点 O 与地球质心重合；Z 轴指向国际协议原点 CIO，X 轴指向 1968BIH 定义的格林尼治平均天文台的起始子午线与 CIO 的赤道焦点 E，Y 轴垂直于 XOZ 平面构成右手坐标系。

地面点 D 的位置用 X_D、Y_D、Z_D 三个坐标量来表示（见图 2-3）。

地心大地坐标系如图 2-4 所示，它的定义是：地球椭球的中心与地球质心重合，椭球的短轴与地球自转轴重合，大地纬度 B 为过地面点的椭球法线与椭球赤道面的夹角，大地经度 L 为过地面点的椭球子午面与 BIH 定义的起始大地子午面之间的夹角，大地高 H 为地面点沿椭球面法线至椭球面的距离。

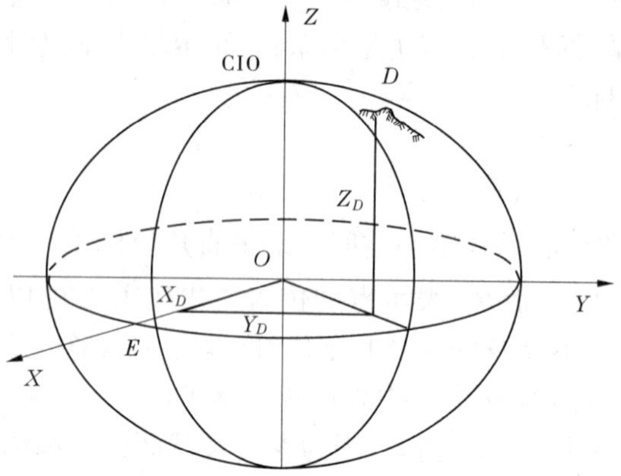

图 2-3　地心直角坐标系

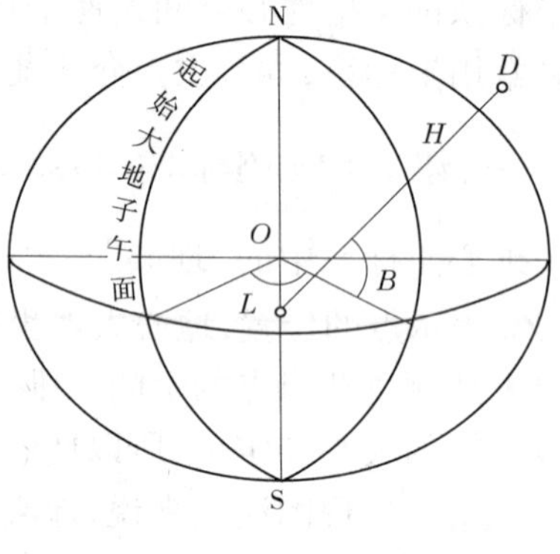

图 2-4　地心大地坐标系

地面点 D 的位置用 L_D、B_D、H_D 三个量来表示。

三、WGS－84 大地坐标系

自 20 世纪 60 年代以来，美国国防部制图局（DMA）为建立全球统一坐标系统，利用了大量的卫星观测资料以及全球地面天文、大地和重力测量资料，先后建成了世界大地坐标系（World Geodetic System，简称 WGS）WGS－60、WGS－66 和 WGS－72。并于 1984 年开始，经过多年修正和完善，发展了一种新的更为精确的世界大地坐标系，称之为美国国防部 1984 年世界大地坐标系，简称 WGS－84，如图 2-5 所示。

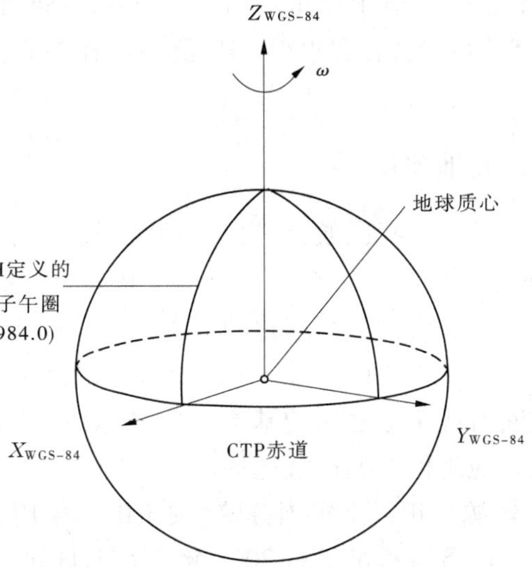

图 2-5　WGS－84 世界大地坐标系

WGS－84 于 1985 年开始使用,1986 年生产出第一批相对于地心坐标系的地图、航测图和大地成果。由于 GPS 导航定位全面采用了 WGS－84,用户可以获得更高精度的地心坐标,也可以通过转换,获得较高精度的参心大地坐标系坐标。

WGS－84 坐标系的几何定义是:坐标系的原点是地球的质心,Z 轴指向 BIH1984.0 定义的协议地球极(CTP)方向,X 轴指向 BIH1984.0 的零度子午面和 CTP 赤道的交点,Y 轴和 Z 轴、X 轴构成右手坐标系,如图 2-4 所示。

WGS－84 椭球采用国际大地测量与地球物理联合会第 17 届大会大地测量常数推荐值,采用的 4 个基本参数是:

长半轴　$a = 6\ 378\ 137$ m;

地球引力常数(含大气层)　$GM = 3\ 986\ 005 \times 10^{8}\ m^{3}/s^{2}$;

正常化二阶带球谐系数　$\overline{C}_{2.0} = -484.166\ 85 \times 10^{-6}$;

地球自转角速度　$\omega = 7\ 292\ 115 \times 10^{-11}$ rad/s。

利用以上 4 个基本参数,可以计算其他的几何常数和物理常数,例如:

短半轴　$b = 6\ 356\ 752.314\ 2$ m;

扁率　$\alpha = 1/298.257\ 223\ 563$;

第一偏心率平方　$e^{2} = 0.006\ 694\ 379\ 990\ 13$;

第二偏心率平方　$e'^{2} = 0.006\ 739\ 496\ 742\ 227$;

椭球正常重力位　$U_{0} = 62\ 636\ 860.849\ 7\ m^{2}/s^{2}$;

赤道正常重力　$\gamma_{0} = 9.970\ 326\ 771\ 4\ m/s^{2}$。

当 GPS 定位确定了测站点的大地高 H 后,可按下式求出该点的正高 h:

$$h = H - N \tag{2-2}$$

式中　N——该点的 WGS－84 大地水准面差距,它可以根据 WGS－84 地球重力场模型 WGS－84EGM 的一套球谐系数,利用球谐函数展开式计算得出,其均方根差为 ±(2～6) m。

自1987年1月10日之后，GPS卫星星历均采用WGS－84坐标系统，因此GPS网的测站坐标均属于WGS－84坐标系统，若要求得GPS测站点在参心坐标系中的坐标，就必须进行坐标系的转换。

四、CGCS2000国家大地坐标系

随着经济发展和社会的进步，我国航天、海洋、地震、气象、水利、建设、规划、地质调查、国土资源管理等领域的科学研究需要一个以全球参考基准为背景的、全国统一的、协调一致的坐标系统，来处理国家、区域、海洋与全球化的资源、环境、社会和信息等问题，需要采用定义更加科学、原点位于地球质量中心的三维国家大地坐标系。以地球质量中心为原点的地心大地坐标系，是当今空间时代全球通用的基本大地坐标系。以空间技术为基础的地心大地坐标系，是我国新一代大地坐标系的适宜选择。

2008年3月，由国土资源部正式上报国务院《关于中国采用2000国家大地坐标系的请示》，并于2008年4月获得国务院批准。自2008年7月1日起，中国将全面启用2000国家大地坐标系，国家测绘地理信息局授权组织实施。

2000国家大地坐标系，是我国当前最新的国家大地坐标系，英文名称为China Geodetic Coordinate System 2000，英文缩写为CGCS2000。属于地心大地坐标系统，该系统以ITRF 97参考框架为基准，参考框架历元为2000.0。

2000国家大地坐标系是全球地心坐标系在我国的具体体现，其原点为包括海洋和大气的整个地球的质量中心。Z轴指向BIH1984.0定义的协议极地方向（BIH国际时间局），X轴指向BIH1984.0定义的零子午面与协议赤道的交点，Y轴按右手坐标系确定。2000国家大地坐标系采用的地球椭球参数如下：

长半轴　$a=6\ 378\ 137$ m

扁率　$f=1/298.257\ 222\ 101$；

地心引力常数　$GM=3.986\ 004\ 418\times10^{14}\ \mathrm{m^3/s^2}$；

自转角速度　$\omega=7.292\ 115\times10^{-5}$ rad/s。

我国新一代大地坐标系建立的基本原则是：

（1）坐标系应尽可能对准ITRF（国际地球参考框架）；

（2）坐标系应由空间大地网在某参考历元的坐标和速度体现；

（3）参考椭球的定义参数选用长半轴、扁率、地球地心引力常数和地球角速度，其参数值采用IUGG（国际大地测量与地球物理联合会）或IERS（国际地球旋转与参考系服务局）的采用值或推荐值。

五、地方独立坐标系

在我国的许多城市、大型工程项目中，为了实用、方便和科学的目的，将地方独立测量控制网建立在当地的平均海拔高程面上，并以当地子午线作为中央子午线进行高斯投影求得平面坐标。这些地方独立坐标系隐含着一个与当地平均海拔高程相对应的参考椭球，我们称之为地方参考椭球。地方参考椭球与国家参考椭球的关系是：中心一致、轴向一致、扁率相等、长半径有一增量。

六、ITRF 坐标框架简介

国际地球参考框架 ITRF(International Terrestrial Reference)是一个地心参考框架,是目前精度最高和影响最大的地球参考框架,它是由空间大地测量观测站的坐标和运动速度来定义的,是国际地球自转服务局 IERS(International Earth Rotation Service)的地面参考框架。由于章动、极移影响,国际协议地极原点 CIO 变化,故 ITRF 框架每年也都在变化。

ITRF 框架实质上也是一种地固坐标系,是综合应用甚长基线射电干涉测量(VLBI)、卫星激光测距(SLR)、地月激光测距(LLR)、GPS 卫星定位和星载多普勒无线电定轨定位系统(DORIS)的测量成果而建立的地球参考框架,其坐标原点是包括海洋和大气的整个地球的质量中心,其坐标轴的定向,与国际时间局 BIH1984.0 一致,以 WGS－84 椭球为参考椭球。

自 1988 年以来,国际地球自转服务局(IERS)发布了国际地球参考系 ITRF88,此后又陆续发布了 ITRF89、ITRF90、ITRF91、ITRF92 、ITRF93、ITRF94、ITRF96、ITRF97 等 8 种改进型的国际地球基准坐标系。

1994 年 6 月,美国国防制图局(DMA)对 WGS－84 世界大地坐标系进行了精化,称之为 WGS－84(G730)系。此处的 G 为 GPS,730 表示 GPS 星期数,经研究表明,WGS－84(G730)坐标和 ITRF92 坐标的较差优于 10 cm。1996 年 9 月,美国国家图像制图局 NIMA(美国国防制图局的现用名)对 WGS－84 世界大地坐标系再次进行了精化,得到了称之为 WGS－84(G873)的世界大地坐标系。经研究表明,WGS－84(G873)坐标和 ITRF94 坐标的较差优于 2 cm。现行的 GPS 广播星历和 NIMA 精密星历,均采用 WGS－84(G873)世界大地坐标系。

第三节　天球坐标系

以上所讨论的各种坐标系都属于地球坐标系 ,它们对于表示地面测站点的位置是方便的。对于不随地球自转而运动的人造卫星和其他天体,使用天球坐标系表示它们的运行位置和状态,则更为方便。

一、天球上的点和圈

在夜晚仰望晴朗的天空,好似一个巨大的半圆球。满天的星斗,似乎就分布在这个球面上。我们把以地球 M 为中心,以无穷远的距离为半径所形成的球称作天球。地球与天球相比,可以看成是无限小的一个点。欲建立天球坐标系统,必须了解一些基本的点和圈(见图 2-6):

天极:地球自转的中心轴线简称地轴,将其延伸就是天轴,天轴与天球的交点称为天极,P_N 在北称作北天极,P_S 在南称作南天极。

天球赤道:通过地球质心 M 与地轴垂直的平面称为天球赤道面,天球赤道面与天球相交的大圆就称为天球赤道。

天球子午圈:包含天轴的平面均称天球子午面,天球子午面与天球相交的大圆称为天球子午圈。

时圈:包含地轴的平面与天球相交的大圆称为时圈。显然,时圈也是一个子午圈。

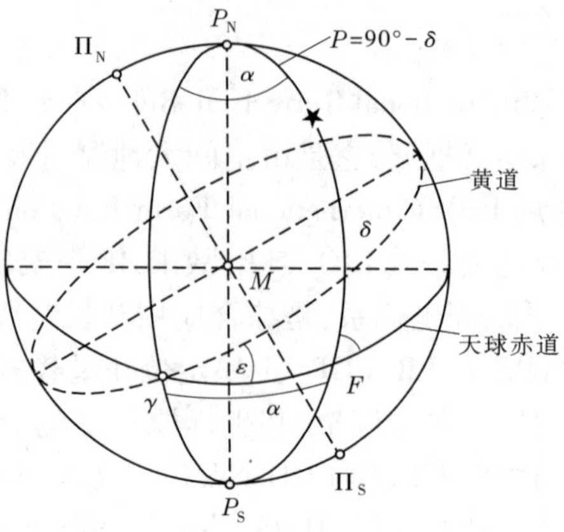

图 2-6　天球上的点和圈

黄道:地球绕太阳公转的轨道平面称为黄道面,它与天球相交的大圆称为黄道。它就是当地球绕太阳公转时,观测者所看到的太阳在天球上运动的轨迹。

天球赤道面与黄道面的交角 ε 约为 23.5°,称为黄赤交角。天球赤道与黄道的交点 γ 称为春分点。

黄极:过天球中心垂直于黄道面的直线与天球的交点称为黄极,Π_N 在北称为北黄极,Π_S 在南称为南黄极。

二、岁差与章动的影响

当地球是一个均质球体且没有其他天体摄动力影响时,春分点在天球上的位置保持固定不变。事实上,地球是一个长短直径相差约 43 km 近于椭球的非匀质非规则的形体,其赤道面对地球公转平面(黄道面)和月球公转平面(白道面)均有一定交角,在这种情况下受日、月以及其他天体的引力作用将产生力矩,使地球自转轴在空间产生进动。所以,地球在绕太阳运行时,地球自转轴的方向在天球上缓慢地移动,春分点在黄道上随之缓慢向西移动,这种现象称为岁差。岁差现象的存在,使北天极的轨迹近似于以北黄极 Π_N 为中心的一个小圆,北天极以顺时针方向每年西移约 50.371″,周期大约为 25 800 年。这种缓慢移动的北天极,称为平北天极,与之相应的天球赤道和春分点,称之为瞬时天球平赤道和瞬时平春分点。

除岁差现象外,还存在另外一种现象。它是在太阳和其他行星引力的影响下,月球绕地球的运行轨道以及月球与地球之间的距离都在不断发生变化。如果将这时的北天极称为瞬时北天极,与之相应的天球赤道和春分点称为瞬时天球赤道和瞬时春分点,在日月引力等因素的影响下,瞬时北天极将绕平北天极顺时针转动,其轨迹大致为椭圆形,其长半径约为 9.2″,这种现象称为章动,周期约为 18.6 年。

三、天球坐标系的建立

地面点位置是在地球坐标系内表示的,而 GPS 卫星的位置则在天球坐标系内表示更为方便。因此,GPS 定位需要把卫星与地面点的几何位置统一在一个坐标系内,所以天球坐标系的选择应该尽量便于在两种坐标系之间的相互变换。如果两个坐标系的原点均取地球质心，且使两个坐标系的 z 轴重合，取为瞬时地球自转轴，此时所定义的天球坐标系与地心直角坐标系具有最简便的变换关系。

按上述思路定义天球坐标系，可以分为两种形式：

（1）天球空间直角坐标系：原点位于地球质心 M，z 轴指向天球北极 P_N，x 轴指向春分点 γ，y 轴与 z、x 轴构成右手坐标系（见图 2-6）。

（2）天球球面坐标系：原点位于地球质心 M，赤经 α 为过春分点的天球子午面与过天体 s 的天球子午面之间的夹角，赤纬 δ 为原点 M 和天体 s 的连线与天球赤道面之间的夹角，向径长度 r 为原点 M 至天体 s 之间的距离。各坐标值以图 2-7 中箭头所指方向为正。

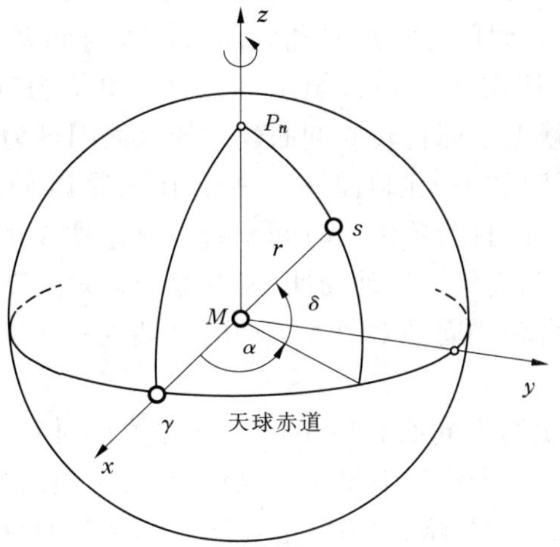

图 2-7　天球坐标系

上述两种坐标系对于表达同一天体的位置是等价的，它们之间的关系是：

$$\begin{bmatrix} x \\ y \\ z \end{bmatrix} = r\begin{bmatrix} \cos\delta\cos\alpha \\ \cos\delta\sin\alpha \\ \sin\delta \end{bmatrix} \tag{2-3}$$

或

$$\left.\begin{aligned} r &= \sqrt{x^2 + y^2 + z^2} \\ \alpha &= \arctan\frac{y}{x} \\ \delta &= \arctan\frac{z}{\sqrt{x^2 + y^2}} \end{aligned}\right\} \tag{2-4}$$

但是，由于岁差和章动的影响，天球坐标系的坐标轴方向在不断地旋转变化，为此我们只能选择某一标准时刻的瞬时地球自转轴和地心至瞬时春分点的方向，经该时刻的岁差和章动改正后，作为 z 轴和 x 轴的方向，并称它们为协议天球坐标系。国际大地测量协会和国际天文学联合会决定，从 1984 年 1 月 1 日后启用的协议天球坐标系是：原点仍为地球质心，z 轴指向 2000 年 1 月 15 日质心力学时为标准历元（标以 J2000.0）的瞬时地球自转轴方向，x 轴指向该标准历元的地心至瞬时春分点方向，y 轴与 x 轴和 z 轴构成右手坐标系。卫星的星历就是在该坐标系统中表示的。

实用中是将卫星在上述协议天球坐标系中的坐标,分别顾及岁差和章动的影响,转换成实际观测历元的瞬时天球坐标系的坐标,以取得卫星与测站点相关位置在时间系统上的一致。当然,此种转换工作无须观测人员逐一计算,由计算机自动完成。

第四节 时间系统

一、概述

时间具有“时间间隔”(时间段)和“时刻”两种含义。时间间隔是时间轴上的一个区间,而时刻则只是指某一点。时间分恒星时和太阳时两大时间系统。利用春分点的周时视运动周期来量度地球自转周期而建立的以恒星日为时间单位的时间系统为恒星时系统;以太阳的周日视运动周期来量度地球自转周期而建立的以太阳日为单位的时间系统为太阳时系统;太阳时又分为真太阳时和平太阳时两种。平太阳时是以平太阳的周日视运动周期来量度地球自转周期的以平太阳日为单位的时间系统。这里所指的平太阳,是以赤道为周年视运动轨道、周期等于真太阳周年视运动周期,速度等于真太阳周年视运动平均速度且速度均匀的假设的太阳。地球自转一周平太阳视运动的周期为一个平太阳日,世界时就是以平太阳日为基础的。

时间的计算方法随用途的不同而有所不同。日常的计时有平年、闰年和大月、小月之分,但在一些科技领域,如天文测量和卫星大地测量中,为了使用方便,不以年、月来计算,而用日来计算,这种计算方法称为儒略日(JD)记日法。儒略日是从公元前 4713 年 1 月 1 日格林尼治平午正开始,连续以日累计,需用时可从《中国天文年历》的“儒略日”附表中查取。儒略日按日累计,年复一年,数字越积越大,对使用又带来不便,所以 1973 年第 15 届国际天文学联合会(JAU)通过了使用以 1958 年 11 月 17 日世界时 0^h 为起点的准儒略日(MJD)的决定,于是有

$$MJD = JD - 2\ 400\ 000.5 \tag{2-5}$$

准儒略日又称为改进儒略日,儒略日与改进儒略日之差为 2 400 000. 5 日。

各国各地区由于民族、文化和地理位置的关系,计时的方法和单位虽有不同,但都是以地球绕太阳公转、月球绕地球运转和地球自转的运转周期为基础的,因而都用年、月、日来计时。当今,多数国家都以格里历来作年、月、日的计时单位,即以地球自转轴运转一周的平均时间为一日,而将地球绕太阳公转一周的平均时间长度 365. 242 5 日叫作一年,这就是人们所称的公元年,这种计时的起点是公元元年 1 月 1 日。我国正式采用格里历并采用公元纪年,是 1949 年 10 月 1 日中华人民共和国成立的那天起正式开始的。计时的单位,除年、月、日外,还有时、分、秒等小于 1 日的单位。

在 GPS 卫星定位中,时间系统有着重要的意义。卫星的在轨运动以及所发射的电磁波的运动也是和时间紧密相关的,所以测距也是个测时的过程。天文测量中测量经纬度和方位角要用到时间,同样在 GPS 导航和定位中也要用到时间。

时间系统的重要意义主要表现在以下几点:

(1)GPS 卫星是一个位置不断变化的高空观测目标,因此在给出卫星运行位置的同时,必须给出相应的瞬间时刻。例如,当要求 GPS 卫星的位置误差小于 1 cm 时,则相应的时刻

误差应小于 2.6×10^{-6} s。

(2)GPS 定位是通过接收和处理 GPS 卫星发射的无线电信号，来确定用户接收机至卫星间的距离，进而确定观测站的位置。因此，准确地测定观测站至卫星的距离，必须精密地测定信号的传播时间。如果要求上述距离误差小于 1 cm，则信号传播时间的测定误差应不超过 3×10^{-11}s。

(3)由于地球的自转现象，在天球坐标系中，地球上点的位置是不断变化的。若要求赤道上一点的位置误差不超过 1 cm，则时间的测定误差须小于 2×10^{-5}s。

显然，利用 GPS 进行精密的导航与测量，尽可能获得高精度的时间信息，其意义至关重要。因此，了解一下有关时间系统的基本概念，对于 GPS 的应用来说，是甚为必要的。

在 GPS 定位中，具有重要意义的时间系统主要有三种，即恒星时、力学时和原子时。另外还有世界时、历书时、协调世界时、GPS 时和区时等，现分述如下。

二、世界时(UT)

世界时是以平太阳时为基准的。它基于假想的平太阳，是从经度为 0°的格林尼治子午圈起算的一种地方时，这种地方时属于包含格林尼治的零时区，所以称为世界时。由天文学理论知道，世界时与恒星时、真太阳时都是以地球的自转周期为基本单位的一种时间系统，其均匀性达 10^{-8} s，因此在经典测量中都认为它是一种均匀的时间系统。由于原子钟的发明和观测精度的提高，发现地球自转速度并不均匀，由它所确定的时间也不均匀。

(一)影响地球自转速度变化的因素

1. 长期变化

产生这种变化的主要原因是日、月引力所引起的地球表面潮汐摩擦的影响，长年累月下去，使地球自转速度逐步变慢，日的长度以每百年约 0.001 6 s 增长。这种变化在短期内不太显著，因而对短期行为的测量工作而言不是主要问题。

2. 季节性变化

地球表面随季节移动的大气团产生的阻力，使地球自转速度不均匀，产生一种季节性的周期变化。春季变慢，秋季变快。一年中，日的长度约有 0.001 s 的变化；而在同一个季节里还有一个月、半个月等较小的周期性变化。这种变化属于一种短周期变化，其影响虽然较大，但可根据其周期性，用经验公式求出其影响值予以改正，因而可在很大程度上消除或减小其影响。

3. 不规则变化

这是由于地球内部物质的移动或地球转动惯量的改变等所产生的一种变化，表现在地球自转速度无规律性的时快时慢，一年内日长可能会产生千分之几秒的差值。正因为这种变化是不规则的，因而不可预见，且其数值也较大，所以是一项难以解决的问题。

除上述变化外，在世界时的测量中，极移使子午圈随时发生变化，也影响到世界时的均匀性，所以世界时的不均匀是每时、每分、每秒的长度都在变化，这就影响了一些要求时间精度较高的部门的应用。因此，在 1955 年 9 月国际天文学联合会的爱尔兰都柏林会议上，决定在世界时中加入不同的改正。根据改正项的不同，世界时被划分为三种形式，自 1956 年 1 月 1 日起在世界各地正式使用。

（二）世界时（UT）的三种形式

1. UT_0 世界时

UT_0 世界时是 1955 年以前各国所使用的一种世界时形式，它是利用天文测量的方法直接对天体观测得到的，其基准是观测台站的瞬时子午圈，所以它既包含了地球自转速度不均匀的影响，也包含了极移的影响。

2. UT_1 世界时

UT_1 世界时是对 UT_0 世界时观测瞬间的地极移动进行改正（改正数为 $\Delta\lambda$）得到的，即

$$UT_1 = UT_0 + \Delta\lambda \tag{2-6}$$

式中

$$\Delta\lambda = \frac{1}{15}(x_p \sin\lambda - y_p \cos\lambda)\tan\varphi$$

这种世界时，一般用于实用天文测量中。

3. UT_2 世界时

在 UT_1 世界时中虽然考虑了极移改正，但尚存在地球自转速度不均匀的影响。为此，在 UT_1 中加入观测瞬间的季节性变化改正数 ΔTS，即

$$UT_2 = UT_1 + \Delta TS \tag{2-7}$$

$$\Delta TS = a\sin(2\pi t) + b\cos(2\pi t) + c\sin(4\pi t) + d\cos(4\pi t)$$

式中，$a = +0.022$ s，$b = -0.012$ s，$c = -0.006$ s，$d = +0.007$ s，从 1972 年起正式使用。这些数据是根据国际时间局按 1967～1969 年间全世界天文观测资料得出的，可从《地球自转参数公报》中查取；t 为小数，以年为单位，从观测当年的 1 月 1 日起算。

尽管对世界时加入了 $\Delta\lambda$ 和 ΔTS 改正而形成 UT_2 世界时，但 UT_2 中仍包含着地球自转速度的长期变化、季节性变化和不规则变化的影响，所以 UT_2 世界时仍是一种不均匀的时间系统。

三、历书时（ET）

UT_2 世界时仍是以地球自转为基础，存在不均匀的问题，于是人们考虑以地球绕太阳公转为基础建立一种新的时间系统。1952 年国际天文协会第八届大会决定建立一种以地球公转周期为标准的时间系统，称为历书时（ET）。历书时虽比世界时的精度大为提高，但仍不能满足现代需要高精度时间部门的要求，而且计算和提供结果比较迟缓，不能及时投入使用，故该时间系统的使用受到一定的局限。

四、原子时（ATI）

因世界时和历书时都存在不均匀性和精度低的缺点，导致使用受到局限。1967 年国际计量委员会决定采用位于海平面上的铯 ^{133}Cs 原子基态两个超精细能级，在零磁场中跃迁辐射振荡 9 192 631 770 周所持续的时间，为一原子时秒。该原子时秒作为国际制（SI）秒的时间单位，以此为基准的时间系统，称为原子时。原子时秒比由地球运转所确定的秒长稳定，且精度达到 10^{-13}s。

人们长期使用世界时，为了适应人们的习惯和作息的方便，需使原子时与世界时相一致，选定以 1958 年 1 月 1 日 UT_2 的 0 时为原子时的起点。这就要求 $(ATI - UT_2)_{1958.0} = 0$，但因各种因素的影响，实际上出现了 $(ATI - UT_2)_{1958.0} = 0.003\ 9$ s。这样，原子时就比世界时

UT_2提前了 0. 003 9 s,且原子时的秒长与世界时的秒长不相等,一年大约相差 1 s。

计量原子时的时钟称为原子钟,常用的有铯原子钟、铷原子钟和氢原子钟三种,其频标的特性见表 2-2。国际上是以铯原子钟为基准的,原子钟的计时精度满足了一些高精度时间部门的需要,特别是空间技术和地面高精度定位的需要。GPS 卫星上全部配置了原子钟。

表 2-2　几种常用频标的特性比较

特征值		振荡器的种类			
		晶体振荡器	铷汽泡	铯原子束	氢原子激射器
相对频率稳定度	1 s	$10^{-6} \sim 10^{-12}$	$2.10^{-11} \sim 5.10^{-12}$	$5.10^{-11} \sim 5.10^{-12}$	5.10^{-13}
	1 d	$10^{-6} \sim 10^{-12}$	$2.10^{-12} \sim 5.10^{-13}$	$10^{-13} \sim 10^{-14}$	$10^{-13} \sim 10^{-14}$
钟误差达 1 μs 的时间		1 s ~ 10 d	1 ~ 10 d	7 ~ 30 d	7 ~ 30 d
相对频率再现性		不可应用必须校准	10^{-10}	$10^{-11} \sim 2.10^{-12}$	5.10^{-13}
相对频率漂移		$10^{-9} \sim 10^{-11}$/d	10^{-11}/月	$<5.10^{-13}$/d	$<5.10^{-13}$/a

国际原子时是全球统一的原子时,是由国际时间局(BIH)用 100 台左右精选过的原子钟测定的。在卫星测量学中,原子时作为高精度的时间基准,普遍地用于精密测定卫星信号的传播时间。

五、协调世界时(UTC)

从 1972 年起,世界上采用了一种以原子时的秒长为基础,在时刻上尽量接近于世界时的一种折中的时间系统。所以严格地讲,这不是一种时间系统,而是一种使用方法。由于原子时的精度高且稳定性好,满足了要求高精度时间的部门的需要,但与地球运转有关的一系列工作又都需要用的习惯相适应,这样为了达到既满足高精度要求,又适应各方面的需要而采用这种介于世界时与原子时之间的计时方法,称为协调世界时,简称为协调时。由于世界时与原子时的秒长不一致,在相互换算和应用中会产生矛盾,解决的办法是采用跳秒来"协调"。所谓跳秒,就是规定当$|UTC - UT| > 0.9$ s(1974 年以前规定为 0. 7 s)时,进行 1 s 的整数跳动,叫做闰秒。闰秒日期由国际时间局(BIH)通知,一般是在每年 12 月 31 日的 23 时 59 分 60 秒上加或减 1 s。若是加 1 s,则这一年的时间长度就多 1 s,为正闰秒;若是减 1 s,则这一年就少 1 s,为负闰秒。经过正(负)跳秒后,才开始下一年 1 月 1 日零时的计时,如果这样还不够,则在每年 6 月 30 日与 7 月 1 日的交界处再跳秒一次。

目前,几乎所有国家发播的时号,均以 UTC 为准,各时号的互差一般不超过 ±1 ms,除发播 UTC 时号外,还同时给出 UTC 与 UT_1 的差值,以便用户获得所需的 UT_1。

六、力学时(DT)

这是天文力学理论及其历表所用的时间系统。力学时分两种,即相对于太阳系质心运动的太阳系质心力学时(TDB)和以地心视位置为基础的地球质心力学时(TDT)。力学时的基本单位为日,1 日包含 86 400 国际单位值秒,秒值采用国际原子时(ATI)秒长。地球质心力学时 TDT 的 1977 年 1 月 1. 000 372 5 日(即 1 日 0 时 00 分 32. 184 秒)对应于国际原子时 ATI 的 1977 年 1 月 1 日 0 时 0 分 0 秒。

可见地球力学时与国际原子时的关系为

$$TDT = ATI + 32.184\ s \tag{2-8}$$

而它与世界时的关系则为

$$TDT = UT_1 + \Delta T \tag{2-9}$$

式中 ΔT——由世界时化算为力学时的改正值，通常载于天文年历中。

在 GPS 定位中，地球质心力学时作为一种严格均匀的时间尺度和独立的变量，被用于描述卫星的运动。

七、GPS 时(GPST)

GPS 时间系统简称为 GPS 时，是以原子频率标准为基础，由主控站按照美国海军天文台(USNO)的协调时 UTC 进行调整的，在 1980 年 1 月 6 日 0 时，使两个时系对齐。GPS 时与协调时 UTC 相似，都属于原子时，所不同的是协调时在年末(必要时在 6 月 30 日)可能通过跳秒来保持与世界时接近；而为了保持导航的连续性，GPS 时不能跳秒，若有必要，可由主控站对卫星钟的运行状态进行调整，即对卫星钟的速度进行调整，使 GPS 时与世界时保持一致。

GPS 时与协调时的关系为：

$$GPST = UTC + 1\ s \times n - 19\ s \tag{2-10}$$

式中 n——调整参数，其值由国际地球自转服务组织(IERS)发布。

八、北斗时间系统(BDT)

北斗卫星导航系统时间(BDT)也称之为北斗“系统时”，是北斗系统定位导航授时(PNT)的基础。BDT 是授时、定时、时间同步、时间标准化以及定位导航领域广泛使用的时间术语。BDT 与其他卫星导航系统时间及与 UTC 的整数秒时差换算如表 2-3 所示。

表 2-3 BDT 与其他卫星导航系统时间及与 UTC 的整数秒时差换算 (单位:s)

时间系统	UTC	TAI	GPST	GLOT	GST	BDT
UTC	0	-DTAI	19-DTAI	0	32-DTAI	33-DTAI
TAI	DTAI	0	19	DTAI	32	33
GPST	DTAI-19	-19	0	DTAI-19	13	14
GLOT	0	-DTAI	19-DTAI	0	32-DTAI	33-DTAI
GST	DTAI-32	-32	-13	DTAI-32	0	1
BDT	DTAI-33	-33	-14	DTAI-33	-1	0

注：UTC 为协调世界时，TAI 为国际原子时，GPST 为 GPS(系统)时间，GLOT 为 GLONASS(系统)时间，GST 为 GALILEO(系统)时间，BDT 为 BeiDou/Compass(系统)时间，DTAI = TAI - UTC。

2012 年 12 月 27 日中国卫星导航管理办公室发布的北斗卫星导航系统空间信号接口控制文件(ICD 文件)公开服务信号 BII(1.0 版)中，陈述 BDT 是这样的：北斗系统的时间基准为北斗时(BDT)。BDT 采用国际单位制(SL)秒为基本单位连续累计，不闰秒，起始历元为 2006 年 1 月 1 日协调世界时(UTC)00 时 00 分 00 秒，该时刻为 BDT 的原点；此刻，国际规定 DTAI = TAI - UTC = 33 s，北斗时与 UTC 同步精度为 ±1 μs。BDT 是(地方)原子时，不

作闰秒调整,任何时候都(在整数秒上)与 TAI 相差 33 s,即

$$\mathrm{BDT} \approx \mathrm{UTC} + \mathrm{DTAI} - 33\ \mathrm{s} \tag{2-11}$$

九、区时(T_n)

1884 年在美国华盛顿召开的国际会议决定采用一种分区统一时刻,把全球按经度划分为 24 个时区,每个时区的经度差为 15°,则相邻时区的时间相差 1 h。这种时刻叫区时。划分的次序是,从格林尼治子午圈 0°起算,向东向西各取 7.5°,这个 15°的区域称为零时区,零时区的区时(T_0)即为世界时。从零时区开始向西、向东各有 12 个时区,东 12 区与西 12 区重合,见图 2-8。设 n 为区时号,则其区时 T_n 与世界时(零时区的区时 T_0)的关系为:

东区
$$T_n = T_0 + n \tag{2-12}$$

西区
$$T_n = T_0 - n \tag{2-13}$$

我国西起东经 72°,东至东经 135°,共跨有 5 个时区,我国采用东 8 区的区时作为统一的标准时间,称作北京时间。

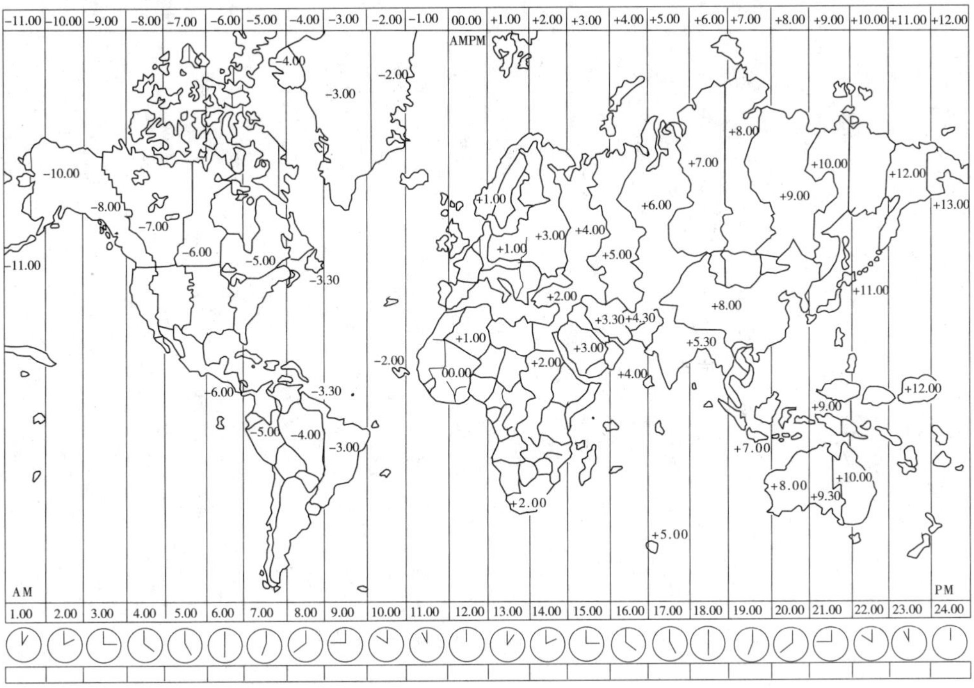

图 2-8　国际时区图

思考题与习题

2-1　建立一个参心大地坐标系,必须解决哪些问题?

2-2　1954 年北京坐标系的缺点有哪些?

2-3　简述极移的概念。

2-4　建立 1980 年国家大地坐标系的意义是什么?

2-5 1954 年新北京坐标系的特点有哪些?

2-6 参心坐标系的缺点有哪几条?

2-7 建立地心直角坐标系的方法有哪几种? 哪种方法最好?

2-8 WGS-84 坐标系的几何定义是什么?

2-9 CGCS2000 国家大地坐标系的几何定义是什么?

2-10 在我国的许多城市、大型工程项目中,为什么要建立地方独立坐标系?

2-11 天球坐标系的两种形式分别是什么?

2-12 计量原子时的时钟有哪几种? 它们的精度是多少?

2-13 简述 GPS 时的定义。

2-14 简述北斗时的定义。

第三章 GPS 定位系统与 GPS 信号

对于导航定位而言,GPS 卫星是一种动态已知点,每颗 GPS 卫星所播发的星历,都是地面监控系统提供的。GPS 工作卫星的设计寿命为七年半,当它们入轨运行以后,地面监控系统还要进行监测和控制。GPS 系统包括地面监控部分、空间卫星部分、用户接收部分三大部分。三大部分之间还要用数字通信技术联络传达各种信号信息,靠各种计算软件处理繁复的数据,最后由用户接收信号来解决导航定位问题。

本章主要介绍 GPS 系统的组成部分、卫星的运行与卫星星历、GPS 卫星坐标计算、导航电文、GPS 卫星信号及其传播等。

第一节 GPS 定位系统的组成

GPS 定位系统包括三大部分:①地面监控部分;②空间卫星部分;③用户接收部分。以下分别介绍它们的作用、工作原理和工作状况。

一、地面监控部分

(一)地面监控站的分布

地面监控站在 GPS 定位系统试验阶段和工作阶段有所不同。试验卫星的地面监控站由设在加利福尼亚州范登堡空军基地的 1 个主控站、1 个注入站和 1 个监控站以及位于其他地方的 4 个监控站组成。

如图 3-1 所示,GPS 工作卫星则采用新的地面监控系统,它由 1 个主控站、3 个注入站和

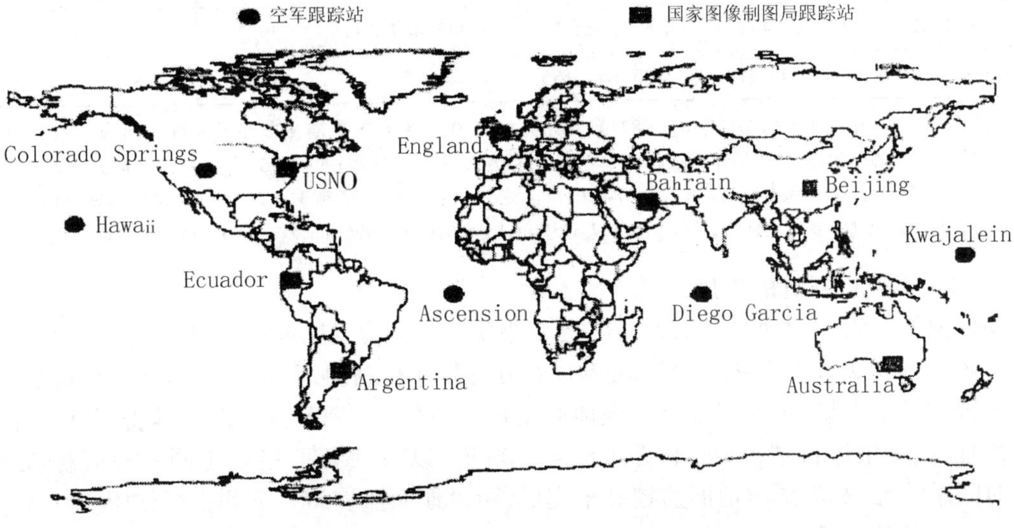

图 3-1 GPS 卫星地面监控站的分布

5 个监控站组成。其分布情况是：主控站设在美国本土科罗拉多州斯平士（Colorado Springs）的联合空间执行中心 CSOC（Consolidated Space Operation Center）；3 个注入站分别设在大西洋的阿森松岛（Ascension）、印度洋的狄哥·伽西亚（Diego Garcia）和太平洋的卡瓦加兰（Kwajalein）的 3 个美国空军基地上；5 个监测站，除 1 个单独在夏威夷（Hawaii）外，其余 4 个都分设在主控站和注入站上，这 5 个监测站也称为空军跟踪站（air foce tracking station）。其坐标如表 3-1 所示。

表 3-1　GPS 监控站在 WGS－84 系中的坐标

站　名	X(km)	Y(km)	Z(km)	ΔE(cm)	ΔN(cm)	Δh(cm)
Colorado	－1 248. 597 221	－4 819. 433 246	3 976. 500 193	0. 1	1. 3	3. 3
Ascension	6 118. 524 214	－1 572. 350 829	－876. 464 089	2. 0	4. 0	－1. 1
Diego*	1 917. 032 190	6 029. 782 349	－801. 376 113	－3. 3	－8. 5	5. 2
Kwajalein	－6 160. 884 561	1 339. 851 686	960. 842 977	4. 7	0. 3	4. 1
Hawaii	－5 511. 982 282	－2 200. 248 096	2 329. 481 654	0. 6	2. 6	2. 7

另外，美国国家图像制图局 NIMA 的 7 个跟踪站（NIMA Tracking Station）也参与了监测。其坐标如表 3-2 所示。

表 3-2　NIMA 跟踪站在 WGS－84 系中的坐标

站　名	X(km)	Y(km)	Z(km)	ΔE(cm)	ΔN(cm)	Δh(cm)
Australia	－3 939. 181 976	3 467. 075 383	－3 613. 221 035	－6. 2	－2. 7	7. 5
Argentina	2 745. 499 094	－4 483. 636 553	－3 599. 054 668	－1. 0	4. 1	6. 7
England	3 981. 776 718	－89. 239 153	4 965. 284 609	8. 8	7. 1	1. 1
Bahrain	3 633. 910 911	4 425. 277 706	2 799. 862 677	－4. 3	－4. 8	－8. 1
Ecuador	1 272. 867 278	－6 252. 772 267	－23. 801 890	－2. 0	2. 5	10. 7
Washington D. C.	1 112. 168 441	－4 842. 861 714	3 985. 487 203	39. 1	7. 8	－3. 7
China	－2 148. 743 914	4 426. 641 465	4 044. 656 101	31. 0	－8. 1	－1. 5

注：表 3-1 和表 3-2 中的坐标为 WGS－84(G873)，时元为 1997. 0，G 为 GPS 星期，873 是星期数。G873 表示 1997 年 1 月 29 日定义的站坐标，站坐标是天线相位中心的三维位置。G730 表示 1994 年 6 月 29 日定义的站坐标。E、N、h 分别表示东、北向坐标和大地高。ΔE 为 E_{G730} 和 E_{G873} 之差。＊表示 1997 年 3 月 2 日以前的 Diego 站坐标，1997 年 3 月 2 日以后的 Diego 站坐标为 $X = 1\ 916.197\ 323$ km，$Y = 6\ 029.998\ 996$ km，$Z = -801.737\ 517$ km。

（二）地面监控系统的作用

GPS 卫星作为一种动态已知点，其“已知数据”为表述卫星运动及其轨道参数的“卫星星历”，不可能也无须在卫星上设置庞杂的机构去测算和编制，而是由地面站测算好后编成电文形式发送给卫星，再由卫星转发至地面用户。另外，卫星上各种设备是否正常工作，要否启用配件、卫星运行情况，要不要纠正运行轨道，以及使各卫星处于同一时间标准——GPS 时间系统等，都需要由地面监控站来完成，所以地面监控站有下列主要作用。

1. 主控站的作用

主控站拥有以大型电子计算机为主体的数据收集、计算、传输、诊断等设备，其主要作用如下：

(1)收集数据。收集各监测站获得监测的伪距和积分多普勒观测值、卫星时钟和工作状态数据、气象、监测站自身状态以及参考星历等数据。

(2)数据处理。根据所收集的前述数据计算各卫星的星历、卫星状态、时钟改正、大气传播改正等，具体地就是卫星位置和速度的六个轨道根数的摄动，每个卫星的三个太阳压力常数，卫星的时钟偏差、漂移和漂移率，各个监测站的时钟偏差、对流层残余偏差及极移偏差等状态数据。将这些数据按一定格式编制成导航电文，并将导航电文及时传送给注入站。

(3)监测与协调。主控站一方面承担控制和协调各监控站与注入站的工作，另一方面还要监测整个地面监控系统是否正常，检验注入卫星的电文是否正确，监控卫星是否按预定状态将电文发送给用户。

(4)调度卫星。修正卫星的运行轨道，调用备用卫星去接替失效卫星的工作。

主控站的星历编算工作分成两步：第一步是编算参考星历，根据5个GPS监控站一星期左右的观测数据，估算GPS卫星轨道参数的初始值，以形成误差约为100 m的参考星历。第二步是编算注入星历，根据每个监控站对每颗可见GPS卫星每6 s所作的伪距测量和积分多普勒观测值，用联机卡尔滤波器计算参考星历的线性摄动，并以后者改正参考星历，并外推出26 h轨道弧段的全部数据，称之为预报星历。主控站将预报星历按照一定的格式编制成导航电文发送给注入站，由注入站注入给卫星。由于甚长基线射电干涉测量(VLBI)和卫星激光测距(SLR)能够精化定轨观测站的站坐标，以及双频接收机对GPS卫星的精密定轨观测。当GPS作卫星全部入轨运行后，预报星历的精度，据估算径向误差约为1 m，切向误差约为7 m，法向误差约为3 m(见图3-2)。

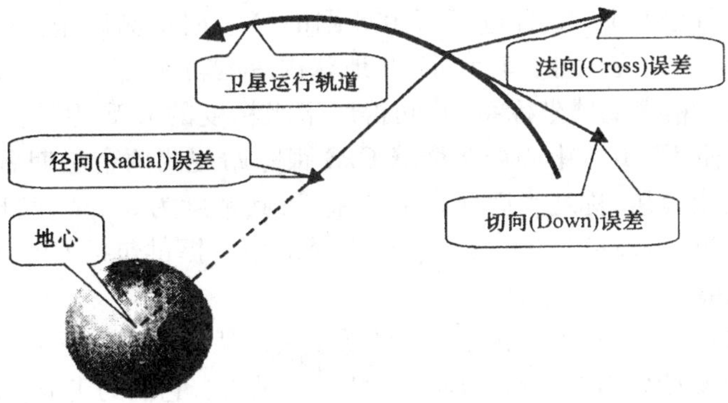

图3-2　卫星轨道的三向误差

主控站按上述程序所编算的星历，由GPS卫星发送给广大用户，称之为广播星历。它的实际精度一般为$(1\sim2)\times10^{-6}$，有时又只有$(3\sim4)\times10^{-6}$。低精度的广播星历，主要用于解算实时位置。但在某些高精度应用场合，广播星历的精度远不能满足GPS数据处理的需要，而需要用一种精度较高的用于测后数据处理的“精密星历”。目前除几种用于测后数据处理的商品精密星历外，还有下列几种形式：

(1)官方精密星历。它是美国国防制图局(DMA，现更名为美国国家图像制图局NIMA，National Inagery and Mapping Agency)、国家大地测量局(NGS)和美国航空航天局(NASA)联合测量与计算的。为此，他们采用了来自下列GPS定轨观测站的数据：地面监控系统的5

个监测站，位于澳大利亚、塞舌尔、英格兰和阿根廷的 DMA 跟踪站，位于西班牙、澳大利亚和美国加利福尼亚州的 NASA 跟踪站，位于美国德克萨斯州、马萨诸塞州和佛罗里达州的 VLBI 站上的 NGS 跟踪站。根据这些跟踪站对 GPS 卫星的观测数据计算出各颗 GPS 卫星的精密星历。官方精密星历的精度一般在 1×10^{-6} 以内。美国国防制图局不仅负责计算精密星历，而且向国外特许用户提供精密星历用于事后数据处理。美国国家大地测量局负责向国内用户发布精密星历。

(2)CIGNET 国际定轨网。1986 年 9 月，美国联邦地质局(USGS)和德克萨斯大学合作，用美国本土的 3 个跟踪站(Austin、Westford、Mojave)定轨数据计算精密星历。1987 年，加拿大的 Yellowkife 站、德国的 Wettzell 站、瑞典的 Onsala 站和挪威的 Tromso 站加入后构成了一个国际性的定轨观测网，并命名为 CIGNET(Cooperative International GPS Network)。它是专门用来测得 GPS 卫星的精密星历。目前已有分布在欧、亚、非、美、大洋五大洲的 20 个跟踪站参加了 CIGNET 国际定轨网。

(3)全球 GPS 多用网。随着 GPS 工作卫星星座的全面建成，在全球各大洲和若干海岛上布设 GPS 跟踪站，就具有更大的实用价值。用这些长期和周期性的国际大会战数据，不仅可以计算特高精度的 GPS 卫星星历，而且可以广泛地研究全球性的地球动力学和地球物理学问题。1991 年 1 月 22 日至 2 月 13 日全球有 124 个 GPS 测站共同观测的 GIG91 网，就是一种具有上述作用的全球 GPS 多用网。

在 GIG91 试验成功的促进下，国际大地测量协会(IGS)决定在全球范围内建立一个近 200 个 GPS 跟踪站的 IGS(International GPS Service)观测网，并成立了一个国际性的组织协调机构——国际 GPS 服务局，负责组织全球性的 GPS 跟踪观测和 GPS 数据处理、分析与成果生成。IGS 网的分布在世界各地，它包括我国上海、武汉、拉萨和西安的 4 个 GPS 跟踪站。自 1992 年 6 月 21 日至 9 月 22 日进行了 IGS 网的第一期观测以来，一直在连续工作着。IGS 网的建设目的在于研究地球自转和定向、地球构造运动和地壳形变监测、全球海平面变化、冰后期回弹、全球精密地球坐标系，并测得厘米级精度的 GPS 卫星星历，供各个参加观测单位和有关行业使用。IGS 中心局在全球 GPS 跟踪站观测两个星期后，方可提供出该观测期的 GPS 卫星精密星历，称之为后处理 IGS 星历；其精度为 5 cm。美国喷气推进实验室的 IGS 中心局通过 http://igscb.jpl.nasa.gov/向全球用户提供包括 GPS 卫星精密星历在内的所有 IGS 最终成果。

对于 GPS 用户而言，IGS 最终星历是一种易于获取从而应用广泛的高精度后处理星历。此外，IGS 还提供快递 GPS 卫星星历和预报 GPS 卫星星历。它们的生成时间和精度，如表 3-3 所示。另外，我国国家测绘局也发布局域性的 GPS 精密星历，可供中国用户使用。

表 3-3　3 种 IGS 星历的精度

星历名称	生成时间	精度
最终 GPS 卫星星历 最终 GPS 卫星时钟改正	两个星期	5 cm 0.3 ns
快递 GPS 卫星星历 快递 GPS 卫星时钟改正	两天	10 cm 0.5 ns
预报 GPS 卫星星历	实时	50 cm

2. 监控站的作用

监控站是无人值守的数据自动采集中心，它在主控站的遥控下自动地采集定轨数据，其位置经精密测定。各个监控站均用 GPS 信号接收机对飞越其上空的所有可见 GPS 卫星每 6 s 进行一次伪距测量和积分多普勒观测。监控站的主要设备包括一台双频接收机、一台高精度原子钟、一台电子计算机和若干台环境数据传感器。各监控站根据其接收到的卫星扩频信号求出相对于其原子钟的伪距和伪距差，检测出所测卫星的导航定位数据，利用环境传感器测出当地的气象数据，并对它们进行各项改正（如电离层、对流层、天线相位中心、相对论效应等项改正），每 15 min 平滑一次观测数据，依此算出每 2 min 间隔的观测值，然后将算得的伪距、导航数据、气象数据及卫星状态数据传送给主控站，为主控站编算导航电文提供可靠的数据。地面监控系统的方框图如图 3-3 所示。

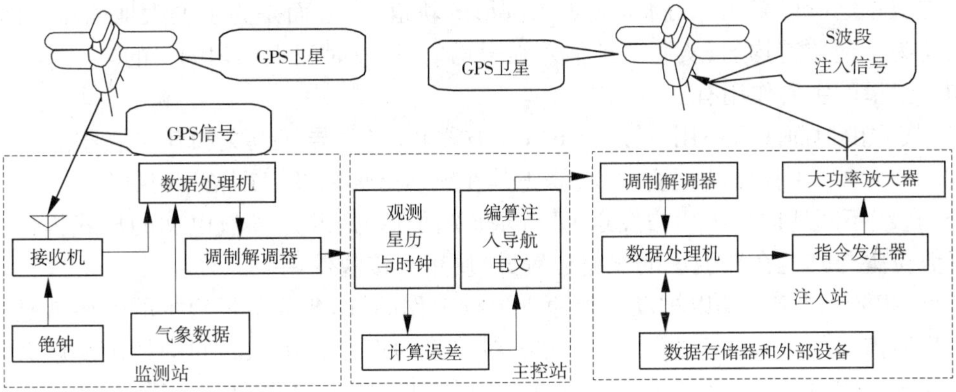

图 3-3　地面监控系统

3. 注入站的作用

注入站是无人值守的工作站，设有 3.66 m 抛物面天线、一台 C 波段发射机和一台电子计算机。其主要作用是将主控站需传输给卫星的资料以既定的方式注入卫星存储器中，供 GPS 卫星向用户发送。

二、空间卫星部分

空间卫星部分是由空间运行的多颗卫星按一定的规则组成的 GPS 卫星星座。本书第一章第二节已有述及。这里仅就空间卫星的作用和有关情况做些说明。

美国发射的 GPS 卫星，有多种编号方式，比如可以按 GPS 卫星发射的先后顺序编号，也可以根据 GPS 卫星所采用的伪随机噪声码 PRN 编号，还可以根据美国和加拿大联合组成的北美空军指挥部给定的内部距离操作码 IRON 编号，以及根据美国航空航天局在其序列文件中编的 NASA 编号和根据卫星发射年代与该年代中的发射序列编的识别号。其中，PRN 编号是供导航定位用的，识别号是供用户查询卫星有关数据用的。

目前已入轨的 GPS 工作卫星 Block Ⅱ（见图 3-4）都是用火箭或航天飞机发射的，其编号方法与试验卫星的编号方法基本相同，其轨道近于圆形，最大偏心率为 0.01，轨道长半径也是 26 560 km，轨道倾角为 55°，卫星的高度为 20 200 km，运行周期为十二恒星时，即每天绕地球运行两周，地面观测者能够观测到的 GPS 卫星圆弧度约 152.26°。考虑到 GPS 卫星刚从地平线上升起时，GPS 信号受大气层影响较大，一般均待 GPS 卫星升起 10°以后，才用它进行导航定位测量。因此,GPS 卫星的实际观测弧段为 132°左右。

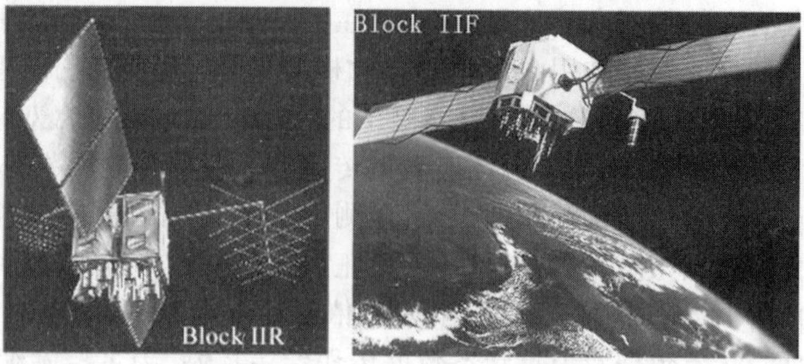

图 3-4　Block ⅡR/ⅡF 卫星

工作卫星之所以采用 2 万 km 高近于圆形的轨道,一方面是为了增大地面覆盖面积;另一方面是为了使覆盖均匀,从而达到信号强度均匀、接收时间也均匀的目的。

GPS 卫星的主要作用有三方面:

(1)接收由地面注入站用 S 波段(10 cm 波段)发送的导航电文和其他信号;

(2)接收地面主控站的调度命令,修正其在轨运行偏差及启用备用时钟等;

(3)连续不断地向广大用户发送 GPS 导航定位信号,并用导航电文的形式提供卫星自身的现势位置与其他在轨卫星的概略位置,以便用户接收使用。

可见 GPS 卫星定位是以被动定位原理进行工作的,GPS 卫星最根本的作用就是向用户发送用户所需要的信号和电文。既然如此,对卫星的寿命长短和时间的精确度就必须高度重视。GPS 工作卫星的设计寿命是七年半,但从实验卫星的工作情况来看,使用寿命一般都会超过甚至远远超过设计寿命。GPS 工作卫星中安置两台铷原子钟和两台铯原子钟(仅 PRN08 试验卫星用的是石英钟),以便随时启用更替。采用原子钟的目的是因为它的频率稳定度优于 10^{-12},3 万年仅差 1 s(见表 3-4),远高于稳定度为 10^{-9} 的石英钟,因而可大幅度提高导航和定位精度。

表 3-4　卫星时钟的稳定性

钟　型	时钟频率(Hz)	每日稳定度 $\Delta f/f$	钟差 1 s 所需时间(a)
石英钟	5 000 000	10^{-9}	30
铷　钟	6 834 682 613	10^{-12}	30 000
铯　钟	9 192 631 770	10^{-13}	300 000
氢　钟	1 420 405 751	10^{-15}	30 000 000

GPS 卫星的空间布局和运行速度决定了地面观测者具备下列观测条件:

(1)同一卫星每天可提前 4 min 出现,其在地平线以上的可见运行时间为 5 h。

(2)由于观测者所处的位置和时间的不同,可同时观测的卫星个数也各异,但最少能观测到 4 颗卫星,最多可观测到 11 颗。

三、用户接收部分

用户接收部分的基本设备,就是 GPS 信号接收机、机内软件以及 GPS 数据的后处理软件包。其作用是接收、跟踪、变换和测量 GPS 卫星所发射的 GPS 信号,以达到导航和定位的目的。

GPS 信号接收机的任务是:跟踪可见卫星的运行,捕获一定卫星高度截止角的待测卫星信号,并对 GPS 信号进行变换、放大和处理,解译出 GPS 卫星所发送的导航电文,测量出 GPS 信号从卫星到接收机天线的传播时间,实时地计算出测站的三维位置、三维速度和时间。

静态定位中,GPS 接收机在捕获和跟踪 GPS 卫星的过程中固定不变,接收机高精度地测量 GPS 信号的传播时间,利用 GPS 卫星在轨的已知位置,解算出接收机天线所在位置的三维坐标。而动态定位则是用 GPS 接收机测定一个运动物体的运行轨迹。载体上的 GPS 接收机天线在跟踪 GPS 卫星的过程中相对地球而运动,接收机用 GPS 信号实时地测得运动载体的瞬间三维位置和三维速度。

GPS 接收机一般用蓄电池作电源。同时采用机内、机外两种直流电源。设置机内电池的目的在于更换外电池时不中断连续观测。在用机外电池的过程中,机内电池自动充电。关机后,机内电池为 RAM 存储器供电,以防止丢失数据。

近年来,国内引进了许多种类型的 GPS 测地型接收机。各种类型的 GPS 测地型接收机用于精密相对定位时,其双频接收机精度可达 $5\ \mathrm{mm}+1\times10^{-6}D$,单频接收机在一定距离内精度可达 $10\ \mathrm{mm}+2\times10^{-6}D$。用于差分定位时其精度可达亚米级至厘米级。GPS 和 GLONASS 兼容的全球导航定位系统接收机也已经被一些部门采用。

目前,各种类型的 GPS 信号接收机体积越来越小,重量越来越轻,便于野外观测。它们按用途的不同,可分为导航型、测地型和授时型等三种;按携带形式的不同,可分为袖珍式、背负式、车载式、舰用式、空(飞机)载式、弹载式和星载式等七种;按工作原理可分为码接收机和无码接收机,前者动态、静态定位都能用,后者只能用于静态定位;按使用载波频率的多少可分为单频接收机(用一个载波频率 L_1)和用两个载波频率(L_1、L_2)的双频接收机,以双频接收机为今后精度定位的主要用机;按型号分,种类就更多。

第二节　卫星的运行及其轨道

GPS 卫星的导航与定位的起算基准是依 GPS 卫星的已知瞬时位置为准。为了确定卫星的瞬时位置,必须了解卫星的运动状态和运行轨道。

GPS 卫星在空间绕地球运行,取决于它所受的作用力。这些作用力包括:地球重力场对卫星的引力,日、月等天体对卫星的引力,以及太阳光压、大气阻力和地球潮汐力等。这些作用力的情况复杂多变,所以卫星的实际运动状况和状态也就比较复杂,很难用既精确又简单的数学模型进行描述。

在对卫星的所有作用力中,地球重力场的引力是最主要的。如果将地球重力场的引力视为 1,则其他作用力均小于 10^{-5}。为了研究和实际应用的方便,通常将作用于卫星上的各种作用力按其影响的大小分成两类:一类是地球质心引力,即假设地球为匀质球体的引力,其质量集中于球体的中心(中心引力),它决定着卫星运动的基本规律和特征,这时由地球引力所决定的卫星运行轨道可视为理想轨道,也称为无摄轨道;另一类是摄动力,也称为非中心力,它包括地球非球形对称的作用力、日月引力、大气阻力、光辐射压力、地球潮汐力等。

摄动力作用的结果，使卫星的运动产生一些小的附加变化而偏离理想轨道。在摄动力的作用下，卫星的运动称为受摄运动，相应的卫星轨道称为受摄轨道。摄动力与地球质心引力相比，仅为10^{-3}量级。

一、理想情况下的卫星运动

所谓理想情况下的卫星运动，是将地球视作匀质球体，且不顾及其他摄动力的影响，卫星只是在地球质心引力作用下而运动。理想情况下的卫星运动是我们的首要研究对象。这是因为：①它是卫星运动的第一近似描述；②它是至今唯一能得到的严密分析解的运动；③它是全部作用力下的卫星运动更精确解的基础。

根据牛顿万有引力定律，在上述理想情况下，卫星相对于地球的引力加速度为

$$\ddot{r} = -\frac{G(M+m)}{r^3}r \tag{3-1}$$

式中　G——地球引力常数；

M——地球质量；

m——卫星质量；

$\ddot{r}$——卫星的地心向径。

因卫星的质量 m 相对于地球的质量 M 很小，若忽略卫星的质量 m，则有

$$\ddot{r} = -\frac{GM}{r^3}r \tag{3-2}$$

引力加速度 $\ddot{r}$ 决定着卫星绕地球运行的基本规律，这些基本规律可以用开普勒（JohannesKepler）三定律来具体描述。

（1）开普勒第一定律——卫星运行的轨道是一个椭圆，地球质心位居该椭圆的一个焦点上。

该定律表明，卫星相对于地球质心的运动轨道是一个椭圆，该椭圆有着固定的形状和大小，椭圆上距离地球质心最远的一点称为远地点，距离地球质心最近的一点称为近地点，如图 3-5 所示。

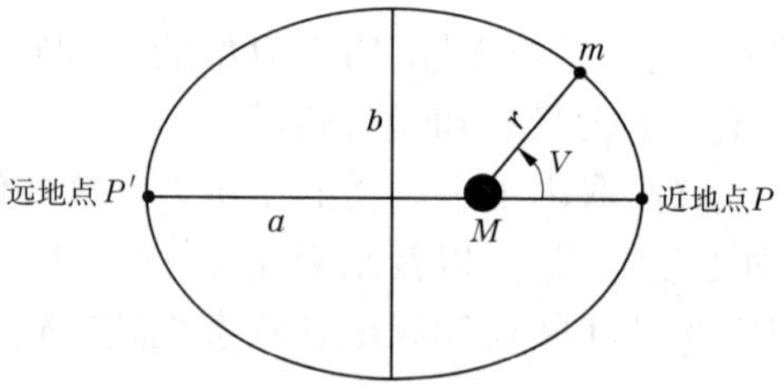

图 3-5　卫星运行轨道椭圆

根据式（3-2）的解，可得卫星绕地球质心运动的轨道方程：

$$r = \frac{a(1-e^2)}{1+e\cos V} \tag{3-3}$$

式中　r——卫星的地心距离；

a——开普勒椭圆的长半径；

e——开普勒椭圆的偏心率；

V——真近点角。

当 $V=0$ 时，$r=a(1-e)$，为卫星的近地点距离；当 $V=180°$时，$r=a(1+e)$，为卫星的远地点距离。它描述了任意时刻卫星在轨道上相对近地点的位置，是时间的函数。

(2)开普勒第二定律——卫星的地心向径，即地球质心与卫星质心间的距离向量，在相同的时间内所扫过的面积相等。

开普勒第二定律表明，卫星沿轨道的运行速度在不断变化，在近地点处速度最大，在远地点处速度最小，如图 3-6 所示。

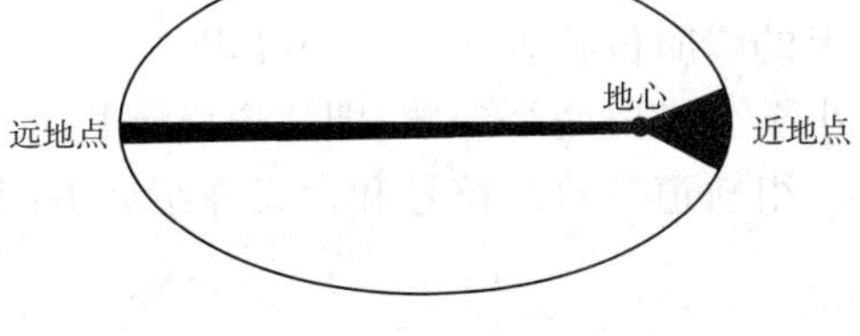

图 3-6　相等时间地心向径扫过的面积

和其他物体运动一样，卫星的运动也具有两种能量：势能(位能)和动能。

势能是由地球重力场的作用而引起，其大小和卫星在轨道上所处的位置有关，在近地点处势能最小，远地点处势能最大，卫星在任一时刻 t 所具有的势能为 $-\frac{GMm}{r}$。

动能则是由卫星自身运动所引起，其大小是卫星运动速度的函数。如果取卫星的运动速度为 v，则其动能为$\frac{1}{2}mv^2$，所以卫星运行至近地点处动能最大，远地点处动能最小。根据能量守恒定理，卫星在运动期间，势能与动能之和为一常量，即

$$\frac{1}{2}mv^2 - \frac{GMm}{r} = 常量 \tag{3-4}$$

(3)开普勒第三定律——卫星围绕地球运行的周期的平方与轨道椭圆长半径的立方成正比，其比值等于地球引力常数 GM 的倒数。

开普勒第三定律的数学形式为

$$T^2 = \frac{4\pi^2}{GM}a^3 \tag{3-5}$$

式中　GM——地球引力常数；

T——卫星运动的周期。

根据国际大地测量与地球物理联合会(IUGG)1975 年大会的确认：

$$GM = 3.986\,005\mathrm{E}+14\ \mathrm{m^3/s^2}$$

即卫星绕地球运行一周所需的时间。根据 GM 的值可计算出：

$$T = \frac{2\pi a^{\frac{3}{2}}}{\sqrt{GM}} = 3.147\,1\times 10^{-7}\sqrt{a^3} \tag{3-6}$$

式中　a——以米为单位的椭圆轨道长半轴。

GPS 卫星的 $a=26\ 562$ km，根据式(3-6)可算出 GPS 卫星的运行周期为 11 h 58 min。

若假设卫星运动的平均角速度为 n_0，则顾及式(3-5)可得：

$$n_0 = \frac{2\pi}{T} = \left(\frac{GM}{a^3}\right)^{\frac{1}{2}} = \frac{1.996\ 498 \times 10^7}{\sqrt{a^3}} \tag{3-7}$$

当轨道椭圆的长半径一经确定,卫星运行的平均角速度便随之确定,且保持不变。

二、卫星运行的轨道

由开普勒定律可知,卫星运动的轨道是通过地心平面上的一个椭圆,且椭圆的一个焦点与地心相重合。轨道参数可以有很多,它们的选择也不是唯一的。但是无论如何选择,必须有利于下列问题的解决:①轨道椭圆的形状和大小;②轨道平面与地球体的相关位置;③轨道椭圆在轨道平面上的方位;④卫星在轨道上的瞬时位置。只有这些问题得到确定,卫星运行的轨道以及卫星在轨道上的瞬时位置也才是唯一确定的。

确定椭圆的形状和大小至少需要两个参数,即轨道椭圆长半径 a 和轨道椭圆偏心率 e。

这里仅将最为适宜的一组轨道参数的符号和含义介绍如下(见图 3-7)。

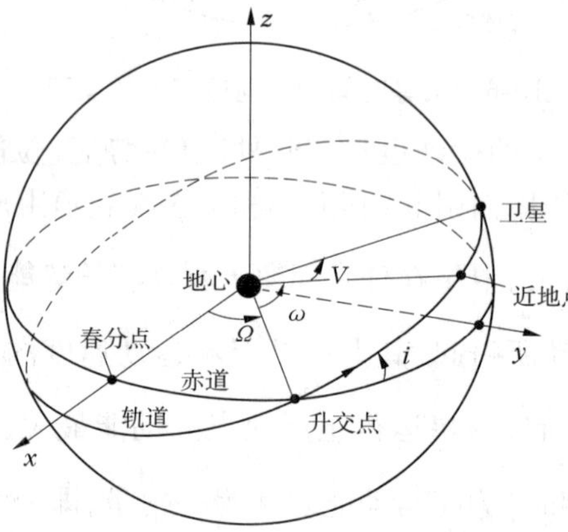

图 3-7　卫星轨道参数

轨道椭圆长半径 a:是近地点通过地球质心到远地点距离的 1/2,它决定了椭圆的大小。

轨道椭圆偏心率 e:是椭圆两个焦点之间距离(焦距)的一半与其长半轴的比值,它确定了椭圆的形状;其他的几何参数都可以由 a 和 e 推导出来。

升交点赤经 Ω:升交点即是卫星由南向北的运行轨道与天球赤道的交点。地球绕太阳公转的一圈中有一个点(日历上表示的春分时间),它反映在天球赤道平面上的固定位置,叫作春分点。而升交点赤经就是春分点轴向东量至升交点的弧度。

轨道面倾角 i:卫星轨道平面与天球赤道平面之间的夹角。

Ω 和 i 唯一地确定了卫星轨道平面与地球体之间的相对定向。

近地点角距 ω:在轨道平面上近地点与升交点所对应的地心夹角。该参数表达了开普勒椭圆在轨道平面上的定向。

真近点角 V:在轨道平面上卫星与近地点所对应的地心夹角。该参数为时间的函数,它确定了卫星在轨道上的瞬时位置。

对于 GPS 卫星来说,上述轨道参数的具体数值,则是由不同卫星的发射条件决定的。

在上述描述卫星运动的 6 个开普勒轨道参数中,只有真近点角 V 是时间的函数,其余参数均为常数。所以,确定卫星瞬时位置的关键,在于确定参数 V。为此,需要引入计算 V 的

两个辅助参数 E 和 M_0。

E 称为偏近点角，如图 3-8 所示。过卫星质心 m 作平行于椭圆短轴的直线，分别交于近地点与椭圆中心连线的 m' 点和以长半径 a 所作大圆的 m'' 点，于是 E 就是近地点 P 至 m'' 的圆弧对应的圆心角。

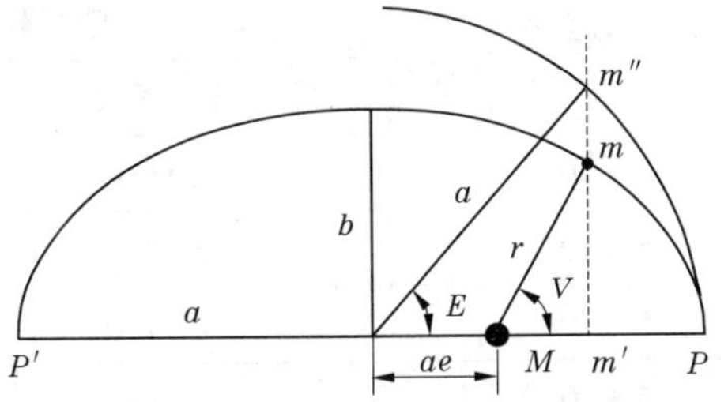

图 3-8　真近点角与偏近点角

M_0 称为平近点角，它是一个假设量。如果卫星通过近地点的时刻为 t_0，观测瞬间的时刻为 t，卫星运行的平均角速度为 n，则平近点角由下式定义：

$$M_0 = n(t - t_0) \tag{3-8}$$

式中　n——对某一卫星而言是个常数，所以观测时刻一旦确定，平近点角也就相应确定。

根据开普勒方程，偏近点角 E 与平近点角 M_0 的关系为：

$$E = M_0 + e\sin E \tag{3-9}$$

若已知 M_0 的值时，就可以采用迭代法按上式计算 E。迭代计算时先令 $E = M_0$，因偏心率 e 仅为 0.01 左右，所以迭代两次便可求得偏近点角 E。

其次，为了计算卫星的瞬时位置，还需要确定真近点角 V 与偏近点角 E 之间的关系。由图 3-8 知：

$$a\cos E = r\cos V + ae$$

于是

$$\cos V = \frac{a}{r}(\cos E - e) \tag{3-10}$$

将上式代入轨道方程(3-3)，则得

$$r = a(1 - e\cos E) \tag{3-11}$$

由式(3-10)和式(3-11)可得真近点角与偏近点角之关系：

$$\left.\begin{aligned} \cos V &= \frac{\cos E - e}{1 - e\cos E} \\ \sin V &= \frac{\sqrt{1 - e^2}\sin E}{1 - e\cos E} \end{aligned}\right\} \tag{3-12}$$

以及

$$\tan V = \frac{\sqrt{1 - e^2}\sin E}{\cos E - e} \tag{3-13}$$

三、摄动力对卫星运行轨道的影响

前述为理想情况下的卫星运动，是假定卫星只受地球质心引力的作用。但 GPS 卫星在运行中，除主要受到地球中心引力的作用外，还将受到其他各种摄动力的影响，从而引起轨道的摄动。在摄动力加速度的影响下，卫星运行的开普勒轨道参数，不再保持常数而变为时间的函数。理论分析表明，影响卫星运动的摄动力主要是地球引力场摄动力的影响、日月引力的影响和太阳光压的影响。GPS 卫星所受摄动力的影响度参见表 3-5。

表 3-5　GPS 卫星所受摄动力的影响度

摄动源		加速度(m/s^2)	卫星轨道受摄度(m)	
			3 h 弧段	2 d 弧段
地球的非对称性	$\bar{C}_{20}$	5×10^{-5}	2 000	14 000
	其他调和项	5×10^{-7}	5 ~ 80	100 ~ 1 500
日、月点质影响		5×10^{-6}	5 ~ 150	1 000 ~ 3 000
地球潮汐位	固体潮	5×10^{-9}	—	0.5 ~ 1.0
	海洋潮汐	5×10^{-9}	—	0.0 ~ 2.0
太阳光辐射压力		5×10^{-7}	5 ~ 10	100 ~ 800
卫星体反射压力		5×10^{-8}	—	1.0 ~ 1.5

第三节　卫星星历与卫星位置计算

利用 GPS 卫星进行导航和定位，就是根据已知的卫星轨道参数计算出卫星瞬时位置，通过观测和数据处理，确定接收机的位置和载体的运动速度。所以，获取准确的卫星轨道参数，计算出卫星在观测瞬间的位置，是 GPS 导航定位的基础。

一、GPS 卫星星历

卫星的星历就是一组对应某一时刻的轨道参数值，它是计算卫星瞬时位置的依据。这些参数的数值确定卫星的运行轨道和运行状态，有了卫星星历就可以计算出任一时刻的卫星位置，所以卫星星历其实就是赋值后的轨道参数。

GPS 卫星星历可以分为两种：广播星历（预报星历）和实测星历（精密星历）。

卫星将地面监测站注入的有关卫星轨道的信息，通过发射导航电文传递给用户，用户接收到这些信号进行解码即可获得所需要的卫星星历，即广播星历。

广播星历是根据某一参考历元的观测资料向外推算的星历。它的好处是用户在观测同时即可得到实时星历参数和卫星位置，这对导航和实时定位是非常需要的。但是，由于卫星星历是外推出来的，特别是美国政府实施的限制政策，大幅度降低了广播星历的精度，所以它很难满足高精度定位的需要。

实测星历是一些国家根据自己的卫星跟踪站观测资料，经过事后处理直接计算的卫星星历，它向广大用户提供有偿服务，所以大大提高了卫星星历的精度。不过这种星历难以在用户观测期间获得，通常是在用户观测后一段时间才能利用磁盘或 Internet 网提供，所以它对导航和实时定位意义不大。

我国的 GPS 卫星跟踪站在“八五”期间已经建成，“九五”期间已向国内用户提供服务。

现在正在进行数据处理的全国 GPS2000 网,其点数可达 2 000 余个,其中 GPS 卫星永久性跟踪站增加为 25 个,将来还要继续增加到 250 个左右,以满足全国动态或高精度定位用户的需要。

二、GPS 卫星在轨道平面内位置的计算

前面介绍的卫星星历是以 WGS－84 大地坐标系为坐标框架的。GPS 定位成果亦属于 WGS－84 大地坐标系,它是一种地心空间直角坐标系统。

为了计算卫星在 WGS－84 大地坐标系中的位置,首先需要计算卫星在其轨道平面内的位置。此时定义:原点与地心 M 相重合,x 轴指向升交点,y 轴在轨道平面内垂直于 x 轴,我们称其为轨道平面直角坐标系,它是一种过渡性的坐标系,如图 3-9 所示。

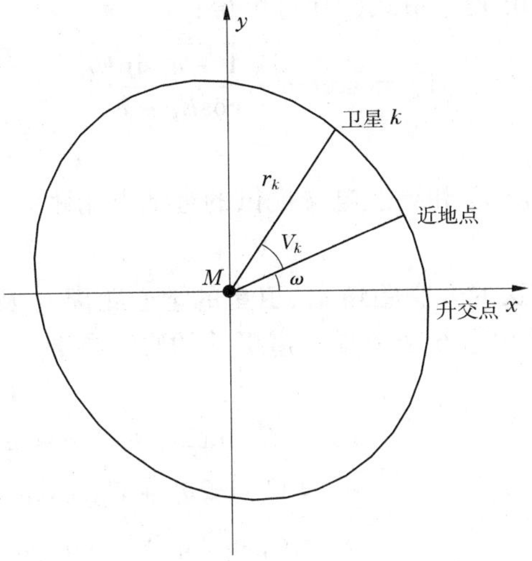

图 3-9　轨道平面直角坐标系

(一)计算卫星运行的平均角速度 n

由式(3-7),可算得卫星运行的平均角速度

$$n_0 = \left(\frac{GM}{a^3}\right)^{\frac{1}{2}}$$

式中　a——卫星轨道的长半轴;

　　GM——地球引力常数(含大气层)。

a 和 GM 都有确定值。利用导航电文中给出的摄动改正数 Δn,则可算出卫星运行的实际平均角速度

$$n = n_0 + \Delta n \tag{3-14}$$

(二)计算归化时间 t_k

导航电文提供的轨道参数是相应于参考时刻 t_{Oe} 时的数值,为了求得观测时刻 t 的参数,需求出此时刻相对于参考时刻 t_{Oe} 的时间差:

$$t_k = t - t_{Oe} \tag{3-15}$$

在 GPS 时间系统中,时间是从一周的开始(星期日子夜)连续以秒计算的,所以计算归化时间 t_k 时应顾及一个星期(604 800 s)的开始或结束。亦即当 $t_k > 302\ 400$ s 时,t_k 应减去

604 800 s。当 $t_k < -302\ 400$ s 时，t_k 应加上 604 800 s。

（三）计算真近点角 V_k

首先计算观测瞬间的卫星平近点角 M_k。因为导航电文中已经给出参考时刻 t_{Oe} 的平近点角 M_0，所以

$$M_k = M_0 + nt_k \tag{3-16}$$

其次计算偏近点角 E_k。根据导航电文中给出的偏心率 e 和上面计算的平近点角 M_k，根据式(3-9)可以写出：

$$E_k = M_k + e\sin E_k \tag{3-17}$$

上述开普勒方程仍按前述的迭代法计算，即先令 $E_k = M_k$，代入式(3-17)。通常只需两次迭代计算即可求得偏近点角 E_k。

然后再计算出真近点角 V_k。由式(3-13)可得：

$$V_k = \arctan\frac{\sqrt{1-e^2}\sin E_k}{\cos E_k - e} \tag{3-18}$$

（四）计算升交距角 u_0

根据计算出的其近点角 V_k 和导航电文提供的近地点角距 ω，按下式计算升交距角

$$u_0 = V_k + \omega \tag{3-19}$$

（五）计算经过摄动改正的升交距角 u_k、卫星的地心距离 r_k 及轨道倾角 i_k

在卫星导航电文中，给出了 6 个卫星轨道摄动的修正参数。根据这些参数，计算出轨道参数的修正量：

$$\left.\begin{aligned}
&\text{升交距角修正量} \quad && \delta u = C_{us}\sin 2u_0 + C_{uc}\cos 2u_0\\
&\text{地心距离修正量} \quad && \delta_r = C_{rs}\sin 2u_0 + C_{rc}\cos 2u_0\\
&\text{轨道倾角修正量} \quad && \delta_i = C_{is}\sin 2u_0 + C_{ic}\cos 2u_0
\end{aligned}\right\} \tag{3-20}$$

经过摄动改正的升交距角、卫星的地心距离、轨道倾角则为：

$$\left.\begin{aligned}
u_k &= u_0 + \delta_u\\
r_k &= a(1 - e\cos E_k) + \delta_r\\
i_k &= i_0 + \delta_i + \dot{i}t_k
\end{aligned}\right\} \tag{3-21}$$

（六）计算卫星的轨道平面直角坐标

$$\left.\begin{aligned}
x_k &= r_k\cos u_k\\
y_k &= r_k\sin u_k
\end{aligned}\right\} \tag{3-22}$$

三、卫星在地心空间直角坐标系中的位置计算

（一）计算观测时刻的升交点经度 Ω_k

为了计算卫星在地心空间直角坐标系中的位置，必须知道卫星升交点在观测时刻 t 的精度 Ω_k。

假若观测时刻 t 的升交点赤经为 Ω（升交点与春分点所对应的地心夹角），观测时刻 t 时的春分点格林尼治恒星时为 GAST，此时的升交点经度应为

$$\Omega_k = \Omega - GAST \tag{3-23}$$

如果参考时刻 t_{Oe} 的升交点赤经为 Ω_{Oe}，其变率为 Ω，则观测时刻 t 时的升交点赤经为

$$\Omega = \Omega_{0e} + \Omega(t - t_{0e}) \tag{3-24}$$

其次,式(3-23)中的 $GAST$ 将随地球自转而不断增加,其增值速率即为地球自转的速率 ω_e。设一个星期开始时刻(星期日子夜)的格林尼治恒星时为 $GAST(t_0)$,则

$$GAST = GAST(t_0) + \omega_e t \tag{3-25}$$

式中 $\omega_e = 7.292\ 115\ 67 \times 10^{-5}$ rad/s。

导航电文给我们提供的不是 t_{0e} 时的升交点赤经 Ω_{0e},而是始于格林尼治起始子午线到升交点的准经度 Ω_0,它们之间的关系是:

$$\Omega_{0e} = GAST(t_0) + \Omega_0 \tag{3-26}$$

将式(3-27)~式(3-29)一并代入式(3-23),则得升交点的经度为:

$$\Omega_k = \Omega_0 + (\Omega - \omega_e)(t - t_{0e}) - \omega_e t_{0e} \tag{3-27}$$

(二)计算卫星在地心空间直角坐标系中的坐标

由式(3-21)可求出卫星在其轨道平面直角坐标系中的坐标,在该坐标系统中卫星的空间位置可表示为:

$$\left.\begin{aligned} x_k &= r_k \cos u_k \\ y_k &= r_k \sin u_k \\ z_k &= 0 \end{aligned}\right\} \tag{3-28}$$

此时 z 轴过地心指向轨道平面的垂直方向。

这样,轨道直角坐标系(x,y,z)与地心直角坐标系(X,Y,Z)具有相同的原点(见图 3-7),其差别仅是坐标轴的定向不同。为了使两坐标系取的一致,可将坐标系(x,y,z)做如下旋转:①绕 x 轴方向顺转角度 i_k,使轨道平面与赤道平面重合,z 轴与 Z 轴相重合;②绕 z 轴顺转角度 Ω_k,使 x、y 轴与 X、Y 轴同时重合。

这一过程用旋转矩阵表示如下:

$$\begin{bmatrix} X_k \\ Y_k \\ Z_k \end{bmatrix} = R_3(-\Omega_k)R_1(-i_k)\begin{bmatrix} x_k \\ y_k \\ z_k \end{bmatrix} = \begin{bmatrix} \cos\Omega_k & -\sin\Omega_k\cos i_k & \sin\Omega_k\sin i_k \\ \sin\Omega_k & \cos\Omega_k\cos i_k & -\cos\Omega_k\sin i_k \\ 0 & \sin i_k & \cos i_k \end{bmatrix}\begin{bmatrix} x_k \\ y_k \\ z_k \end{bmatrix}$$

$$= \begin{bmatrix} \cos\Omega_k x_k - \sin\Omega_k\cos i_k y_k \\ \sin\Omega_k x_k + \cos\Omega_k\cos i_k y_k \\ \sin i_k y_k \end{bmatrix} \tag{3-29}$$

四、用精密星历计算卫星位置

精密星历是按一定的时间间隔(通常为 15 min)来给出卫星在空间的三维坐标、三维运动速度及卫星钟改正数等信息。著名的 IGS(国际 GPS 地球动力学服务局)综合精密星历需 1~2 周后才能获得。由 IGS 提出的格式被广泛采用,其中 ASCII 格式的 SP1 和二进制格式的 E(F)格式不仅给出了卫星的三维位置信息(km),也给出了卫星的三维运动速度信息(km/s)。而 SP2(ASCII 格式)和 ECF2(二进制格式)则仅给出了卫星的三维位置信息。速度信息需通过位置信息用数值微分的方法来求出。采用这种格式时存储量可减少一半左右。在 SP3(ASCII 格式)和 ECF3(二进制格式)中增加了卫星钟的改正数信息。

观测瞬间的卫星位置及运动速度可采用内插法求得。其中拉格朗日(Lagrange)多项式内插法被广泛采用,因为这种内插法速度快且易于编程。拉格朗日插值公式十分简单:已知函数 $y=f(x)$ 的 $n+1$ 个节点 $x_0,x_1,x_2,\cdots,x_n$ 及其对应的函数值 $y_0,y_1,y_2,\cdots,y_n$,对插值区间内任一点 x,可用下面的拉格朗日插值多项式来计算函数值:

$$f(x) = \sum_{k=0}^{n}\prod_{i=0}^{n}\left(\frac{x-x_i}{x_k-x_i}\right)y_k$$

研究表明,对 GPS 卫星而言,如果要精确至 10^{-8},用 30 min 的历元间隔和 9 阶内插已足够保证精度。用 40 min 的历元间隔以及 17 阶多项式就能获得毫米级(10^{-10})的精度。

第四节　GPS 卫星信号

GPS 卫星播发的信号,包含载波信号、测距码数据码等多种分量,它能满足多用户系统的导航、高精度定位的需要。GPS 信号的产生、构成和复制等,都涉及现代数字通信理论和技术方面的复杂问题,这里不作深入研究,下面只扼要介绍有关信号的内容、作用及其特点。

GPS 卫星信号所包含的载波、测距码(包含 P 码、C/A 码)、数据码(导航电文,或称 D 码)都是在同一个基准频率 $f_0=10.23$ MHz 的控制下产生的,如图 3-10 所示。

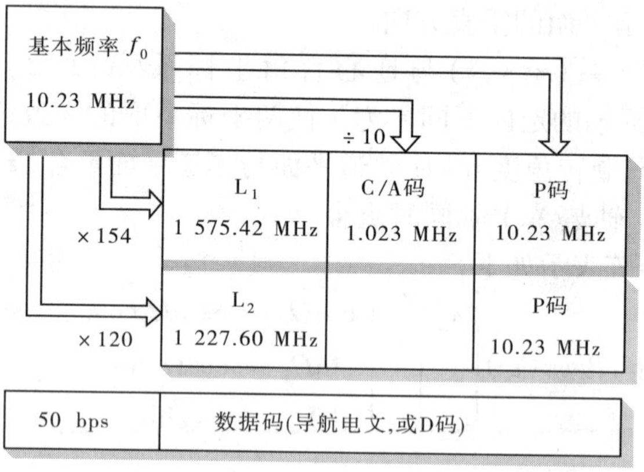

图 3-10　GPS 信号的产生

一、GPS 载波信号

GPS 卫星信号取无线电波中 L 波段的两种不同频率的电磁波作为载波,它们的频率和波长分别为:

L_1 载波:　$f_1=154\times f_0=1\ 575.42$ MHz,$\lambda_1=19.03$ cm

L_2 载波:　$f_2=120\times f_0=1\ 227.60$ MHz,$\lambda_2=24.42$ cm

在载波 L_1 上调制有 C/A 码、P 码数据码;在载波 L_2 上只调制有 P 码和数据码。

GPS 卫星的测距码和数据码是采用调相技术调制到载波上的,由于伪随机码只有“1”和“0”两种状态。当码值取 0 时,对应的码状态为 +1,而码值取 1 时,对应的码状态为 -1。在载波和相应的码状态相乘后便实现了载波的调制,此时码信号被加载到载波上,经过播发可供用户接收。

GPS 载波的作用还不仅仅是加载和传递码信号,并且其本身就是一个重要的测量对象。

二、GPS 的测距码

现代数字通信中,普遍使用二进制数(“0”和“1”)及其组合来表示各种信息,我们称其为码。在二进制中,一位二进制数叫作一个码元或一个比特(bit),每秒传输的比特数称为数码率。

GPS 卫星所采用的两种测距码,即 C/A 码和 P 码(或 Y 码)均属于伪随机码(PRN),这种二进制的数码序列不仅具有良好的自相关特性,而且又是一种结构确定、可以复制的周期性序列。

(一)C/A 码

C/A 码的码长较短,易于捕获,但码元宽度较大,测距精度较低,所以 C/A 码又称为捕获码或粗码。

C/A 码的码长 $N_u = 2^{10} - 1 = 1\ 023$ bit;

码元宽度 $t_u = \dfrac{1}{f_1} \approx 0.977\ 52\ \mu s$(相应距离为 293.1 m);

周期 $T_u = N_u t_u = 1$ ms;

数码率 $p_u = 1.023$ Mbit/s。

在 GPS 导航和定位中,为了捕获 C/A 码以测定卫星信号传播时间,通常需要对 C/A 码逐个进行搜索。因为 C/A 码总共只有 1 023 个码元,若以每秒 50 个码元的速度搜索,约需 20.5 s 便可达到目的。

由于 C/A 码的码元宽度较大,如果两个序列的码元对齐误差为码元宽度的 1/10 ~ 1/100,相应的测距精度为 29.3 ~ 2.93 m。

(二)P 码

P 码即精密测距码或称精码。它的特征是:

P 码的码长 $N_u \approx 2.35 \times 14^{14}$ bit;

码元宽度 $t_u \approx 0.097\ 752\ \mu s$(相应距离为 29.3 m);

周期 $T_u = N_u t_u \approx 267$ d;

数码率 $p_u = 10.23$ Mbit/s。

实际上 P 码的周期被分成 38 部分,每一部分为 7 d(码长约 6.19×10^{12} bit),其中 1 部分闲置,5 部分给地面监测站使用,32 部分分配给不同的卫星。这样,每颗卫星使用 P 码的不同部分,码长和周期相同,但结构不同。

由于 P 码的码元宽度为 C/A 的 1/10,如果码元的对齐精度仍为码元宽度的 1/10 ~ 1/100,则由此引起的距离误差为 2.93 ~ 0.293 m,仅为 C/A 码的 1/10,所以 P 码用于精密的导航和定位。

但是,尽管 C/A 码的精度较低,但码的结构是公开的,可供 GPS 接收机的广大用户使用。而 P 码精度虽高,但结构不公开,专供美国军方及特许用户使用。目前 P 码的结构正逐渐被大家所熟悉而难以继续保密,所以 GPS 卫星又发射一种与 P 码相似的保密码,即 Y 码,以取代 P 码。

三、数据码(D 码)

数据码即导航电文,它包含着卫星的星历、卫星工作状态、时间系统、卫星钟运行状态、轨道摄动改正、大气折射改正、由 C/A 码捕获 P 码的信息等。

导航电文亦是二进制数码,依规定的格式组成,按帧向外播送,每帧电文的长度为 1 500 bit,播送速率为 50 bit/s。

第五节 GPS 信号的接收

GPS 卫星所发送的导航定位信号,是一种可供无数用户共享的信息资源。所以用户需要一种能够接收、跟踪、变换和测量 GPS 导航定位信号的无线电接收设备,也就是 GPS 信号接收机,以便在任何时候用 GPS 信号测量出从卫星到接收天线的传播时间,解释出 GPS 卫星所发送的导航电文,实时地计算出测站的三维位置,乃至三维速度和时间。

一、信号接收设备的组成

GPS 用户设备主要包括有 GPS 接收机及其天线、微处理机及其终端设备和电源等。其中接收机和天线是用户设备的核心部分,它们的基本结构如图 3-11 所示。

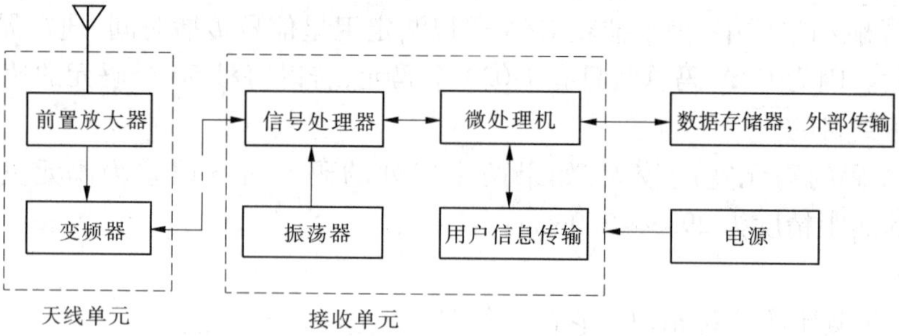

图 3-11 GPS 信号接收系统的结构

如果把 GPS 信号接收设备作为一个用户测量系统,按其结构和作用可以分为:

(1)天线(带前置放大器);

(2)信号处理器,用于信号接收、识别和处理;

(3)微处理器,用于接收机的控制、数据采集和导航计算;

(4)用户信息传输,包括操作板、显示板和数据存储器;

(5)精密振荡器,用以产生标准频率;

(6)电源。

GPS 信号接收系统如果按其构成部分的性质和功能又可分为:

(1)硬件部分。主要指上述的接收机、天线和电源等硬件设备。

(2)软件部分。软件部分是现代 GPS 测量系统的重要组成部分。它是支持接收机硬件实现其功能、完成各种导航和定位的重要条件。一个功能齐全、品质良好的软件不仅能为用户提供极大方便,而且对于提高定位作业效率和改善定位精度,满足用户多方面的需要,具有重要的意义。

二、天线单元

GPS 信号接收机的天线单元为接收设备的前置部分。天线单元包含接收天线和前置放大器两部分。它的作用是,将到达 GPS 信号接收天线的 GPS 电磁波变换为微波电信号,并将其予以放大。

GPS 信号接收天线必须具备下述特性:①波束的半带宽大于 70°的半球状天线方向图;②电波右旋圆极化;③精确和稳定的相位中心;④能较好地抑制多路径效应;⑤能接收 GPS 信号的多个载波频率;⑥较小的重量和尺寸;⑦机械稳定性能好。

天线部分可以是全向振子天线或小型螺旋天线或微带天线,但从发展趋势来看,以微带天线用得最广、最有前途。微带天线是在厚度远小于工作波长的介质基片的上下两面覆盖两块金属片构成。一块辐射金属片作为接地板,完全覆盖基片的底面;另一块辐射金属片作为辐射元置于基片顶面,介质基片的厚度一般为 0.5 ~ 1.2 mm。聚四氟乙烯、聚苯乙烯和陶瓷等,均可作为基片材料。微带天线分为微带贴片天线、微带阵列天线和微带槽天线等三种类型。微带槽天线,由微带馈线和开设在接地板上的狭缝(槽)组成;微带阵列天线,由介质基片、接地板和一连串辐射片组成;微带贴片天线,由介质基片、辐射贴片和接地板组成。由此可见,不同类型的微带天线,区别在于不同的辐射元。

微带天线把诸如放大器、震荡器、开关、可变衰减器、混频器、调相器、调制器等都一起敷设在一个介质基片上,因而它的优点是体积小、重量轻、易于集成、结构牢固、成本低,有两种工作频率,有利于提高定位精度,缺点是增益较低。目前大部分测地型接收机天线都是微带天线。其更适用于飞机、火箭等高速飞行物上。Trimble 公司于 20 世纪 90 年代末期研制的用于 4800、5700 GPS 信号接收机的 ZePhyr 微带天线,采用多点馈电法,使其相位中心稳定性始终保持在 1 mm 以内。

在地面上接收来自 20 200 km 高空的 GPS 卫星信号,其信号电平只有 -50 ~ -180 dB;输入功率信噪比为 S/N = -30 dB。即信号源淹没在噪声中,为了提高信号强度,一般在天线后端设置前置放大器,前置放大器的作用是将由极微弱的 GPS 信号的电磁波能量转换成为弱电流放大。前置放大器分外差式和高放式两种。由于外差式前置放大器不仅具有放大功能,还具有变频功能,即将高频的 GPS 信号变换成中频信号,这有利于获得稳定的定位精度,所以绝大多数测地型的 GPS 接收机采用外差式天线单元。

三、接收单元

GPS 接收机接收单元由信号通道、存储器、微处理机、电源等部件构成。

(一)信号通道

信号通道是一种软件和硬件相结合的复杂电子装置,是接收单元中的核心部分。其主要功能是跟踪、处理和量测卫星信号,以获得导航定位所需要的数据和信息,通道数目有 1 ~ 24个不等,由接收机的类型而定。总的来讲,按照捕获伪噪声码的不同方式,信号通道分成相关型、平方型和相位型等三种。三者的基本特点如下。

1. 相关型通道

新一代 GPS 信号接收机广泛采用相关型通道,它能迅速地从伪噪声码中解译出卫星电文,从而测得运动载体的实时位置。它主要由伪噪声跟踪环路和载波跟踪环路组成。

伪噪声跟踪环路的工作原理如图3-12所示。其主要作用是从C/A码或P码中提取伪距观测量,同时对卫星信号进行解调,以获得导航电文和载波。所谓跟踪,就是使本地噪声码与接收噪声码"对齐","对齐"的功能是由环路滤波器和压控时钟构成的反馈环路等完成的。

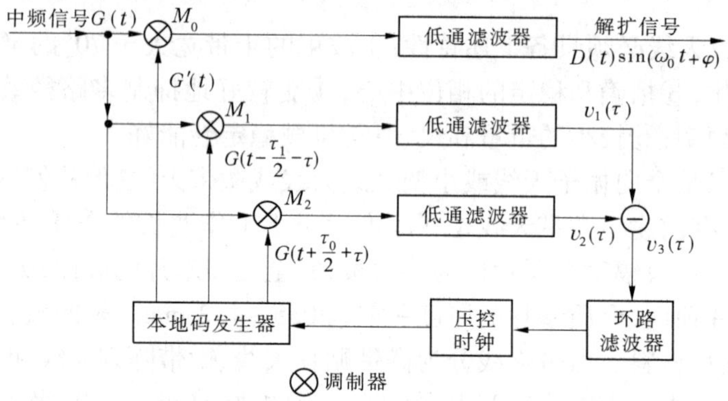

图3-12　伪噪声码跟踪环路

载波信号跟踪环路的工作原理如图3-13所示。图中M_i为同相乘法器,M_g为正交乘法器,压控振荡器在误差电压的调节下工作。当压控振荡器的振荡频率与GPS信号的中心频率相同时,$\varphi=0$。这时误差电压U_d为零,即不起调节作用,这时振荡器的振荡频率稳定不变,这种情况下就叫作载波跟踪环路的相位锁定,即达到了跟踪载波的目的,这时M_i经过低频滤波器输出的信号是纯净的数据码$D(t)$,这就可以解译GPS导航电文了。

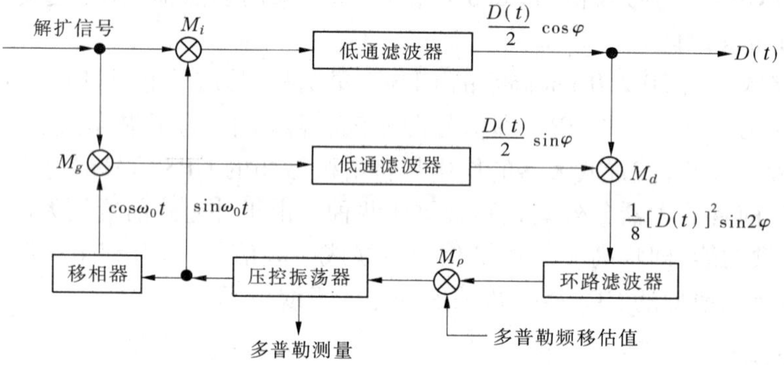

图3-13　载波信号跟踪环路

相关型通道的主要优点是:既可进行伪距测量,又可进行载波相位测量,同时还可获得导航电文。

2. 平方型通道

如图3-14所示的平方型通道,在用户接收到GPS信号以后,经过变频而得到中频GPS信号。于是载波频率降低了,将中频GPS信号

$$U = A(t)\cos(\omega_0 t + \varphi)$$

自乘,得

$$U^2 = A^2\cos^2(\omega_0 t + \varphi)$$

$$= \frac{A^2}{2}[1 + \cos(2\omega_0 t + 2\varphi)]$$

中频信号 U 的调制波 A 是取值为 ±1 的二进制信号波形，其自乘结果恒等于 1。因此，乘法器 B 的输出信号是一种纯净载波，但其频率却是中频的 2 倍，该信号称为重建载波。平方型波道压缩了频带宽度，但抑制数据码 $D(t)$，无法检译出 GPS 卫星发送的导航电文。

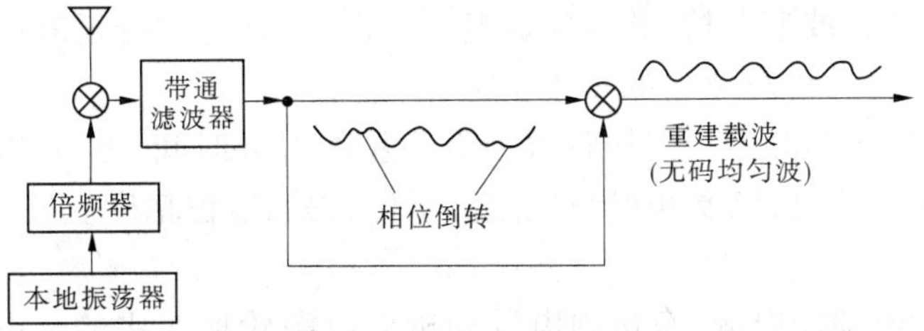

图 3-14　平方型波道原理图

3. 码相位通道

它也是一种平方型通道，如图 3-15 所示。其区别是它所得到的信号不是重建载波，而是一种码率正弦波。图中，接收码（C/A 码或 P 码）从 A 点输入，经延时 $\tau_0/2$（1/2 码元宽度），经 C 点滤波得复合码，再经 D 点得码率正弦波，即接收机时钟所产生的秒脉冲启开时间间隔计数器后开始计数，遇到码率正弦波，其正向过零点时关闭计数器。这样由开、关计数器的时间之差便可确定测站和卫星间的距离。这里要说明的是，码相位波道只能测得不足一个码元宽度的时间间隔，因此存在多值解的问题，这可通过多普勒测量来解决。

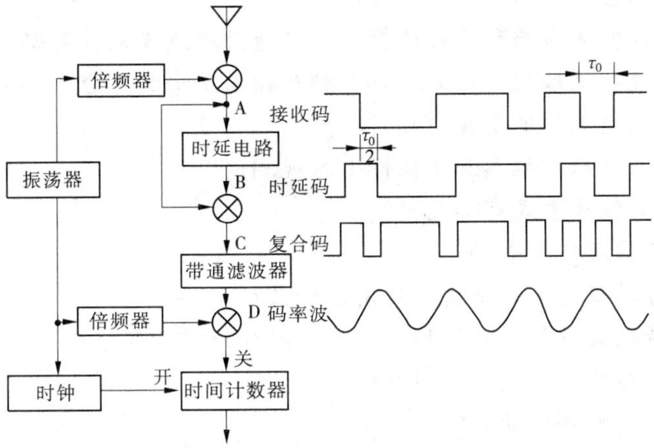

图 3-15　码相位波道示意图

目前使用的测量型 GPS 接收机，多为混合型接收机，其通道普遍采用了相关和平方技术的优点，它可以同时获得码相位和载波相位观测量、导航电文和时间信息。

（二）存储器

这是 GPS 信号中接收机将定位现场采集的伪距、载波相位测量、人工量测的数据及解译的卫星星历储存起来的一种装置，以供差分导航和作相对定位的测后数据。存储器中的记录器有两种，一种是盒式磁带记录器，另一种是叫作内存器的内装式半导体存储器。前者在 1998 年以前用得较多，而后者广泛用于 1998 年以后的接收机中，如美国的 Trimble 4700、

4800、5700、5800 和 R8、R10 等。

（三）微处理机

接收机的计算部分由微处理机和机内软件组成。机内软件是由接收机生产厂家提供的，是实现数据采集、波道自校自动化的重要组成部分，主要用于信号捕获、跟踪和点位计算。微处理机结合机内软件做下列计算和处理：

（1）开机后指令各波道自检，并测定、校正和存储各波道的时延值；

（2）解译卫星星历，计算测站的三维坐标；

（3）由测站点位坐标和卫星星历计算所有卫星的升降时间、方位和高度角，提供可视卫星数据及卫星的工作状况，以便获得最佳定位星位，提高定位精度。

（四）电源

一般都采用蓄电池做电源，有机内电源和机外电源轮换使用的。设置机内电池作用有三：一是当机外电池电压不足时，机内电池自动接通而不中断观测；二是当更换机外电池时也是如此；三是关机后为存储器供电，防止数据丢失。

思考题与习题

3-1　主控站的主要作用有哪些？

3-2　地面监控部分的工作程序是什么？

3-3　GPS 工作卫星为什么采用 2 万 km 高近于圆形的轨道？

3-4　GPS 卫星的主要作用有哪三个方面？

3-5　GPS 卫星的空间布局和运行速度决定了地面观测者应具备哪些观测条件？

3-6　GPS 信号接收机按用途可分为哪三种？按携带形式可分为哪七种？

3-7　什么是理想情况下的卫星运动？

3-8　我国有哪几个跟踪站参加了国际 IGS 观测网？

3-9　GPS 卫星的编号方式有哪几种？

3-10　实测星历能进行导航吗？

3-11　GPS 信号接收设备的结构和作用是什么？

3-12　GPS 信号接收设备按其结构和作用可以分为哪几部分？

3-13　GPS 信号接收机天线的作用是什么？

3-14　微带天线有哪些优缺点？

3-15　GPS 信号接收天线必须具备哪些特性？

3-16　微带天线可分为哪三种？

3-17　相关型通道的主要优点有哪些？

3-18　设置机内电池的作用有哪三点？

第四章 GPS 卫星定位的基本原理

在我国,GPS 定位技术的应用已深入到各个领域,因而在大地测量和工程测量应用中,显示出巨大的潜力和广阔的前景。利用 GPS 定位,无论采取何种方法,都是通过观测 GPS 卫星并获得某种观测量来实现的。GPS 定位的方式分为静态定位和动态定位。根据不同的要求,定位的方法一般有四种:卫星射电干涉测量法、多普勒法、伪距法、载波相位测量法。目前在测量工程中应用的主要方法是静态定位中的伪距法和载波相位测量法,采用这两种方法可以获得高精度的定位成果。

本章在阐述 GPS 定位基本原理的基础上,重点介绍伪距法和载波相位测量法。此外,对动态定位的特点和基本原理,也将作简单介绍。

第一节 GPS 定位概述

利用 GPS 进行定位,就是把卫星视为“动态”的控制点,在已知其瞬时坐标(可根据卫星轨道参数计算)的条件下,以 GPS 卫星和用户接收机天线之间的距离(或距离差)为观测量,进行空间距离后方交会,从而确定用户接收机天线所处的位置。

利用 GPS 进行定位有多种方式,如果就用户接收机天线所处的状态而言,定位方式分为静态定位和动态定位;若按参考点位置的不同,又可分为单点定位和相对定位。下面介绍与之有关的概念。

一、静态定位与动态定位

静态定位是指 GPS 接收机在进行定位时,待定点的位置相对其周围的点位没有发生变化,其天线位置处于固定不动的静止状态。此时接收机可以连续地在不同历元同步观测不同的卫星,获得充分的多余观测量,根据 GPS 卫星的已知瞬间位置,解算出接收机天线相位中心的三维坐标。由于接收机的位置固定不动,就可以进行大量的重复观测,所以静态定位可靠性强,定位精度高,在大地测量、工程测量中得到了广泛的应用,是精密定位中的基本模式。

准静态定位是指静止不动只是相对的。在卫星大地测量学中,在两次观测之间(一般为几十天到几个月)才能反映出发生的变化。

动态定位是指在定位过程中,接收机位于运动着的载体,天线也处于运动状态的定位。动态定位是用 GPS 信号实时地测得运动载体的位置。如果按照接收机载体的运行速度,还可将动态定位分为低动态(几十米/秒)、中等动态(几百米/秒)、高动态(几千米/秒)三种形式。其特点是测定一个动点的实时位置,多余观测量少、定位精度较低。目前导航型的 GPS 接收机,可以说是一种广义的动态定位,它除要求测定动点的实时位置外,一般还要求测定运动载体的状态参数,如速度、时间和方位等。

二、单点定位和相对定位

众所周知，测量工作的直接目的是要确定地面点在空间的位置。早期解决这一问题都是采用天文测量的方法，即通过测定北极星、太阳或其他天体的高度角和方位角以及观测时间，进而确定地面点在该时间的经纬度位置和某一方向的方位角。这种方法受到气候条件的制约，而且定位精度较低。

20 世纪 60 年代以后，随着空间技术的发展和人造卫星的相继升空，人们设想，如果在绕地球运行的人造卫星上装置有无线电信号发射机，则在接收机钟的控制下，可以测定信号到达接收机的时间 Δt，进而求出卫星和接收机之间的距离：

$$s = c\Delta t + \sum \delta i \tag{4-1}$$

式中 c——信号传播的速度；

δi——各项改正数。

但是，卫星上的原子钟和地面上接收机的钟不会严格同步，假如卫星的钟差为 v_t，接收机的钟差为 v_T，则由于卫星上的原子钟和地面上接收机的钟不同步对距离的影响为：

$$\Delta s = c(v_t - v_T) \tag{4-2}$$

现在欲确定待定点 P 的位置，可以在该处安置一台 GPS 接收机（见图 4-1）。如果在某一时刻 t_i 同时测得了 4 颗 GPS 卫星（A,B,C,D）的距离 S_{AP}、S_{BP}、S_{CP}、S_{DP}，则可列出 4 个观测方程：

$$\left.\begin{aligned}
S_{AP} &= [(x_P - x_A)^2 + (y_P - y_A)^2 + (z_P - z_A)^2]^{\frac{1}{2}} + c(v_{tA} - v_T) \\
S_{BP} &= [(x_P - x_B)^2 + (y_P - y_B)^2 + (z_P - z_B)^2]^{\frac{1}{2}} + c(v_{tB} - v_T) \\
S_{CP} &= [(x_P - x_C)^2 + (y_P - y_C)^2 + (z_P - z_C)^2]^{\frac{1}{2}} + c(v_{tC} - v_T) \\
S_{DP} &= [(x_P - x_D)^2 + (y_P - y_D)^2 + (z_P - z_D)^2]^{\frac{1}{2}} + c(v_{tD} - v_T)
\end{aligned}\right\} \tag{4-3}$$

式中 $(x_A,y_A,z_A),(x_B,y_B,z_B),(x_C,y_C,z_C),(x_D,y_D,z_D)$——卫星 (A,B,C,D) 在 t_i 时刻的空间直角坐标；

$v_{tA},v_{tB},v_{tC},v_{tD}$——$t_i$ 时刻 4 颗卫星的钟差，它们均由卫星所广播的卫星星历来提供。

求解上列方程，即得待定点的空间直角坐标（x_P,y_P,z_P）。

由此可见，GPS 定位的实质就是根据高速运动的卫星瞬间位置作为已知的起算数据，采取空间距离后方交会的方法，确定待定点的空间位置。

GPS 系统的空间部分由 21 颗工作卫星及 3 颗备用卫星组成，它们均匀分布在 6 个相对于赤道的倾角为 55°的近似圆形轨道上，每个轨道上有 4 颗卫星运行，它们距地面的平均高度为 20 200 km，运行周期为 12 恒星时。GPS 卫星星座均匀覆盖着地球，可以保证地球上所有地点在任何时刻都能看到至少 4 颗 GPS 卫星。

GPS 单点定位也叫绝对定位，就是采用一台接收机进行定位的模式，它所确定的是接收机天线相位中心在 WGS－84 世界大地坐标系统中的绝对位置，所以单点定位的结果也属于该坐标系统。其基本原理是以 GPS 卫星和用户接收机天线之间的距离（或距离差）观测量为基础，并根据已知可见卫星的瞬时坐标，来确定用户接收机天线相位中心的位置。该定位方法广泛地应用于导航和测量中的单点定位工作。

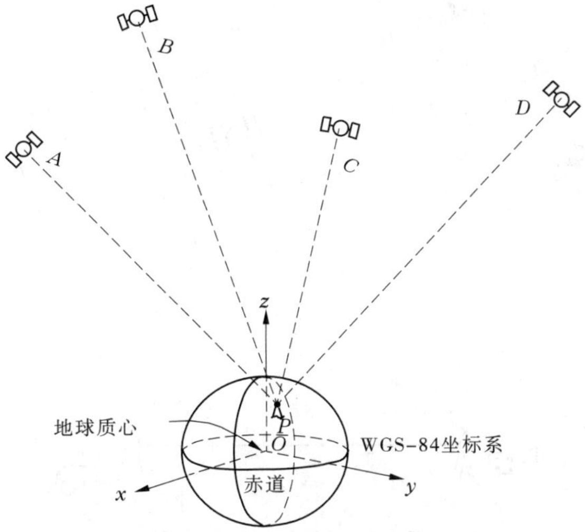

图 4-1　单点定位示意图

GPS 单点定位的实质，即是空间距离后方交会。对此，在一个测站上观测 3 颗卫星获取 3 个独立的距离观测量就够了。但是由于 GPS 采用了单程测距原理，此时卫星钟与用户接收机钟不能保持同步，所以实际的观测距离均含有卫星钟和接收机钟不同步的误差影响，习惯上称之为伪距。其中卫星钟差可以用卫星电文中提供的钟差参数加以修正，而接收机的钟差只能作为一个未知参数，与测站的坐标在数据的处理中一并求解。因此，在一个测站上为了求解出 4 个未知参数(3 个点位坐标分量和 1 个钟差系数)，至少需要 4 个同步伪距观测值。也就是说，至少必须同时观测 4 颗卫星。

单点定位的优点是只需一台接收机即可独立定位，外业观测的组织及实施较为方便，数据处理也较为简单。缺点是定位精度较低，受卫星轨道误差、钟同步误差及信号传播误差等因素的影响，精度只能达到米级。所以，该定位模式不能满足大地测量精密定位的要求。但它在地质矿产勘查等低精度的测量领域，仍然有着广泛的应用前景。

GPS 相对定位又称为差分 GPS 定位，是采用两台以上的接收机(含两台)同步观测相同的 GPS 卫星，以确定接收机天线间的相互位置关系的一种方法。其最基本的情况是用两台接收机分别安置在基线的两端(见图 4-2)，同步观测相同的 GPS 卫星，确定基线端点在世界大地坐标系统中的相对位置或坐标差(基线向量)，在一个端点坐标已知的情况下，用基线向量推求另一待定点的坐标。相对定位可以推广到多台接收机安置在若干条基线的端点，通过同步观测 GPS 卫星确定多条基线向量。

由于同步观测值之间有着多种误差，其影响是相同的或大体相同的，这些误差在相对定位过程中可以得到消除或减弱，从而使相对定位获得极高的精度。当然，相对定位时需要多台(至少两台以上)接收机进行同步观测。故增加了外业观测组织和实施的难度。

在单点定位和相对定位中，又都可能包括静态定位和动态定位两种方式。其中静态相对定位一般均采用载波相位观测值为基本观测量。这种定位方法是当前 GPS 测量定位中精度最高的一种方法，在大地测量、精密工程测量、地球动力学研究和精密导航等精度要求较高的测量工作中被普遍采用。

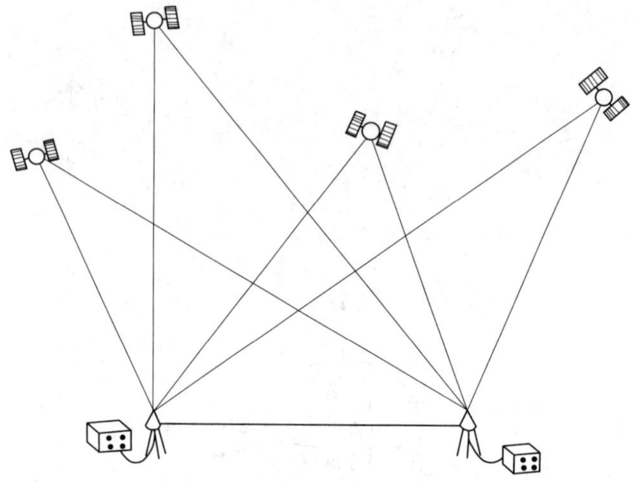

图 4-2　相对定位示意图

三、主动式测距和被动式测距

主动式测距(见图 4-3)是用电磁波测距仪发射测距信号,通过另一端的反射器反射回来,再由测距仪接收。根据测距信号的往、返传播时间求解出往返距离 2ρ。由于电磁波测距仪需在测站点上主动发出测距信号,故称这种测距方式为主动式测距。主动式测距只要求仪器钟自身能在信号往、返时间段中保持稳定,就不会影响测距精度。其缺点是用户必须发射信号因而难以隐蔽自己,这对军事用户十分不利。此外要求用户同时具有发射设备和接收设备,装置较为复杂。

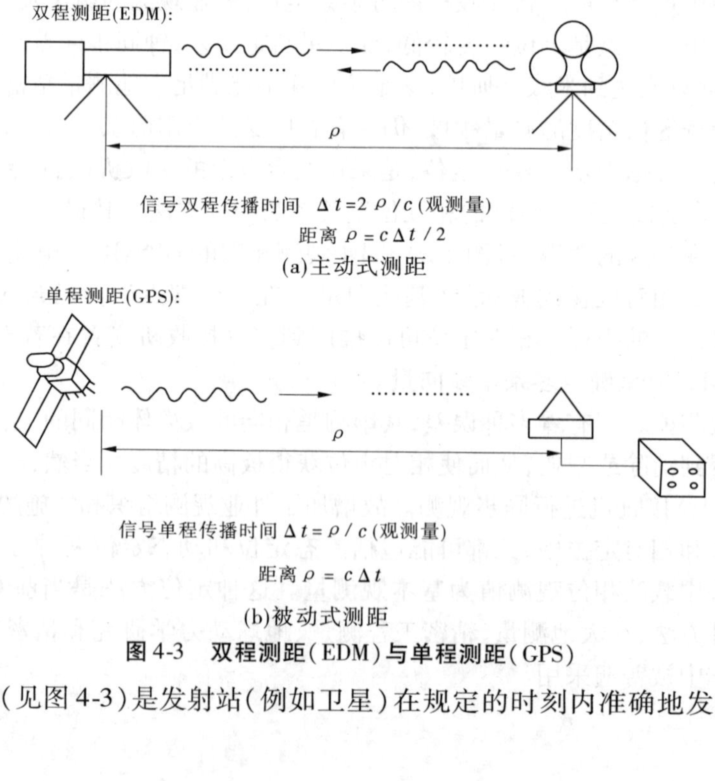

图 4-3　双程测距(EDM)与单程测距(GPS)

被动式测距(见图 4-3)是发射站(例如卫星)在规定的时刻内准确地发出信号,用户则根据自己的时钟记录信号到达的时间,根据时差 Δt 求得单程距离 ρ。由于用户只需被动的接收信号,故称为被动式测距。其优点是用户无须发射信号,因而便于隐蔽自己,用户装置也较简单,只配备接收设备即可。为了众多用户同时工作,要求接收机钟和各卫星钟都要和 GPS 时间系统保持同步,所以对钟的稳定度提出了很高的要求,或者要求采取特殊措施解决钟差对测距带来的影响。

四、用 GPS 定位的基本方法

前面所述的静态定位或动态定位,所依据的观测量都是所测的卫星至接收机天线的伪距。但是,伪距的基本观测量又区分为码相位观测(简称测码伪距)和载波相位观测(简称测相伪距)。这样,根据 GPS 信号的不同观测量,可以区分为四种定位方法。

(一)卫星射电干涉测量

以银河系以外的类星体作为射电源的甚长基线干涉测量(VLBI)具有精度高、基线长度几乎不受限制等优点。因类星体离我们十分遥远,射电信号十分微弱,因而必须采用笨重、昂贵的大口径抛物面天线、高精度的原子钟和高质量的记录设备,所需的设备比较昂贵,数据处理较为复杂,从而限制了该技术的应用。GPS 卫星的信号强度比类星体的信号强度大 10 万倍,利用 GPS 卫星射电信号具有白噪声的特性,由两个测站同时观测一颗 GPS 卫星,通过测量这颗卫星的射电信号到达两个测站的时间差,可以求得站间距离。由于在进行干涉测量时,只把 GPS 卫星信号当作噪声信号来使用,因而无须了解信号的结构,所以这种方法对于无法获得 P 码的用户是很有吸引力的。其模型与在接收机间求一次差的载波相位测量定位模型十分相似。

(二)多普勒定位法

多普勒效应是 1942 年奥地利物理学家多普勒首先发现的。它的具体内容是:当波源与观测者做相对运动时,观测者接收到的信号频率与波源发射的信号频率不相同。这种由于波源相对于观测者运动而引起的信号频率的移动称为多普勒频移,其现象称为多普勒效应,如图 4-4 所示。根据多普勒效应原理,利用 GPS 卫星较高的射电频率,由积分多普勒计数得出伪距差。当采用积分多普勒计数法进行测量时,所需观测时间一般较长(数小时),同时在观测过程中接收机的振荡器要求保持高度稳定。为了提高多普勒频移的测量精度,卫星多普勒接收机不是直接测量某一历元的多普勒频移,而是测量在一定时间间隔内多普勒频移的积累数值,称之为多普勒计数。

因此,GPS 信号接收机可以通过测量载波相位变化率而测定 GPS 信号的多普勒频移,其相应的距离变率测量精度,在 2000 年 5 月 1 日以前有 SA 技术的作用下,且用 DGPS(GPS 差分定位,Differential Global Positioning System)测量模式,可达 2 mm/s ~ 5 cm/s。对于静态用户而言,GPS 多普勒频移的最大值约为 ±4.5 kHz。如果知道用户的概略位置和可见卫星的历书,便可估算出 GPS 多普勒频移,而实现对 GPS 信号的快速捕获和跟踪,这很有利于 GPS 动态载波相位测量的实施。

(三)伪距定位法

伪距定位法是利用全球卫星定位系统进行导航定位的最基本的方法,其基本原理是:在某一瞬间利用 GPS 接收机同时测定至少 4 颗卫星的伪距,根据已知的卫星位置和伪距观测值,采用距离交会法求出接收机的三维坐标和时钟改正数。伪距定位法定一次位的精度并

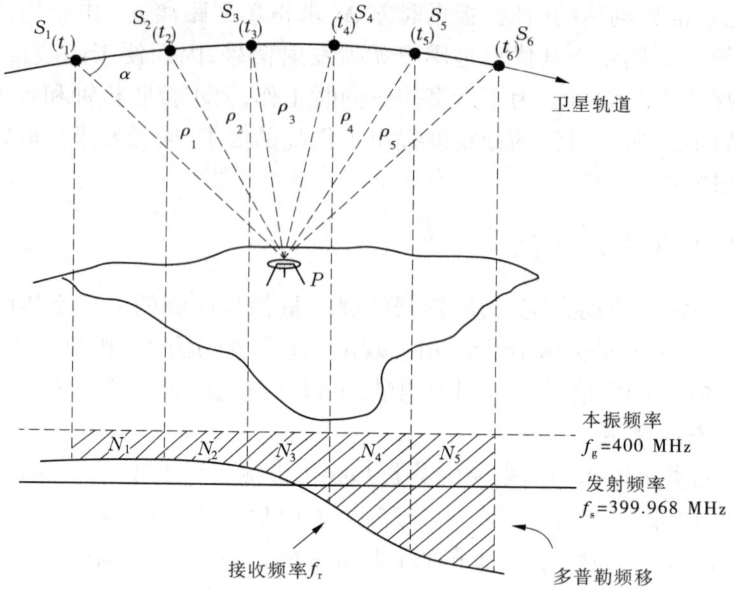

图 4-4　多普勒计数测量

不高,但定位速度快,经几小时的定位也可达米级的精度,若再增加观测时间,精度还可提高。

(四)载波相位测量

载波信号的波长很短,L_1 载波信号波长为 19 cm,L_2 载波信号波长为 24.4 cm。若把载波作为量测信号,对载波进行相位测量可以达到很高的精度。通过测量载波的相位而求得接收机到 GPS 卫星的距离,是目前大地测量和工程测量中的主要测量方法。

本章所讲的接收机位置实际是指接收机天线相位中心的位置,而标石中心位置尚须进行归算。为了方便,有时简称为测站位置。

第二节　伪距法定位

伪距法定位是利用全球定位系统进行导航定位的最基本方法。它的优点是速度快、无多值性问题,利用增加观测时间可以提高定位精度,缺点是测量定位精度低,但足以满足部分用户的需要。

本节先介绍伪距的测量原理,然后阐述伪距法定位的原理和方法,以及它在相对定位中的应用。

一、测定伪距的方法

前已述及,GPS 定位采用的是被动式单程测距。它的信号发射时刻由卫星钟确定,收到时刻则由接收机钟确定,这就在测定的卫星至接收机的距离中,不可避免地包含着两台钟不同步的误差和电离层、对流层延迟误差影响,它并不是卫星与接收机之间的实际距离,所以我们称之为伪距。

我们知道,GPS 卫星信号包含有载波、测距码(P 码和 C/A 码)、数据码(导航电文)三种信号分量。在无线电通信技术中,一般将频率较低的信号调制到频率较高的载波上,GPS 卫星的测距码和数据码采用了调相技术。图 4-5 描绘了调制后载波相位的变化。当卫星发射机依据自己的时钟发出的含有测距码的调制信号,经过了 Δt 时间的传播后到达地面的接收机,如图 4-6 所示,此时接收机收到的测距码为 $U(t-\Delta t)$。而接收机的伪随机噪声码发生器,又产生了一个与卫星发播的测距码结构完全相同的复制码 $U'(t-\tau)$。并且通过接收机的时间延迟器进行移相,对测距码和复制码作相关处理,当信号之间的自相关系数达到最大,即近于 1 时,说明在积分间隔 T 内复制码已经和测距码"对齐"。否则继续调整时间延迟 τ,直至 $R(t)=\max$,于是就由时延器测定出两信号间的时间延迟 τ。测定自相关系数的工作由接收机锁相环路的相关器和积分器来完成。在理想的情况下,时延 τ 就等于卫星信号的传播时间 Δt,此时将 τ 乘以光速值 c,就可以求得卫星至接收机的距离。

$$R(t) = \frac{1}{T}\int_T U(t-\Delta t)U'(t-\tau)\,\mathrm{d}t$$

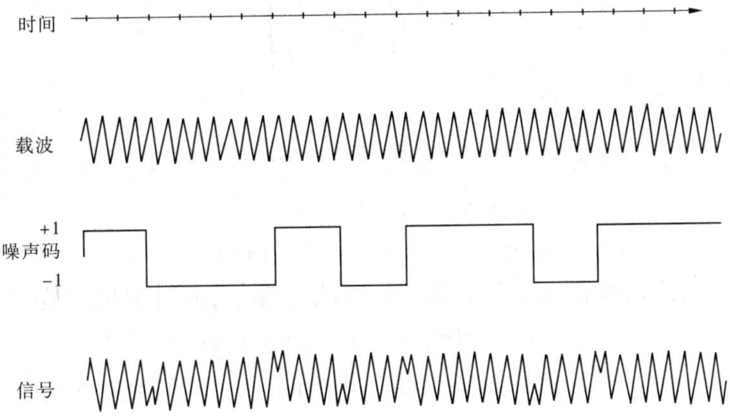

图 4-5　GPS 卫星信号

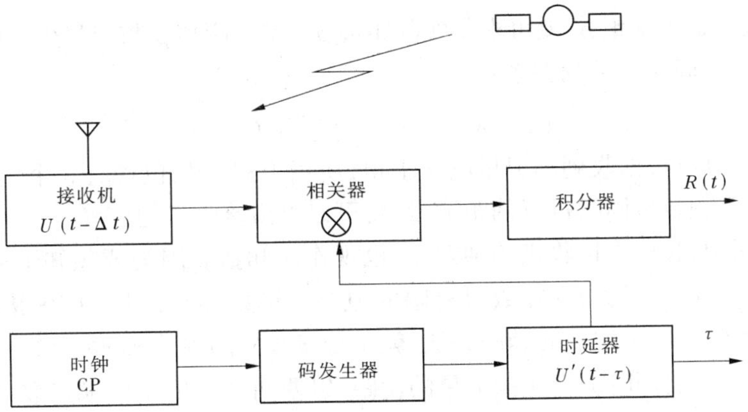

图 4-6　伪距的测定

上述情况是假设卫星钟和接收机钟完全同步。事实上卫星钟和接收机钟总不可能完全同步而存在差异。因而在自相关系数最大条件下求得的时延 τ 不会严格等于卫星信号的传播时间 Δt,它包含了卫星钟和接收机钟不同步的影响,以及信号传播过程中电离层和对流层的影响，所以把自相关系数最大条件下求得的时延 τ 和真空中光速 c 的乘积 $\tilde{\rho}=c\tau$ 称作伪距。以伪距作基本观测量来求定点位的方法就称为伪距法定位。

二、伪距法定位的原理

为了解决定位问题，首先需将观测时得到的伪距 $\tilde{\rho}$ 改正为卫星至接收机之间的实际距离 ρ。

设卫星钟的瞬时读数为 t_a 时发出信号，其正确的标准时刻为 τ_a；该信号到达接收机的时间为 t_b，其正确的标准时刻为 τ_b。伪距测量中测得的时延 τ 实际为

$$\tau = t_b - t_a = \frac{1}{c}\tilde{\rho} \tag{4-4}$$

若发射时刻卫星钟的钟差为 v_{t_a}，接收时刻接收机钟的钟差为 v_{t_b}，则有

$$\left.\begin{aligned} t_a + v_{t_a} &= \tau_a \\ t_b + v_{t_b} &= \tau_b \end{aligned}\right\} \tag{4-5}$$

将式(4-5)代入式(4-4)得

$$\begin{aligned} \frac{1}{c}\tilde{\rho} &= t_b - t_a = (\tau_b - v_{t_b}) - (\tau_a - v_{t_a}) \\ &= (\tau_b - \tau_a) + v_{t_a} - v_{t_b} \end{aligned} \tag{4-6}$$

式中 $\tau_b-\tau_a$——测距码从卫星到接收机的实际传播时间。

再加上电离层折射改正 $\delta\rho_{\text{ion}}$ 和对流层折射改正 $\delta\rho_{\text{trop}}$，此时卫星至接收机的实际距离为

$$\rho = c(\tau_b - \tau_a) + \delta\rho_{\text{ion}} + \delta\rho_{\text{trop}} \tag{4-7}$$

将式(4-6)代入式(4-7)，即得实际距离 ρ 和伪距 $\tilde{\rho}$ 之间的关系式为

$$\rho = \tilde{\rho} + \delta\rho_{\text{ion}} + \delta\rho_{\text{trop}} - cv_{t_a} + cv_{t_b} \tag{4-8}$$

如果已知卫星的钟差 v_{t_a} 和接收机的钟差 v_{t_b}，又可精确求得电离层折射改正和对流层折射改正，那么测定了伪距 $\tilde{\rho}$，就可求得实际距离 ρ。实际距离 ρ 与卫星坐标 (x,y,z) 和接收机坐标 (X,Y,Z) 之间又有下列关系：

$$\rho = [(x-X)^2 + (y-Y)^2 + (z-Z)^2]^{\frac{1}{2}} \tag{4-9}$$

式中的卫星坐标可以根据收到的卫星电文求得，所以上式中只包含有3个坐标未知数。这就是说，如果对3颗卫星同时进行伪距测量，就可以求出接收机的位置。

在实际应用中，我们将接收机的钟差 v_{t_b} 也视作未知数。因为要想知道精确的钟差，必须使用稳定度极高的原子钟，这在数目有限的卫星上可以办到；但在GPS接收机上都安装原子钟是不现实的。解决这一问题的办法，就是把接收机的钟差 v_{t_b} 也当作一个未知数来处理，为此就要求至少要同时测定4颗卫星的伪距，以便同时解出4个未知数：X,Y,Z,v_{t_b}。这样，根据式(4-8)和式(4-9)，伪距定位法的数学模型为

$$\begin{aligned} &[(x_i-X)^2 + (y_i-Y)^2 + (z_i-Z)^2]^{\frac{1}{2}} - cv_{t_b} \\ &= \tilde{\rho}_i + (\delta\rho_i)_{\text{ion}} + (\delta\rho_i)_{\text{trop}} - cv_{t_{a_i}} \quad i = 1,2,3,4,\cdots \end{aligned} \tag{4-10}$$

式中各符号的脚注 i 表示观测的4颗(或以上)卫星的序号；第 i 颗卫星发射信号瞬间的钟

差 $v_{t_{a_i}}$ 可以根据卫星导航电文中的时钟改正参数计算出来。

当方程式(4-10)的个数大于4时,可用最小二乘法求解测站坐标和接收机时钟改正数的最或是值。

三、伪距法定位的计算

为了方便起见,我们先讨论只观测4颗卫星情况下的伪距定位计算。

在式(4-10)中,若令

$$\rho_i' = \tilde{\rho}_i + (\delta\rho_i)_{\text{ion}} + (\delta\rho_i)_{\text{trop}} - cv_{t_{a_i}}$$

再令 $cv_{t_b} = B$,式(4-10)就可以写为

$$\rho_i' = [(x_i - X)^2 + (y_i - Y)^2 + (z_i - Z)^2]^{\frac{1}{2}} - B \tag{4-11}$$

假设测站的初始坐标向量及其改正数向量分别为

$$\boldsymbol{X}_0 = (X_0 \quad Y_0 \quad Z_0 \quad B_0)^{\mathrm{T}}$$

$$\mathrm{d}\boldsymbol{X} = (\mathrm{d}X \quad \mathrm{d}Y \quad \mathrm{d}Z \quad \mathrm{d}B)^{\mathrm{T}}$$

同时考虑到测站至卫星 i 的方向余弦

$$\left(\frac{\partial\rho_i'}{\partial X}\right)_0 = -\frac{1}{\rho_{i0}}(x_i - X_0) = -l_i$$

$$\left(\frac{\partial\rho_i'}{\partial Y}\right)_0 = -\frac{1}{\rho_{i0}}(y_i - Y_0) = -m_i$$

$$\left(\frac{\partial\rho_i'}{\partial Z}\right)_0 = -\frac{1}{\rho_{i0}}(z_i - Z_0) = -n_i$$

$$\left(\frac{\partial\rho_i'}{\partial B}\right)_0 = -1$$

式中 $\rho_{i0} = [(x_i - X_0)^2 + (y_i - Y_0)^2 + (z_i - Z_0)^2]^{\frac{1}{2}}$。

于是式(4-11)的线性化形式可以写为

$$\begin{pmatrix} \rho_1' \\ \rho_2' \\ \rho_3' \\ \rho_4' \end{pmatrix} = \begin{pmatrix} \rho_{10}' \\ \rho_{20}' \\ \rho_{30}' \\ \rho_{40}' \end{pmatrix} - \begin{pmatrix} l_1 & m_1 & n_1 & 1 \\ l_2 & m_2 & n_2 & 1 \\ l_3 & m_3 & n_3 & 1 \\ l_4 & m_4 & n_4 & 1 \end{pmatrix} \begin{pmatrix} \mathrm{d}X \\ \mathrm{d}Y \\ \mathrm{d}Z \\ \mathrm{d}B \end{pmatrix}$$

或者写为

$$\boldsymbol{A}\mathrm{d}\boldsymbol{X} + \boldsymbol{L} = 0 \tag{4-12}$$

式中 $\boldsymbol{A} = \begin{pmatrix} l_1 & m_1 & n_1 & 1 \\ l_2 & m_2 & n_2 & 1 \\ l_3 & m_3 & n_3 & 1 \\ l_4 & m_4 & n_4 & 1 \end{pmatrix}$;

$\boldsymbol{L} = (L_1 \quad L_2 \quad L_3 \quad L_4)^{\mathrm{T}}$;

$L_i = \rho_i' - \rho_{i0}'$。

则可得坐标改正数的向量解

$$\mathrm{d}\boldsymbol{X} = -\boldsymbol{A}^{-1}\boldsymbol{L} \tag{4-13}$$

上述公式仅针对观察4颗卫星情况下的求解。此时没有多余观测量，未知数的解算是唯一的。当同步观测的卫星数多于4个，例如 n 个时，则需要通过最小二乘法求解。此时可将式(4-9)写成误差方程式的形式

$$\boldsymbol{V}_u = \boldsymbol{A}_u\mathrm{d}\boldsymbol{X} + \boldsymbol{L}_u$$

式中 $\boldsymbol{V}_u = (v_1 \quad v_2 \quad \cdots \quad v_n)^{\mathrm{T}}$；

$$\boldsymbol{A}_u = \begin{pmatrix} l_1 & m_1 & n_1 & 1 \\ l_2 & m_2 & n_2 & 1 \\ \vdots & \vdots & \vdots & \vdots \\ l_n & m_n & n_n & 1 \end{pmatrix};$$

$$\boldsymbol{L}_u = (L_1 \quad L_2 \quad \cdots \quad L_n)^{\mathrm{T}}。$$

根据最小二乘法原理求解得

$$\mathrm{d}\boldsymbol{X} = -(\boldsymbol{A}_u^{\mathrm{T}}\boldsymbol{A}_u)^{-1}(\boldsymbol{A}_u^{\mathrm{T}}\boldsymbol{L}_u) \tag{4-14}$$

测站未知数中误差

$$m_x = \sigma_0\sqrt{q_{ii}} \tag{4-15}$$

式中 σ_0——伪距测量中误差；

q_{ii}——权系数阵 $\boldsymbol{Q}_x$ 中的主对角线元素；

$$\boldsymbol{Q}_x = (\boldsymbol{A}_u^{\mathrm{T}}\boldsymbol{A}_u)^{-1} \tag{4-16}$$

式(4-14)适合于计算机进行迭代计算。即给出测站坐标初始值，进行第一次迭代计算，利用所求改正数修正坐标初始值，继续进行迭代计算。因迭代过程收敛较快，一般迭代2～3次便可获得满意结果。

四、伪距定位法的应用

伪距定位法是单点定位的基本方法，它的定位速度很快，又无多值性问题，数据处理也比较便捷。由于它的测量信号是卫星发播的测距码，故测量精度就和测距码与复制码的相关(对齐)精度有关，也与测距码的码元宽度有关。

根据经验，接收机的复制码与测距码的对齐精度约为码元宽度(或码的波长)的1%。对于C/A码，其码元宽度约为293 m，伪距测量精度则为2.93 m；对于P码，其码元宽度约为29.3 m，伪距测量精度则为0.293 m，比C/A码的测量精度约高10倍。

但是，由于P码受美国军方控制，一般用户无法得到，只能利用C/A码进行伪距定位，加之美国对利用GPS有限制政策，在采用SA技术时，利用C/A码进行伪距定位的精度降低至约100 m，远远不能满足高精度单点定位的要求。

若要提高测站点间的相对位置精度，则可用若干台接收机同时对相同的卫星进行伪距测量，此时卫星星历误差、卫星钟的误差、电离层和对流层折射误差对各同步观测站的影响基本相同，在求坐标差时可以自行消除。

伪距法进行相对定位可以采用两种办法：①间接相对定位。各同步测站分别进行单点定位，求得各测站坐标，然后相减求得坐标差。②直接相对定位。当两个测站进行同步观测时，产生两个数学式。相减后建立起伪距定位法用于相对定位的数学模型。然后解算出坐

标差。

第三节　载波相位测量

全球定位系统的基本测距方法是利用测距码进行伪距测量。测码伪距以测距码作为量测信号，因测距码的波长较长，难以达到较高的精度。而载波相位测量不使用测距码信号，不受测距码控制，属于非测距码测量系统。载波信号的波长很短，其中 L_1 信号的波长为 $\lambda_1 = 19$ cm，L_2 信号的波长为 $\lambda_2 = 24$ cm。所以，把载波作为量测信号，对载波进行相位测量就可以达到很高的精度。目前的测地型接收机载波相位测量精度一般为 1 ~ 2 mm，有的精度更高。但载波信号是一种周期性的正弦信号，相位测量只能测定其不足一个波长的小数部分，无法测定其整波长个数。因而存在着整周数的不确定性问题，使得解算过程复杂化。

一、载波相位测量原理

GPS 接收机所接收到的卫星信号中，已用相位调制技术在载波上调制了测距码和卫星导航电文，所以载波已不再连续（见图 4-5）。为此要在载波相位测量之前先进行解调，设法将调制在载波上的测距码和卫星电文去掉，恢复载波的相位。卫星信号的解调可采用两种方法，一种是码相关法，另一种是平方法。

如果接收机在某一时刻跟踪卫星信号，并对恢复后的载波进行相位测量。与此同时，接收机的本机振荡器又能产生一个频率和初相均与卫星载波信号相同的基准信号，其相位就等于卫星载波信号的相位。如果在 t_0 时刻接收机产生的基准信号的相位是 $\phi^\circ(R)$，接收机接收到的载波信号的相位是 $\phi^\circ(S)$，若能测定出二者相位之差 $[\phi^\circ(R) - \phi^\circ(S)]$，则由载波波长 λ 就可以求出该瞬间从卫星至接收机的距离：

$$\rho = \lambda[\phi^\circ(R) - \phi^\circ(S)] = \lambda[N_0 + F^\circ_r(\phi)] \tag{4-17}$$

式中　N_0——基准信号与接收信号相位差的整周数；

$F^\circ_r(\phi)$——相位差中不足一整周的小数部分。

实际上，解调过的 GPS 信号与基准信号进行混频，从而得到一个中频的差频信号，差频信号的相位也就是基准信号与接收信号的相位差值。也就是说，接收机产生的基准信号与接收的载波信号的相位差是通过量测差频信号的相位值得到的。

设接收机本机振荡器产生的基准信号为 $\cos(\omega_1 t + \varphi_1)$，接收到的载波信号为 $\cos(\omega_2 t + \varphi_2)$，混频后可以产生两个新信号：

$$\begin{aligned}&\cos(\omega_1 t + \varphi_1)\cos(\omega_2 t + \varphi_2)\\&= \frac{1}{2}\{\cos[(\omega_1 + \omega_2)t + (\varphi_1 + \varphi_2)] + \cos[(\omega_1 - \omega_2)t + (\varphi_1 - \varphi_2)]\}\end{aligned}$$

上式右端第二项就是混频后产生的差频信号，它的相位 $(\varphi_1 - \varphi_2)$ 就等于基准信号与接收信号的相位之差。所以，载波相位测量值就等于混频后的差频信号的相位值。

其次，还要注意到，在连续跟踪卫星信号的各次载波相位测量中，由于卫星相对于测站的运动，二者径向距离随时间发生变化，就产生了多普勒频移，而使接收到的信号频率不同于发射的频率。如果载波信号频率为 f，由于多普勒效应而使卫星信号频率变为 f_r，所产生的多普勒频移为：

$$f_r - f = -\frac{f}{c}\frac{\mathrm{d}r}{\mathrm{d}t}$$

式中 $\frac{\mathrm{d}r}{\mathrm{d}t}$——卫星到测站的径向相对速度(即距离的导数)。

在进行载波相位测量时,从初始时刻 t_0 到第 i 次的时刻 t_i,多普勒频移计数为

$$n_i = \int_{t_0}^{t_i}(f - f_r)\mathrm{d}t = \int_{t_0}^{t_i}\frac{f}{c}\frac{\mathrm{d}r}{\mathrm{d}t}\mathrm{d}t = \frac{f}{c}(r_i - r_0) = \frac{r_i - r_0}{\lambda}$$

式中 r_i、r_0——t_i 时刻和 t_0 时刻卫星至接收机的距离。

如图 4-7 所示,t_i 时刻载波相位测量的量测值为

$$\tilde{\varphi} = n_i + F_r^{\circ}(\phi) = Int^i(\phi) + F_r^i(\phi) \tag{4-18}$$

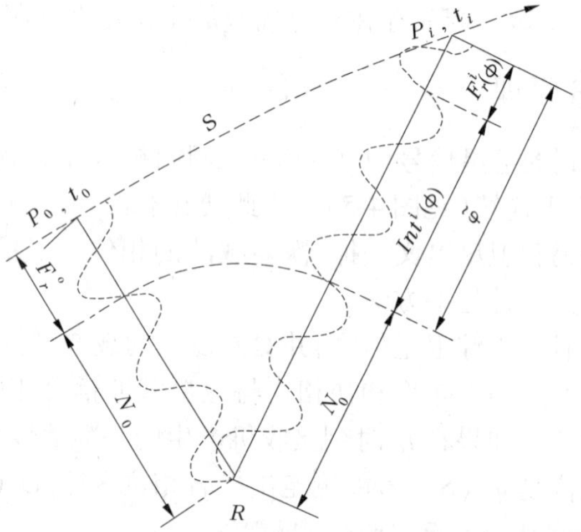

图 4-7　载波相位观测值的组成

上式表明,载波相位测量的实际观测值 $\tilde{\varphi}$ 由两部分组成:其一是差频信号的整周数变化部分 $Int(\phi)$,其二是差频信号的不足一整周部分 $F_r(\phi)$。其中 $Int(\phi)$ 在初始观测时为零,而后由多普勒计数器从 t_0 时刻连续计数累计得出。而 $F_r(\phi)$ 则是根据 t_i 时的基准信号相位 $\phi^i(R)$ 和接收的载波信号相位 $\phi^i(S)$ 直接量测出来。

综合以上结论可以看出,只要接收机能对卫星信号连续跟踪,那么每个完整的载波相位观测值,均由下列几部分组成:

$$\varphi = N_0 + \tilde{\varphi} = N_0 + Int(\phi) + F_r(\phi) \tag{4-19}$$

式中 N_0——载波相位在传播路径上延迟的整周数;

$Int(\phi)$——自起始时刻 t_0 至观测时刻 t_i 之间载波相位变化的整周数,它是自 t_0 至 t_i 时间内用计数器逐个累计的差频信号的整周数;

$F_r(\phi)$——差频信号不足一整周的部分,它是在 t_i 时刻的一个瞬时量测值。

各参数几何意义如图 4-7 所示。

二、载波相位测量观测方程

载波相位观测量是接收机天线相位中心和卫星位置的函数,只有找出它们之间的函数关系,才能求解接收机或卫星的位置。

设在 GPS 标准时刻为 τ_a、卫星钟读数为 t_a 的瞬间，卫星发射的载波相位 $\varphi(t_a)$，该信号在标准时刻 τ_b 到达接收机。根据波动方程，信号到达接收机的相位应保持不变，即在 τ_b 时刻，接收机收到的载波信号的相位为 $\phi(S)=\varphi(t_a)$。对应于标准时刻 τ_b 的接收机钟读数为 t_b，这时接收机产生的基准信号的相位为 $\phi(R)=\varphi(t_b)$。所以载波相位测量值为

$$\varphi = \varphi(t_b) - \varphi(t_a) \tag{4-20}$$

其中

$$\left.\begin{aligned} t_b &= \tau_b - v_{t_b} = \tau_a + (\tau_b - \tau_a) - v_{t_b} \\ t_a &= \tau_a - v_{t_a} \end{aligned}\right\} \tag{4-21}$$

对于稳定性较好的振荡器，相位与频率之间的关系可表示为

$$\varphi(t + \Delta t) = \varphi(t) + f\Delta t \tag{4-22}$$

式中　f——信号频率；

　　Δt——微小的时间间隔。

将式(4-18)代入式(4-17)，并顾及式(4-19)的关系，可得

$$\varphi = \varphi(\tau_a) + f(\tau_b - \tau_a) - fv_{t_b} - \varphi(\tau_a) + fv_{t_a}$$

由式(4-7)得

$$\tau_b - \tau_a = \frac{1}{c}(\rho - \delta\rho_{\text{ion}} - \delta\rho_{\text{trop}})$$

于是

$$\varphi = \frac{f}{c}(\rho - \delta\rho_{\text{ion}} - \delta\rho_{\text{trop}}) + f(v_{t_a} - v_{t_b})$$

上式代入式(4-19)，得载波相位测量的基本观测方程

$$\tilde{\varphi} = \frac{f}{c}(\rho - \delta\rho_{\text{ion}} - \delta\rho_{\text{trop}}) + fv_{t_a} - fv_{t_b} - N_0 \tag{4-23}$$

式中　$\tilde{\varphi}$——载波相位的实际观测值，以周数为单位。

如果将上式等号两边同乘以 $\lambda = \dfrac{c}{f}$，则有

$$\tilde{\rho} = \rho - \delta\rho_{\text{ion}} - \delta\rho_{\text{trop}} + cv_{t_a} - cv_{t_b} - \lambda N_0 \tag{4-24}$$

将上式与式(4-8)比较可以看出，载波相位测量的观测方程中除增加一个整周末知数 N_0 外，和伪距测量观测方程完全相同，式中的 ρ 是 τ_a 时刻的卫星位置 (x,y,z) 和 τ_b 时刻的接收机位置 (X,Y,Z) 之间的实际距离，即

$$\rho = [(x-X)^2 + (y-Y)^2 + (z-Z)^2]^{\frac{1}{2}} \tag{4-25}$$

引入

$$\left.\begin{aligned} \rho_0 &= [(x-X_0)^2 + (y-Y_0)^2 + (z-Z_0)^2]^{\frac{1}{2}} \\ X &= X_0 + \mathrm{d}X \\ Y &= Y_0 + \mathrm{d}Y \\ Z &= Z_0 + \mathrm{d}Z \end{aligned}\right\} \tag{4-26}$$

将 ρ 在 (x_0, y_0, z_0) 点用泰勒级数展开得

$$\rho = \rho_0 + \left(\frac{\partial\rho}{\partial X}\right)_0 \mathrm{d}X + \left(\frac{\partial\rho}{\partial Y}\right)_0 \mathrm{d}Y + \left(\frac{\partial\rho}{\partial Z}\right)_0 \mathrm{d}Z$$

$$= \rho_0 + \frac{X_0 - x}{\rho_0}dX + \frac{Y_0 - y}{\rho_0}dY + \frac{Z_0 - z}{\rho_0}dZ \tag{4-27}$$

将式(4-27)代入式(4-23),可以将载波相位测量基本观测方程线性化:

$$\frac{f}{c}\frac{x - X_0}{\rho_0}dX + \frac{f}{c}\frac{y - Y_0}{\rho_0}dY + \frac{f}{c}\frac{z - Z_0}{\rho_0}dZ - fv_{t_a} + fv_{t_b} + N_0$$

$$= \frac{f}{c}(\rho_0 - \delta\rho_{\text{ion}} - \delta\rho_{\text{trop}}) - \tilde{\varphi} \tag{4-28}$$

上式等号左端各项为未知数项,其中(x,y,z)是τ_a时刻的GPS卫星坐标;上式等号右端各项可根据GPS卫星电文或多普勒观测资料算得,而$\tilde{\varphi}$的总和即为误差方程式的常数项。

式(4-28)可用以进行单点定位,但更多地用于相对定位。由于作为已知量的GPS卫星位置,其误差远比相位观测值误差大,加之大气延迟改正的精度也难以与相位观测的精度匹配,所以在相对定位中常采用差分法解决这些问题。

三、载波相位测量差分法

在载波相位测量基本方程式(4-28)中,包含着两类不同的未知数:一类是必要参数,如测站的坐标;另一类是多余参数,如卫星钟和接收机的钟差、电离层和对流层延迟等。并且多余参数在观测期间随时间变化,给平差计算带来麻烦。

解决这个问题有两种办法:一种是找出多余参数与时空关系的数学模型,给载波相位测量方程一个约束条件,使多余参数大幅度减少;另一种更有效、精度更高的办法是,按一定规律对载波相位测量值进行线性组合,通过求差达到消除多余参数的目的。

例如,对某一观测瞬间n颗卫星进行了载波相位测量,就可以列出n个观测方程,方程中都含有相同的接收机钟差未知数v_{t_b}。若选择一颗卫星作为基准,将其余$n-1$颗卫星的观测方程与基准卫星对应的观测方程相减,就可以在$n-1$个方程中消去钟差未知数。它可以大大减少计算工作量。目前GPS接收机的软件,基本上都采用了这种差分法的模型。

考虑到GPS定位时的误差源,常用的差分法有如下三种:在接收机间求一次差;在接收机和卫星间求二次差;在接收机、卫星和观测历元间求三次差。

(一)在接收机间求一次差(单差)

将观测值直接相减的过程叫作求一次差。所获得的结果被当作虚拟观测值,也叫作载波相位观测值的一次差或单差。如图4-8(a)所示,在t_1时刻接收机i和j同时对卫星p进行载波相位测量,此时卫星钟差v_{t_a}影响相同。由式(4-23)可得基本观测方程

$$\tilde{\varphi}_i^p = \frac{f}{c}[\rho_i^p - (\delta\rho_{\text{ion}})_i^p - (\delta\rho_{\text{trop}})_i^p] + fv_{t_a}^p - f(v_{t_b})_i - (N_0)_i^p$$

$$\tilde{\varphi}_j^p = \frac{f}{c}[\rho_j^p - (\delta\rho_{\text{ion}})_j^p - (\delta\rho_{\text{trop}})_j^p] + fv_{t_a}^p - f(v_{t_b})_j - (N_0)_j^p$$

以上二式相减,可得虚拟观测方程

$$\Delta\varphi_{ij}^p = \frac{f}{c}\rho_j^p - \frac{f}{c}\rho_i^p - \frac{f}{c}(\delta\rho_{\text{ion}})_{ij}^p - \frac{f}{c}(\delta\rho_{\text{trop}})_{ij}^p + f(v_b)_{ij} - (N_0)_{ij}^p \tag{4-29}$$

式中 $(\delta\rho_{\text{ion}})_{ij}^p = (\delta\rho_{\text{ion}})_j^p - (\delta\rho_{\text{ion}})_i^p$;

$(\delta\rho_{\text{trop}})_{ij}^p = (\delta\rho_{\text{trop}})_j^p - (\delta\rho_{\text{trop}})_i^p$;

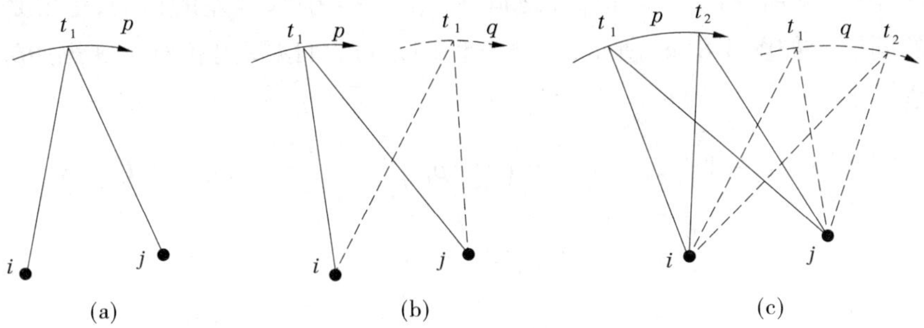

图 4-8　差分法的三种形式

$(v_b)_{ij} = (v_b)_j - (v_b)_i$；

$(N_0)_{ij}^p = (N_0)_j^p - (N_0)_i^p$。

将式(4-29)中的 $\frac{f}{c}\rho_j^p - \frac{f}{c}\rho_i^p$ 按式(4-27)展开成线性形式，经过平差计算，可以求得测站近似坐标的改正数 $\mathrm{d}X$、$\mathrm{d}Y$、$\mathrm{d}Z$。由式(4-29)可知，在测站间求一次差，可以消去卫星钟差参数 v_{t_a}。同时，对于短基线也可大大减弱电离层折射、对流层折射以及卫星星历误差的影响。所以在接收机间求一次差，可以显著提高测站间相对位置的精度。这种在两台 GPS 接收机之间进行载波相位测量求差解算，简称为“站际单差”。同理，也可以在两颗 GPS 卫星之间进行载波相位测量求差解算，也称为“星际单差”。

（二）在接收机和卫星间求二次差（双差）

对载波相位观测值的一次差分观测值继续求差，所得的结果仍可作为虚拟观测值，叫作载波相位观测值的二次差或双差。如图 4-8(b)所示，在时刻 t_1 测站 i 和 j 同时观测卫星 p 和 q，根据上述道理对于卫星 q 也可以在测站间求差，将式(4-29)中的脚注 p 换成 q，即得卫星 q 的一次差观测方程。该方程减去式(4-29)则得在测站和卫星间求二次差后的虚拟观测方程式

$$\Delta\varphi_{ij}^{pq} = \frac{f}{c}\Delta\rho_j^{pq} - \frac{f}{c}\Delta\rho_i^{pq} - \frac{f}{c}(\delta\rho_{\text{ion}})_{ij}^{pq} - \frac{f}{c}(\delta\rho_{\text{trop}})_{ij}^{pq} - (N_0)_{ij}^{pq} \tag{4-30}$$

式中　$\Delta\rho_j^{pq} = \rho_j^q - \rho_j^p$；

$\Delta\rho_i^{pq} = \rho_i^q - \rho_i^p$；

$(\delta\rho_{\text{ion}})_{ij}^{pq} = (\delta\rho_{\text{ion}})_{ij}^q - (\delta\rho_{\text{ion}})_{ij}^p$；

$(\delta\rho_{\text{trop}})_{ij}^{pq} = (\delta\rho_{\text{trop}})_{ij}^q - (\delta\rho_{\text{trop}})_{ij}^p$；

$(N_0)_{ij}^{pq} = (N_0)_{ij}^q - (N_0)_{ij}^p$。

由式(4-30)可知，求二次差后，消去了 i、j 测站接收机的相对钟差改正 $(v_{t_b})_{ij}$。二次差又称为星站二次差分。其优点是，除消除星钟误差和星历误差外，还消除了两台 GPS 信号接收机钟的误差，能够显著提高 GPS 卫星导航定位的精度，是大多数 GPS 基线向量处理软件中必选的模型，在实践中被广泛应用。

（三）在接收机、卫星和观测历元间求三次差（三差）

对二次差继续求差称为求三次差。所得的结果叫作载波相位观测值的三次差或三差。

常用的求三次差是在接收机、卫星和历元之间求三次差。引入三差的目的,主要是协助解决整周未知数的问题。如图 4-8(c)所示,参照方程(4-30),可以写出相对于观测历元 t_k 和 t_{k+1} 的二次差方程

$$(\Delta\varphi_{ij}^{pq})t_{k+1} = \left(\frac{f}{c}\Delta\rho_j^{pq}\right)t_{k+1} - \left(\frac{f}{c}\Delta\rho_i^{pq}\right)t_{k+1} - \left[\frac{f}{c}(\delta\rho_{\text{ion}})_{ij}^{pq}\right]t_{k+1} - \left[\frac{f}{c}(\delta\rho_{\text{trop}})_{ij}^{pq}\right]t_{k+1} - [(N_0)_{ij}^{pq}]t_{k+1}$$

$$(\Delta\varphi_{ij}^{pq})t_k = \left(\frac{f}{c}\Delta\rho_j^{pq}\right)t_k - \left(\frac{f}{c}\Delta\rho_i^{pq}\right)t_k - \left[\frac{f}{c}(\delta\rho_{\text{ion}})_{ij}^{pq}\right]t_k - \left[\frac{f}{c}(\delta\rho_{\text{trop}})_{ij}^{pq}\right]t_k - [(N_0)_{ij}^{pq}]t_k$$

式中 $[(N_0)_{ij}^{pq}]t_{k+1} = [(N_0)_{ij}^{q} - (N_0)_{ij}^{p}]t_{k+1} = [(N_0)_j^q - (N_0)_i^q - (N_0)_j^p - (N_0)_i^p]t_{k+1}$;

$[(N_0)_{ij}^{pq}]t_k = [(N_0)_{ij}^{q} - (N_0)_{ij}^{p}]t_k = [(N_0)_j^q - (N_0)_i^q - (N_0)_j^p - (N_0)_i^p]t_k$。

只要观测是连续的,上列二式等号右端诸项对应相等,所以

$$[(N_0)_{ij}^{pq}]t_{k+1} = [(N_0)_{ij}^{pq}]t_k$$

这样,t_{k+1} 和 t_k 的二次差方程相减,在得到的接收机、卫星、历元间三次差方程中,消除了与卫星和接收机有关的初始整周未知数项 N。

综上所述,载波相位测量中采用差分法,一方面减少了平差计算中的未知数数量,同时也消除或减弱了相对定位时测站间共同的一些误差影响。

第四节　GPS 动态定位原理

要使舰船、飞机和航天器等成功地完成预定的任务,除起始点和目标位置外,就是必须知道航行体所处的实时位置,只有知道现势位置才能考虑怎样到达下一目的地的问题。为了解决这个问题,我们可以在车辆、舰船、飞机和航天器等运动载体上安设 GPS 接收机,全天候和全球性地测量运动载体的七维状态参数(三维坐标、三维速度、时间)和三维姿态参数,实时地测得载体上 GPS 接收机天线的所在位置,与 GPS 静态定位相比较, GPS 动态定位有用户多样、速度多变、定位定时、数据和精度多变等特点。本节先介绍 GPS 动态定位的特点,然后分别介绍实时定位原理,包括单点动态定位、伪距差分动态定位、GPS 测速和 GPS 定时。

一、动态定位的特点

GPS 动态定位和 GPS 静态定位相比较,有以下显著特点。

(一)用户的广泛性

GPS 动态定位是运动状态下的一种实时定位方法。其绝大多数用户均在陆、海、空军事领域。同时,在交通运输、地球物理勘探、航空摄影测量、采矿生产等领域中,也有着广泛的应用。运动载体可以是地面运动的、水上航行的、空中飞行的,所以它的用户具有广泛性,比 GPS 静态定位具有更加广阔的应用天地。

（二）定位的实时性

在静态定位时，用户天线相对于地球是固定不动的；而动态定位，用户天线将随着运动载体不停地运动，特别是对于高动态定位，要求以极短的时间（如亚秒级）采集一个点的实时定位数据，适时地处理定位数据，及时地给出定位成果。所以，动态定位具有强烈和紧迫的实时性。

（三）速度的多异性

GPS 动态定位时的载体多种多样，这些载体的速度从每秒几米到每秒几千米。据此 GPS 动态定位分为低、中、高三种定位形式：低动态定位，载体的运动速度每秒几米至几十米；中等动态定位，载体的运动速度每秒 100 ~ 1 000 m；高动态定位，载体的运动速度在每秒 1 km 以上。

由上所述，动态定位显著区别于静态定位。在用户天线以每秒几米到几千米的速度相对于地球运动的情况下，需要用 GPS 信号测定它们的七维状态参数：三维坐标、三维速度、时间。

二、单点动态定位

单点动态定位又叫绝对动态定位。例如在行驶的火车和汽车上，安置 GPS 信号接收机，独立自主地测得运动载体的实时位置，进而描绘出运动载体的运行轨迹。

在单点动态定位情况下，由于观测站是运动的，为了获得瞬时定位结果，必须至少同步观测 4 颗卫星，以便获取 4 个同步伪距观测值，解得 4 个未知参数。

由式(4-9)，单点定位的基本方程为

$$\rho_i' = [(x_i - X)^2 + (y_i - Y)^2 + (z_i - Z)^2]^{\frac{1}{2}} + d \tag{4-31}$$

式中 X,Y,Z——动态用户在时元 t 的瞬时位置；

x_i,y_i,z_i——第 i 颗（$i=1,2,3,4$）卫星在其运行轨道上的瞬时位置，它可以根据卫星电文的星历参数计算而得；

ρ_i'——接收机测得的接收天线和第 i 颗卫星之间的距离，称为站星距离；

d——接收机时钟偏差等因素引起的站星距离偏差。

在用上式解算用户位置时，直接求各个坐标分量的改正值。如果给定的用户三维坐标初始值为 (X_0,Y_0,Z_0)，则应求解三维坐标改正值 $\mathrm{d}X$、$\mathrm{d}Y$、$\mathrm{d}Z$ 和距离偏差 d。

将上式用泰勒级数展开后可表示为下列线性形式：

$$\begin{aligned}\rho_i' = {} & [(x_i - X_0)^2 + (y_i - Y_0)^2 + (z_i - Z_0)^2]^{\frac{1}{2}} - \frac{x_i - X_0}{\rho_{i0}} + \mathrm{d}X - \\ & \frac{y_i - Y_0}{\rho_{i0}} + \mathrm{d}Y - \frac{z_i - Z_0}{\rho_{i0}} + \mathrm{d}Z + d\end{aligned} \tag{4-32}$$

式中 $\rho_{i0} = [(x_i - X_0)^2 + (y_i - Y_0)^2 + (z_i - Z_0)^2]^{\frac{1}{2}}$，$i$ 分别为 1，2，3，4。

若令矩阵：

$$\boldsymbol{X} = (\mathrm{d}X \quad \mathrm{d}Y \quad \mathrm{d}Z \quad d)^{\mathrm{T}}$$

$$
\boldsymbol{A} = \begin{pmatrix}
\frac{x_1 - X_0}{\rho_{10}} & \frac{y_1 - Y_0}{\rho_{10}} & \frac{z_1 - Z_0}{\rho_{10}} & -1 \\
\frac{x_2 - X_0}{\rho_{20}} & \frac{y_2 - Y_0}{\rho_{20}} & \frac{z_2 - Z_0}{\rho_{20}} & -1 \\
\frac{x_3 - X_0}{\rho_{30}} & \frac{y_3 - Y_0}{\rho_{30}} & \frac{z_3 - Z_0}{\rho_{30}} & -1 \\
\frac{x_4 - X_0}{\rho_{40}} & \frac{y_4 - Y_0}{\rho_{40}} & \frac{z_4 - Z_0}{\rho_{40}} & -1
\end{pmatrix}
$$

$$
\boldsymbol{B} = \begin{pmatrix}
\rho_{10} - \rho'_{10} \\
\rho_{20} - \rho'_{20} \\
\rho_{30} - \rho'_{30} \\
\rho_{40} - \rho'_{40}
\end{pmatrix}
$$

式中　ρ'_{i0}——用户至第 i 颗卫星的伪距观测值。

于是由式(4-32)可写出

$$-\boldsymbol{AX} + \boldsymbol{B} = 0$$

由上式求解

$$\boldsymbol{X} = \boldsymbol{A}^{-1}\boldsymbol{B} \tag{4-33}$$

按式(4-33)解算运动载体的实时位置时,需要正确确定点位的初始坐标值。其中第一个点位的初始坐标值,可以按照第二节所述的用矢量表示载体状态的方法,通过若干次迭代计算,得到第一个点位的三维坐标和时钟偏差(见式(4-14))。直接解算出第一个点的三维位置后,就可作为后一个点位的坐标初始值,通过解算式(4-33),取得第二个点的三维坐标和时钟偏差,余点类推。

研究表明,单点动态定位所确定的三维位置精度为 ±120 m 左右,速度测量误差为 ±30 cm/s,时间测量精度为 ±(300～400) ns。如果动态用户要求达到再高的精度,就不能采用单点动态定位了。

三、伪距差分动态定位

所谓差分动态定位(DGPS),就是使用两台接收机分别置于两个测站上同时测量来自相同 GPS 卫星的导航定位信号,用以联合测出动态用户的精确位置。其中一个测站是已知的基准点该点的 GPS 接收机称为基准接收机;另一台安设于运动载体上,称为动态接收机。两台接收机同时测量来自相同 GPS 卫星的导航定位信号。基准接收机所测得的三维位置与该点已知值进行比较,可以获得 GPS 定位数据的改正值,据此来改正动态接收机所测得的实时位置。此时多项误差得到抵消,可以得到更为精确的动态用户位置。这种方法称为伪距差分动态定位,其原理框图如图 4-9 所示。

如果在式(4-31)中确切地表示 d,则在基准站 R 测得的卫星 i 的伪距为

$$\rho'_{Ri} = \rho_{Ri} + c(\mathrm{d}\tau_R - \mathrm{d}\tau_s) + \mathrm{d}\rho_R + L_{R\mathrm{ion}} + L_{R\mathrm{trop}} \tag{4-34}$$

式中　ρ_{Ri}——基准站 R 与卫星 i 之间的真实距离;

　　$\mathrm{d}\rho_R$——卫星星历误差所引起的距离偏差;

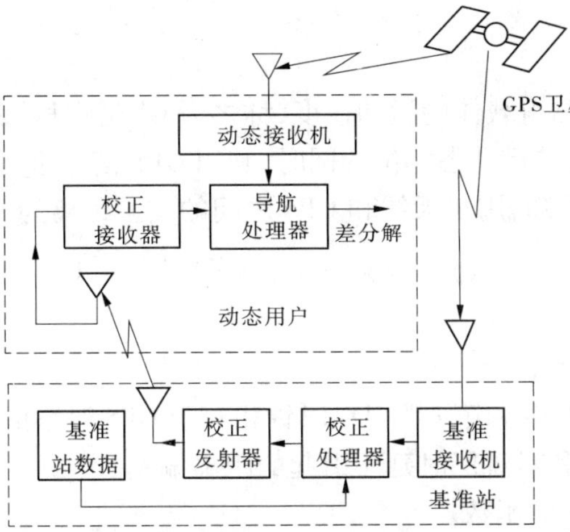

图 4-9　伪距差分动态定位原理

$d\tau_R$——接收机时钟相对于 GPS 时间系统的误差；

$d\tau_s$——卫星时钟相对于 GPS 时间系统的误差；

L_{Rion}——电离层时延所引起的距离偏差；

L_{Rtrop}——对流层时延所引起的距离偏差；

c——电磁波传播速度。

上式中的真实距离 ρ_{Ri} 可根据基准站的已知三维坐标和 GPS 卫星星历精确算得，而伪距 ρ'_{Ri} 可由基准站接收机测得，故伪距的改正值应为

$$\Delta\rho_{Ri} = \rho_{Ri} - \rho'_{Ri} = -c(d\tau_R - d\tau_s) - d\rho_R - L_{Rion} - L_{Rtrop} \tag{4-35}$$

在基准接收机进行伪距测量的同时，动态接收机 k 也对卫星 i 进行伪距测量，所得伪距为

$$\rho' k_i = \rho k_i + c(d\tau_k - d\tau_s) + d\rho_k - L_{kion} - L_{ktrop} \tag{4-36}$$

与此同时，基准站将伪距校正值 $\Delta\rho_{Ri}$实时地发送给动态用户，并以下式改正上列伪距：

$$\rho' k_i + \Delta\rho_{Ri} = \rho k_i + c(d\tau_k - d\tau_R) + (d\rho_k - d\rho_R) + (L_{kion} - L_{Rion}) + (L_{ktrop} - L_{Rtrop})$$

当动态用户距离基准站 1 000 km 以内时，上式最后三项的差数为零，这时公式成为

$$\begin{aligned}\rho' k_i + \Delta\rho_{Ri} &= \rho k_i + c(d\tau_k - d\tau_R) \\ &= [(x_i - X_k)^2 + (y_i - Y_k)^2 + (z_i - Z_k)^2]^{\frac{1}{2}} + \Delta d_R\end{aligned} \tag{4-37}$$

式中最后一项是动态接收机与基准接收机的钟差之差所引起的距离偏差。

如果基准、动态接收机各观测了相同的 4 颗 GPS 卫星，则可按式(4-37)列出 4 个方程式，可解得动态用户在时元 t 的三维位置。差分动态定位的结果，消除了星钟误差、星历误差、电离层与对流层时延误差，从而显著地提高了动态定位的精度。

以上就是采用测码伪距为观测量进行差分动态定位的基本原理。近年来，以载波相位为观测量的高精度动态相对定位的研究工作日益受到关注。在汽车和飞机上的差分动态定位实验表明，载波相位测量能够有效地用于动态定位，且已取得了厘米级的三维位置精度。

四、GPS 测速

利用 GPS 信号实时地测得载体的运动速度，称之为 GPS 测速。只要在这些运动载体上安置 GPS 接收机，就可以在进行动态定位的同时，利用 GPS 信号进行速度测量，是基于站星距离的测量。由式(4-31)可知，用户天线和 GPS 之间的站星距离为

$$\rho_i' = [(x_i - X)^2 + (y_i - Y)^2 + (z_i - Z)^2]^{\frac{1}{2}} + c(\mathrm{d}\tau_R - \mathrm{d}\tau_s) + L_{\mathrm{ion}} + L_{\mathrm{trop}} \tag{4-38}$$

式中　c——电磁波传播速度；

$\mathrm{d}\tau_R$、$\mathrm{d}\tau_s$——接收机时钟和第 i 颗卫星时钟相对于 GPS 时系的偏差；

L_{ion}、L_{trop}——电离层和对流层时延所引起的距离偏差。

式中各个参量均为时间的函数。

由物理学得知，线速度是运动质点在单位时间内的距离变化率。微分式(4-38)，就得到动态用户的三维速度表达式为

$$\dot{\rho}_i' = [(x_i - X)(x_i - \dot{X}) + (y_i - Y)(y_i - \dot{Y}) + (z_i - Z)(z_i - \dot{Z})]/\rho_i + c(\mathrm{d}\dot{\tau}_R - \mathrm{d}\dot{\tau}_s) + \dot{L}_{\mathrm{ion}} + \dot{L}_{\mathrm{trop}} \tag{4-39}$$

式中，$\dot{\rho}_i'$ 是站星距离的变化率，由 GPS 信号接收机测得；卫星的三维速度($\dot{x}_i, \dot{y}_i, \dot{z}_i$)可根据导航电文求得；卫星时钟偏差变化率 $\mathrm{d}\dot{\tau}_s$ 数值较小可略去其影响；电离层和对流层时延变化率 $\dot{L}_{\mathrm{ion}}$ 和 $\dot{L}_{\mathrm{trop}}$ 因测速时间短暂可视其为零；而

$$\rho_i = [(x_i - X)^2 + (y_i - Y)^2 + (z_i - Z)^2]^{\frac{1}{2}}$$

中的卫星位置(x_i, y_i, z_i)可根据导航电文算得，用户位置(X, Y, Z)可由 GPS 信号实时测得，所以站星距离 ρ_i 是一个已知量。

这样，在高精度测速情况下，式(4-34)中只有动态用户三维速度($\dot{X}, \dot{Y}, \dot{Z}$)和接收机时钟偏差变化率(时速)$\mathrm{d}\dot{\tau}_R$ 四个未知数。如果观测 4 颗在视 GPS 卫星，即可解得 4 个未知数。最后求得运动载体的运动速度为

$$v_k = \sqrt{(\dot{X}^2 + \dot{Y}^2 + \dot{Z}^2)} \tag{4-40}$$

另外，还可用 GPS 差分法测速，从而消除星历误差对测速精度的损失，可显著削弱电离层或对流层效应对测速精度的影响。

五、GPS 定时

人们的生活离不开时间，从日常生活到航海、航空和航天，定时有着广泛的应用领域。随着使用目的的不同，人们对时间准确度的要求也不同。若用 GPS 卫星信号进行时间传递，只要有一台能够接收、跟踪、变换和测量 GPS 信号的接收机，就可以获得较高的定时精度。

GPS 卫星上都安装有 4 台原子钟，GPS 时间与世界协调时 UTC 之差经常保持在 ±1 μs 以内。因此，GPS 卫星可以成为一种全球性用户的时间信号源，用以进行精确的时间比对。

在用 GPS 信号传递时间时，存在着三种时间尺度(时标)：其一为 GPS 时间，它是一种全

球性的时间信号源,用以进行精确的时间比对;二是每颗 GPS 卫星的时钟;三是用户接收机的时钟。GPS 定时的实质是测定用户时钟相对于 GPS 时间的偏差,并根据卫星电文给出的有关参数,计算出世界协调时(UTC)。

下面介绍在一个已知位置的测站上,用一台 GPS 信号接收机观测一颗 GPS 卫星,测定用户时钟偏差的简单原理。

如图 4-10 所示,设某颗 GPS 卫星在时刻 T_t^s 发射 GPS 信号初相,通过电离层和对流层所引起的附加时延 τ,到达用户接收天线的时刻为 T_a^U,则 GPS 信号的传播时间为

$$t'_d = T_a^U - T_t^s + \tau \tag{4-41}$$

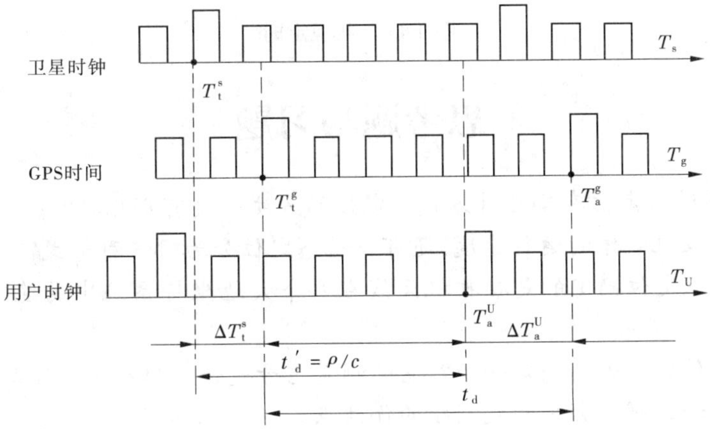

图 4-10　时钟偏差图解

式中 T_t^s 与 T_a^U 相对于 GPS 时间之差分别为

$$\left.\begin{aligned} \Delta T_t^s &= T_t^s - T_t^g \\ \Delta T_a^U &= T_a^U - T_a^g \end{aligned}\right\}$$

将上列二关系代入式(4-38),则得 GPS 信号接收机所测得的传播时间为

$$t'_d = t_d + \Delta T_a^U - \Delta T_t^s + \tau$$

式中 $t_d = T_a^G - T_t^G$,t_d 为 GPS 信号的实际传播时间,用户的时钟偏差则为

$$\Delta T_a^U = t'_d - t_d + \Delta T_t^s - \tau \tag{4-42}$$

式(4-42)即为一站单机的定时方程式。式中等号右端各参数均可根据卫星导航电文获取或算得。当同时观测 4 颗 GPS 卫星时,一站单机法可以在不知测站的情况下,同时测得用户时钟偏差和测站坐标。当时钟偏差为正值时,表示用户时间超前于 GPS 时间;当时钟偏差为负值时,表示用户时间落后于 GPS 时间。若要求定时更加准确,可采用如图 4-11 所示的共视比对定时法,即在两个测站 A 和 B 上安设一台 GPS 信号接收机,在相同的时间内观测同一颗 GPS 卫星。通过无线数据传输将测站 A 的用户钟差送到测站 B,对两个共视用户的钟差进行比对,从而测定用户时钟的偏差。实验表明,两个测站共同见到同一颗卫星的时间并不要求严格同步,前后相差 20 min 以内对定时准确度无显著区别;由于它有效地消除了卫星钟差和星历误差的影响,达到了 ±5 ns 的定时准确度,所以这种方法成为目前用 GPS 信号传递时间的主要方法。

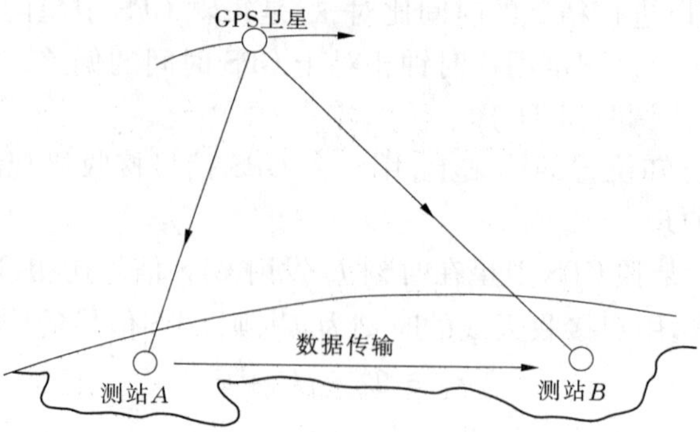

图 4-11　共视定时

思考题与习题

4-1　用 GPS 进行定位有哪几种方式？定位的方法一般有哪几种？

4-2　按照接收机载体的运行速度，还可将动态定位分为哪三种形式？

4-3　GPS 单点定位确定的是接收机天线在哪个大地坐标系统中的绝对位置？属于哪个坐标系统？

4-4　什么是伪距？如何测定伪距？它的测量信号是什么码？请简述其原理。

4-5　简述主动式测距和被动式测距的优缺点。

4-6　为什么说载波相位测量是目前大地测量和工程测量中的主要测量方法？

4-7　利用全球定位系统进行导航定位的最基本方法是什么定位法？它的优点是什么？缺点是什么？

4-8　为什么要在载波相位测量之前先进行卫星信号的解调？解调可采用哪几种方法？

4-9　在载波相位测量基本方程中包含着哪两类不同的未知数？解决这个问题有什么办法？

4-10　常用的差分法有哪三种？其中哪一种是大多数 GPS 基线向量处理软件中必选的方法，在实践中应用甚广？

第五章　GPS 卫星定位的来源及其影响

在进行 GPS 测量时，观测量中存在着系统误差和偶然误差，其中系统误差影响尤其显著。本章中将对各种 GPS 测量的误差进行分析，了解它们的性质、大小以及对定位所产生的影响，在分析的基础上采取相应措施，消除或减弱各项误差对定位结果的影响。

如何正确确定整周未知数和整周跳变的不定性，是载波相位测量中的特有问题，在本章中也予以详细讨论，并提出其解决的方法。

第一节　GPS 测量主要误差分类

GPS 测量是通过地面接收设备接收卫星传送的信息来确定地面点的三维坐标。GPS 定位测量的主要误差来源有三个方面：与 GPS 卫星有关的误差；与信号传播有关的误差；与接收设备有关的误差。误差种类如表 5-1 所示，其中卫星星历误差、电离层折射误差、对流层折射误差是影响 GPS 定位精度的主要因素。在高精度的 GPS 测量中，还要注意与地球整体运动有关的地球潮汐、负荷潮及相对论效应等的影响。

表 5-1　GPS 定位误差的分类

误差来源	误差分类	对距离测量的影响(m)
GPS 卫星	①卫星星历误差 ②卫星误差 ③相对论效应	1.5～15
信号传播	①电离层折射误差 ②对流层折射误差 ③多路径效应	1.5～15
接收设备	①接收机钟误差 ②位置误差 ③天线相位中心变化	1.5～5
其他影响	①地球潮汐 ②负荷潮	1.0

在上述误差中，偶然误差主要包括信号的多路径效应，系统误差主要包括卫星的星历误差、卫星钟差、接收机钟差以及大气的折射误差等。可以看出：GPS 测量和经典的大地测量在误差方面有明显的不同，经典大地测量的主要误差源是偶然误差，而 GPS 测量的主要误差源是系统误差，其无论从误差的大小还是对定位的结果的危害性都比偶然误差要大得多，因系统误差有一定的规律可循，故在测量过程中可采用一定的措施加以消除。

第二节　与卫星有关的误差

与 GPS 卫星有关的误差有卫星星历误差、卫星钟误差和相对论效应。

一、卫星星历误差

某一瞬间的卫星位置,是由卫星星历提供的。所以,卫星星历误差实际上就是卫星位置的确定误差。星历误差是一种起始数据误差,在一个观测时间段内属系统误差,其大小主要取决于卫星跟踪站的数量及空间分布、观测值的数量及精度、轨道计算时所用的轨道模型及定轨软件的完善程度等。它对单点定位的精度有很大的影响,也是精密相对定位中的重要误差来源之一。

(一)星历来源

卫星星历的数据来源有广播星历和实测星历两类。

1. 广播星历

广播星历是根据美国 GPS 控制中心跟踪站的观测数据进行外推,通过 GPS 卫星发播的一种预报星历,它是卫星电文中所携带的主要信息。由于我们还不能充分了解作用在卫星上的各种摄动因素的大小及变化规律,所以预报数据中存在着较大的误差。当前从卫星电文中解译出来的星历参数共 17 个,每小时更换一次。由这 17 个星历参数确定的卫星位置精度为 20 ~40 m,有时可达 80 m。广播星历的误差对相对定位的影响为 1×10^{-6}。即对长度为 10 km 的基线会产生 10 mm 的误差,对长度为 1 000 km 的基线会产生 1 m 的误差。距离星历更新时间越长,星历误差越大,致使 GPS 卫星定位精度可能从 10 m 降到 200 m,甚至更低。可以看出,广播星历误差是影响长基线定位精度的重要原因。全球定位系统投入运行后,启用全球均匀分布的跟踪网进行测轨和预报,此时由星历参数计算的卫星坐标可能精确到 5 ~10 m。如果美国政府启用 GPS 政策,广大用户很难获得应有的定位精度。

2. 实测星历

它是根据实测资料进行拟合处理而直接得出的星历。它需要在一些已知精确位置的点上跟踪卫星来计算观测瞬间的卫星真实位置,从而获得准确可靠的精密星历。首先,这种星历要在观测后 1 ~2 个星期才能得到(可向美国国家大地测量局(NGS)购买),这对导航和动态定位无任何意义,但是在静态精密定位中具有重要作用。其次,GPS 卫星是高轨卫星,区域性的跟踪网也能获得很高的定轨精度。所以许多国家和组织都在建立自己的 GPS 卫星跟踪网开展独立的定轨工作。

(二)星历误差对定位的影响

当把卫星位置当作已知值使用时,星历误差便成为一种起始数据的误差。对于单点定位时,星历误差的径向分量作为等价测距误差进入平差计算,配赋到星站坐标和接收机钟差改正数中去,具体配赋方式则与卫星的几何图形有关。

利用两站的同步观测资料进行相对定位时,由于星历误差对两站的影响具有很强的相关性,所以在求坐标差时,共同的影响可自行消去,从而获得高精度的相对坐标。根据一次观测的结果,可以导出星历误差对相对定位影响的估算式为

$$\frac{db}{b}=\frac{ds}{\rho} \tag{5-1}$$

式中 b——基线长；

db——卫星星历误差所引起的基线误差；

ρ——卫星至测站的距离；

ds——星历误差；

$\frac{ds}{\rho}$——卫星星历的相对误差。

实测结果表明，经数小时观测后，基线相对误差大约为星历相对误差的1/4。

（三）减弱星历误差影响的途径

（1）建立自己的卫星跟踪网独立定轨。为了不受美国政府有意降低卫星星历精度的影响，可以建立自己的GPS卫星跟踪网，进行独立定轨。如果跟踪站的数量和分布选择得当，实测星历有可能达到10^{-7}的精度，这对提高精密定位的精度将起显著作用。根据实测星历外推，还可为实时定位用户提供较为准确的预报星历。

（2）相对定位。也称为同步观测值求差，这一方法是利用在两个或多个观测站上，对同一卫星的同步观测值求差，因为星历误差对相距不太远的两个测站的影响基本相同，所以对于确定两个测站之间的相对位置，可以减弱卫星星历误差的影响。

（3）轨道松弛法。所谓轨道松弛法，就是在平差模型中把卫星星历给出的卫星轨道视为初始值，将其改正数作为未知数，通过平差求得测站位置及轨道改正数。这种方法不适用于范围较小的测区，此外数据处理相当复杂，工作量大为增加，不宜在作业单位普遍推广，只适用于无法获取精密星历而采取的补救措施。

二、卫星钟的钟误差

卫星钟采用的是GPS时，它是由主控站按照美国海军天文台（USNO）的协调世界时（UTC）进行调整的。GPS时与UTC在1980年1月6日零时对准，不随闰秒增加，时间是连续的，随着时间的积累，两者之间的差别将表现为秒的整倍数，如有需要，可由主控站对卫星钟的运行状态进行调整，不过这种遥控调整仍然满足不了定位所需的精度。同时，尽管GPS卫星均设有高精度的原子钟（铷钟和铯钟），但它们与理想的GPS时之间仍存在着难以避免的频率偏差或频率漂移，也包含钟的随机误差。这些偏差总量在1 ms以内，由此引起的等效距离可达300 km。在GPS测量中，卫星作为高空观测目标，其位置在不断变化，必须有严格的瞬间时刻，卫星位置才有实际意义。而且，GPS测量就是通过接收和处理GPS信号实现定位的，必须准确测定信号传播时间，才能准确测定观测站至卫星的距离。所以时钟误差是一个重要误差源之一。

为保证测量精度，由主控站测定出每颗卫星的钟参数，编入卫星电文发布给用户。卫星钟在时刻t的偏差可表示为二阶多项式形式，即

$$\Delta t_s = a_0 + a_1(t - t_0) + a_2(t - t_0)^2 \tag{5-2}$$

式中 t_0——参考历元；

a_0——钟差常值；

a_1——卫星钟钟速（或频率偏差）；

a_2——卫星钟的钟速变率(或老化率)。

经上述钟差改正后,各卫星钟之间的同步差可保持在 20 ns 以内,由此引起的等效距离偏差不超过 6 m。卫星钟差或经改正后的残差,在相对定位中可通过差分法在一次求差中得到消除。

三、相对论效应

相对论效应是由于卫星钟和接收机钟所处的状态不同而引起的卫星钟和接收机钟之间产生相对钟误差的现象。GPS 卫星在高 20 200 km 的轨道上运行,卫星钟受狭义相对论效应和广义相对论效应的影响,其频率与地面静止钟相比,将发生频率偏移,这是精密定位中必须顾及的一种误差影响因素。

首先,根据爱因斯坦(A. Einstein)狭义相对论的观点,一个频率为 f_0 的振荡器安装在飞行速度为 v 的载体上,由于载体的运动,对地面观测者来说将产生频率变化,其改变量为

$$\Delta f_1 = -\frac{1}{2}\frac{v^2}{c^2}f_0 \tag{5-3}$$

式中 c——真空中光速。

式(5-3)表明,卫星钟的钟频增加了 Δf_1。这就意味着,卫星钟比静止在地球上的同类钟走得慢了。再应用已知公式:

$$v^2 = gR_m\left(\frac{R_m}{R_S}\right) \tag{5-4}$$

将式(5-4)代入式(5-3)得

$$\Delta f_1 = -\frac{1}{2}\frac{gR_m}{c^2}\left(\frac{R_m}{R_S}\right)f_0 \tag{5-5}$$

式中 g——地面重力加速度;

R_m——地面平均半径;

R_S——卫星轨道平均半径。

其次,按照广义相对论的观点,处于不同等位面的振荡器,其频率 f_0 将由于引力位不同而发生变化。例如卫星钟与地面钟相比处于较高的引力位,将产生引力频移,此时卫星钟要走得快一些,其钟频增加量为

$$\Delta f_2 = \frac{gR_m}{c^2}\left(1 - \frac{R_m}{R_S}\right)f_0 \tag{5-6}$$

由上可以看出,对 GPS 卫星而言,广义相对论效应的影响大于狭义相对论效应的影响,且符号相反,总的相对论效应影响为

$$\Delta f = \Delta f_1 + \Delta f_2 = \frac{gR_m}{c^2}\left(1 - \frac{3R_m}{2R_S}\right)f_0 \tag{5-7}$$

经计算得

$$\Delta f = 4.449 \times 10^{-10} f_0$$

由于相对论效应,卫星钟比地面钟快 $4.449 \times 10^{-10} f_0$。为了解决其影响,须将 GPS 卫星钟的频率降低 $4.449 \times 10^{-10} f_0$。将 GPS 卫星钟的标准频率 $f_0 = 10.23$ MHz 代入得

$$10.23\text{MHz} \times (1 - 4.449 \times 10^{-10}) = 10.229\,999\,995\,45\ \text{MHz}$$

使卫星钟进入轨道受到相对论效应影响后，恰与标准频率 10.23 MHz 相一致。

应该说明的是，上述讨论是在 $R_S = 26\ 560$ km 的圆形轨道下卫星作匀速运动（且取 $v = 3\ 874$ m/s、$c = 299\ 792\ 458$ m/s、$R_m = 6\ 378$ km）情况下进行的。事实上，卫星轨道是一椭圆，卫星运行速度也随时间发生变化，相对论效应的影响并非常数。所以，经上述改正后仍有残差，当 GPS 卫星轨道椭圆等于 0.01，GPS 卫星的偏近点角等于 90°时，相对论效应的影响达到最大值，它对 GPS 时的影响最大可达 22.897 ns，相当于 6.864 m 的站星距离，对精密定位仍不可忽略。

第三节　卫星信号传播误差

与卫星信号传播有关的误差主要包括电离层折射、对流层折射、多路径误差等各项误差影响。

一、电离层折射

（一）电离层及其影响

所谓电离层，是指地球上空大气圈的上层，距离地表面高度在 50 ~ 1 000 km 的大气层。电离层中的气体分子由于受到太阳等天体各种射线的辐射作用，产生强烈的电离，形成大量的自由电子和正离子，并且两者的密度相等。但在电离层的所有高度上，电子密度均远小于中性气体密度的 1%。按照电离层距离地表面高度的不同，可将其划分为 D、E、F_1、F_2 等 4 个电离区（见图 5-1）。它们的主要特点及其对 GPS 信号产生的时延影响为：

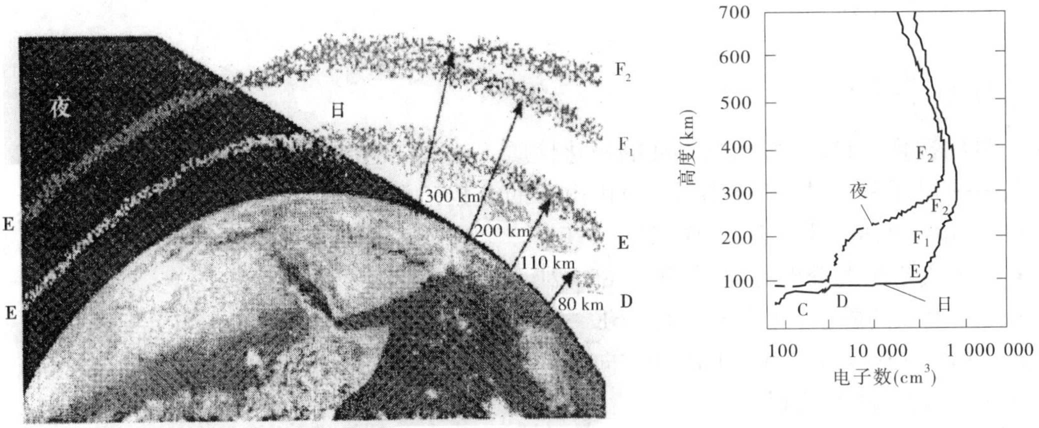

图 5-1　电离层的 4 个电离区及电子数

（1）D 区，距离地表面高度为 50 ~ 90 km。由强烈的 X 射线和 α 辐射电离而产生的电离层，该区电离层主要吸收中波无线电电波，对 GPS 信号不产生时延影响。该区白天的电子密度约为 $2.5 \times 10^9/m^3$，在夜间则可减小到可以忽略的程度。

（2）E 区，距离地表面高度为 90 ~ 140 km。由弱 X 射线电离而产生，其电子密度随太阳天顶角和太阳活动而有规律地变化。该区的电子密度在白天可达到 $2 \times 10^{11}/m^3$，可以反射频率为几兆赫的无线电电波，对 GPS 信号有较小的时延影响，在夜间，电子密度降低一个多量级。

(3)F_1 区,距离地表面高度为 140 ~ 210 km。F_1 区和 E 区的共同影响,约占 GPS 信号电离层时延影响的 10%。

(4)F_2 区,距离地表面高度为 210 ~ 1 000 km。该区主要是由 250 ~ 400 km 高度处中性大气的主要组成成分——原子氧电离而产生的。该区不仅电子密度最大,而且电子密度的变化亦最大。它是对 GPS 信号产生最大时延影响的区域。F_2 区的电子密度峰值的高度,一般在 250 ~ 400 km,但个别条件下,又可能远高于或略低于这个高度。

(5)另外,在 1 000 km 以上,还有一个质子层,对 GPS 信号传播有相当影响,可称为 H^+ 区。质子层是由氢原子电离产生的 H^+ 组成的区域,该区电子密度较低,但质子层的高度几乎可以延伸到 GPS 卫星的轨道高度。质子层可能是一个未知电子密度的重要来源,并对 GPS 导航定位产生影响。质子层对 GPS 信号传播时间延迟的估计是,在白天,当 F_2 区域的电子密度为最高时,可能占电离层时延总量的 10%,而在夜间,当 F_2 区的电子密度较低时,大约可达到电离层时延总量的 50%。在一天内,质子层的电子含量变化不大。但是,在强烈的磁暴期间,电子含量急剧下降,且需要几天的时间才能恢复到磁暴前的电子含量。

当 GPS 信号通过上述电离层时,不仅会导致 GPS 信号的路径弯曲,而且会引起 GPS 信号传播速度的变化。电磁波在电离层中的折射率为

$$n^2 = 1 - \frac{X}{1 - \frac{Y_T^2}{2(1-X)} \pm \sqrt{\frac{Y_T^4}{4\,(1-X)^2} + Y_L^2}} \tag{5-8}$$

式中 $X = \frac{f_P^2}{f^2} = \frac{N_e e^2}{4\pi^2 \varepsilon_0 m f^2}$;

$Y_T = \frac{f_H}{f}\sin\theta$;

$Y_L = \frac{f_H}{f}\cos\theta$。

式中 ± 号的选择,取决于所用电磁波的极化性质。该式中的其他符号意义如下:

N_e——电子密度,即单位体积内自由电子的个数;

e——电子电量,且等于 1.602 2E − 19C;

ε_0——真空中的介电常数,等于 8.854 2E − 12F/m;

m——电子的质量,且等于 9.109 6E − 31 kg;

θ——电磁波传播方向与地磁场方向的夹角;

f——入射电磁波的频率;

f_H——自由电子的回旋频率,即是自由电子围绕地球磁力线旋转的特征频率,在地磁场中,一个电子的回旋频率 $f_H \approx 0.59$ MHz。

f_P——等离子体频率,它是自由电子从离子中分离并进行自由运动时,使电中性的等离子体平板产生振荡的特征频率,在电离层中,若 N_e 为 $10^{12}/m^3$ 时,等离子体频率 $f_P \approx 8.9$ MHz。

当 GPS 信号通过电离层时,因受到带电介质的非线性散射特性的影响,信号的传播路径会发生弯曲,由于自由电子的作用,其传播速度会发生变化。所以,用光速乘上信号传播时间就不会等于卫星至接收机的实际距离。由于电离的原动力来自太阳,电离层的电子密

度白天约为夜间的5倍；在一年中，冬季为夏季的4倍；太阳黑子活动最激烈时可为最小时的4倍。对于GPS信号来讲，这种距离差在天顶方向最大可达50 m，在接近地平方向时（高度角为20°）可达150 m。可见它对观测量的精度影响较大，必须采取有效措施削弱它的影响。

电离层含有较高密度的电子，它属于弥散性介质，电磁波在这种介质内传播时，其速度与频率有关。理论证明，电离层的群折射率为

$$n_G = 1 + 40.28N_e f^{-2}$$

因而群速为

$$v_G = \frac{c}{n_G} = c(1 - 40.28N_e f^{-2}) \tag{5-9}$$

式中 N_e——电子密度（每立方米中的电子数）；

f——信号的频率，Hz；

c——真空中的光速。

进行伪距测量时，调制码就是以群速 v_G 在电离层中传播的。若伪距测量中测得信号的传播时间为 Δt，则卫星至接收机的真正距离 s 为

$$\begin{aligned} s &= \int_{\Delta t} v_G \mathrm{d}t = \int_{\Delta t} c(1 - 40.28N_e f^{-2})\mathrm{d}t = c\Delta t - c\frac{40.28}{f^2}\int_{s'} N_e \mathrm{d}s \\ &= \rho - c\frac{40.3}{f^2}\int_{s'} N_e \mathrm{d}s \end{aligned} \tag{5-10}$$

上式表明，正确的距离 s 包括两部分：一部分是真空中光速乘以信号传播时间；另一部分则是电离层改正项

$$d_{\text{ion}} = -c\frac{40.3}{f^2}\int_{s'} N_e \mathrm{d}s \tag{5-11}$$

式中 $\int_{s'} N_e \mathrm{d}s$——沿信号传播路径 s' 对电子密度 N_e 进行积分。

应该明确，电离层中的相折射率与群折射率是不同的。码相位测量和载波相位测量应分别采用群折射率和相折射率。所以，载波相位测量时的电离层折射改正和伪距测量时的改正数是不同的，两者大小相等、符号相反。

从公式(5-11)可以看出，求电离层折射改正的关键在于求电子密度 N_e。研究表明，电子分布及电子含量（TEC）随下列因素而变化：①随电离层的高度不同而变化，电离层的高度为200～400 km时，电子密度（N_e）为最大值；当电离层的高度在400 km以上时，电子密度（N_e）随高度升高而减小；②随地方时的不同而变化，一般而言，白天（8～18 h）的电子含量高，黑夜的电子含量低；③随季节的不同而变化，如7月和11月的电子含量相差4倍；④随测站位置的不同而变化；⑤随年份的不同而变化。例如，2000年6月6日的太阳黑子猛烈爆炸，导致太阳风暴以每秒833 m的速度冲击地球磁场，导致电子含量的显著增大，且持续了一个星期。

可是电子密度随着距离地面的高度、时间变化、太阳活动程度、季节不同、测站位置等多种因素而变化。目前还无法用一个严格的数学模型来描述电子密度的大小和变化规律，所以也不可能用式(5-11)直接求出电离层折射改正数 d_{ion} 的确切数值。

（二）减弱电离层影响的有效措施

1. 相对定位

相对定位也称差分处理技术。当测站间的距离相距不太远时(例如 20 km 以内),两测站上的电子密度变化不大,卫星的高度角相差不多,此时卫星信号到达不同观测站所经过的介质状况相似、路径相似,当利用两台或多台接收机对同一组卫星的同步观测值求差时,可以有效地减弱电离层折射的影响,即使不对电离层折射进行改正,对基线成果的影响一般也不会超过 1×10^{-6},所以在短基线上用单频接收机也能获得很好的定位结果。

2. 双频接收

从式(5-11)可以看出,d_{ion}和信号频率f的平方成反比。如果分别用两个已知频率f_1 和 f_2 发射卫星信号,则两个不同频率的信号就会沿同一路径到达接收机。式中的积分值虽然无法求算,但对两个频率的信号却是相同的。为简便起见,我们将式(5-11)写成 $d_{ion}=\dfrac{A}{f^2}$形式,根据式(5-10)有

$$\left.\begin{aligned} s &= \rho_1 + \frac{A}{f_1^2} \\ s &= \rho_2 + \frac{A}{f_2^2} \end{aligned}\right\}$$

以上二式相减得

$$\Delta\rho = \rho_1 - \rho_2 = \frac{A}{f_2^2} - \frac{A}{f_1^2} = \frac{A}{f_1^2}\left(\frac{f_1^2}{f_2^2} - 1\right) = d_{ion_1}\left(\frac{f_1^2}{f_2^2} - 1\right) \tag{5-12}$$

在用调制在两个载波上的测距码测距时,只有电离层折射影响不同,其余误差影响相同,所以上式中的$(\rho_1-\rho_2)$ 也就等于两个载波所测伪距之差($\bar{\rho}_1$, $-\bar{\rho}_2$),当已知f_1、f_2 时,即可算得 d_{ion_1},于是

$$\left.\begin{aligned} s &= \rho_1 + d_{ion_1} \\ s &= \rho_2 + d_{ion_2} \end{aligned}\right\} \tag{5-13}$$

因此,用双频接收机进行伪距测量,就能根据电离层折射和信号频率有关的特性,从两个伪距观测值中求得电离层折射改正数。正因为如此,具有双频的 GPS 接收机在精密定位中得到了广泛应用。在拟订作业计划时,应该选择适当的作业季节和一天中的最佳时段(夜间)来进行观测。不要在太阳辐射强烈的正午时分观测。

双频载波相位测量观测值的电离层折射改正与式(5-13)类同,只是和伪距测量时的改正有两点区别:一是电离层折射改正的符号相反;二是要引入整周未知数 N_0。

3. 利用电离层改正模型进行改正

采用双频接收技术,可以有效地减弱电离层折射的影响,但在电子含量很大、卫星高度角较小时其误差有可能达几个厘米。为了满足更高精度 GPS 测量的需要,Fritzk、Brunner 提出的电离层延迟改正模型在任何情况下其精度均优于 2 mm。

对于 GPS 单频接收机,一般采用导航电文中提供的电离层延迟模型加以改正,以减弱电离层的影响。常用的模型有 Klobuchar 模型、IRI 模型、ICED 模型、FAIM 模型等。在 GPS 单点定位时,一般采用 Klobuchar 模型。该模型是把晚上的电离层效应距离偏差看成是一个常数,白天的电离层效应距离偏差是随时间变化的余弦函数。

$$T_g = D_C + A\cos\frac{2\pi}{B}(t - T_P) \tag{5-14}$$

式中　$D_C = 5$ ns, $T_P = 14$ h(地方时);

$A = \sum_{n=0}^{3} \alpha_n \Phi_m^n$;

$B = \sum_{n=0}^{3} \beta_n \Phi_m^n$。

上式中的 α_n 和 β_n 由 GPS 卫星导航电文提供,Φ_m 为传播路径与中心电离层交点的地磁纬度。由于影响电离层折射的因素很多,无法建立严格的数学模型,所以该模型最多可以消除电离层折射的 50% ~60% 。

二、对流层折射

(一)对流层及其影响

对流层是高度为 50 km 以下的大气底层,是一种非电离大气层,它包括对流层和平流层。由于离地面更近,其大气密度比电离层更大,大气状态变化也更复杂。对流层与地面接触并从地面得到辐射热能,其温度随高度的上升而降低。对流层中虽有少量带电离子,但对电磁波传播影响不大,不属于弥散性介质,也就是说,电磁波在其中的传播速度与频率无关,所以其群折射率与相折射率可认为相等。

对流层的折射率与大气压力、温度和湿度密切相关。由于大气的对流作用很强,大气状态变化复杂,对流层折射的影响与信号的高度角有关。研究表明,GPS 信号穿过对流层和平流层时,其传播速度将发生变化,传播路径将发生弯曲。该种变化的 90% 源于对流层偏差距离的干分量。该种变化的 10% 源于对流层偏差距离的湿分量。对于工作频率在 15 GHz 以内的微波而言,对流层使 GPS 信号的成本路径比几何路径长,当在天顶方向(高度角为 90°)时,影响达 2. 3 m;在地面方向(高度角为 10°)时,影响达 20 m;当在地面方向(高度角为 5°时),其影响达 25 m;所以对流层及其影响难以准确地模型化。利用测站地面实测的气象数据,可通过现有的各种数学模型消除 92% ~95% 的对流层折射影响。目前采用的对流层折射改正公式主要有霍普菲尔德(Hopfield)公式、萨斯塔莫宁(Saastamoinen)公式和勃兰克(Black)公式,这里仅介绍应用较广的霍普菲尔德公式。

(二)用霍普菲尔德公式进行对流层折射改正

设对流层的大气折射率为 n,真空中折射率为 l,则对流层折射改正可写为

$$\Delta s = \int_s (n - 1)\,\mathrm{d}s$$

由于$(n - 1)$数值很小,为方便计,令

$$N = (n - 1) \times 10^6$$

N 称为折射指数,它可以分为干分量部分 N_d 和湿分量部分 N_w,它们与大气压力、温度和湿度有如下近似关系:

$$N = N_\mathrm{d} + N_\mathrm{w} = 77.6\frac{P}{T} + 77.6 \times 4\,810\frac{e}{T^2} \tag{5-15}$$

式中　P——大气压力,mbar;

T——绝对温度;

e——水汽分压，mbar。

这说明，为了计算 N，必须建立一个根据测站上气象元素（T_s, P_s, e_s）计算空中各点气象元素的数学模型。下面直接给出计算对流层改正的霍普菲尔德模型：

$$\Delta s = \Delta s_{\mathrm{d}} + \Delta s_{\mathrm{w}} = \frac{K_{\mathrm{d}}}{\sin(E^2 + 6.25)^{\frac{1}{2}}} + \frac{K_{\mathrm{w}}}{\sin(E^2 + 2.25)^{\frac{1}{2}}} \tag{5-16}$$

式中 E——卫星的高度角（°）；

K_{d}、K_{w}——卫星位于天顶方向时（$E = 90°$）的对流层干气改正和湿气改正，其计算式为

$$\left.\begin{aligned} K_{\mathrm{d}} &= 155.2 \times 10^{-7} \frac{P_{\mathrm{s}}}{T_{\mathrm{s}}}(h_{\mathrm{d}} - h_{\mathrm{s}}) \\ K_{\mathrm{w}} &= 155.2 \times 10^{-7} \frac{4\,810}{T_{\mathrm{s}}^2} e_{\mathrm{s}}(h_{\mathrm{w}} - h_{\mathrm{s}}) \end{aligned}\right\} \tag{5-17}$$

式中 h_{s}——测站的高程；

h_{d}——当 N_{d} 趋近于 0 时的高程值（≈40 km）；

h_{w}——当 N_{w} 趋近于 0 时的高程值（≈10 km）。

h_{d} 和 h_{w} 可按下式计算：

$$\left.\begin{aligned} h_{\mathrm{d}} &= 40\,136 + 148.72(T_{\mathrm{s}} - 273.16) \quad (\mathrm{m}) \\ h_{\mathrm{w}} &= 11\,000 \quad (\mathrm{m}) \end{aligned}\right\} \tag{5-18}$$

以上各式中的温度均采用绝对温度，ω_1 以度（°）为单位；气压和水汽压以毫巴（mbar）为单位；Δs、h_{s}、h_{d}、h_{w} 以米（m）为单位。

如表 5-2 是根据气象元素：高程 0 m，温度 18 ℃，大气压力 1 013 mbar，相对湿度 50%，按霍普菲尔德公式计算的天顶方向不同高程处对流层效应偏差。

表 5-2　天顶方向不同高程处对流层效应偏差

高程（m）	0	100	500	1 000	2 000	5 000	7 000	12 000
偏差	2.412 995	2.381 606	2.260 113	2.116 981	1.857 100	1.247 389	0.947 549	0.446 487

研究表明，对流层效应偏差距离改正误差，主要来自两个方面：其一是对流层效应偏差距离改正的数学模型的不精确性。其二是气象要素代表性误差，在做对流层效应偏差改正时，理论上应采用沿 GPS 信号传播路径的气象要素。但 GPS 用户一般无法获取，而采用由平均海平面处的气象要素按一定数学模型推估处于任一高程处 H 的 GPS 测站的气象要素，由此所获取的气象要素与实际值相差较大，称之为气象要素计算误差。因此，GPS 测距的对流层效应偏差距离改正误差，是对流层效应偏差距离改正数学模型误差与气象要素代表性误差之和，其值可能达到亚米级。

（三）减弱对流层影响的措施

1. 用改正模型进行对流层改正

该措施设备简单，方法易行。但是由于水汽在空间的分布很不均匀，不同时间不同地点水汽含量相差甚远，用统一模型难以准确描述，所以对流层改正的湿气部分精度较低，只能将湿分量消去 80% ~90%。

在使用改正模型时，干温 T_s 和气压 P_s 可用温度计和气压计在测站直接测定；而水汽压 e_s 可根据测站上的相对湿度 RH 来计算，即

$$e_s = RH \cdot \exp(-37.2465 + 0.213166T_s - 0.000256908T_s^2)$$

式中　T_s——绝对温度，$T_s = t_s + 273.16°$；

RH——相对湿度，可用毛发湿度计直接测出。

2. 利用同步观测值求差

与电离层的影响类型类似，当两观测站相距不太远时（例如 <20 km），由于信号通过对流层的路径大体相同，所以对同一卫星的同步观测值求差，可以明显地减弱对流层折射的影响。这一方法在精密相对定位中被广泛应用。不过，随着同步观测站之间距离的增大，大气状况的相关性减弱。当距离为 50～100 km 时，对流层折射的影响就成为制约 GPS 定位精度提高的重要因素。

三、多路径误差

多路径是指卫星信号通过多个不同路径传到接收机天线。在直接收到卫星信号的同时，还可能收到经天线周围地面或地物（地面反射波）、GPS 卫星星体（星体反射波）、大气传播介质散射（介质散射波）等反射的卫星信号（见图 5-2），多种信号叠加就会引起测量参考点（相位中心）的位置变化，这种由于多路径的信号传播所引起的干涉时延效应称为多路径效应。

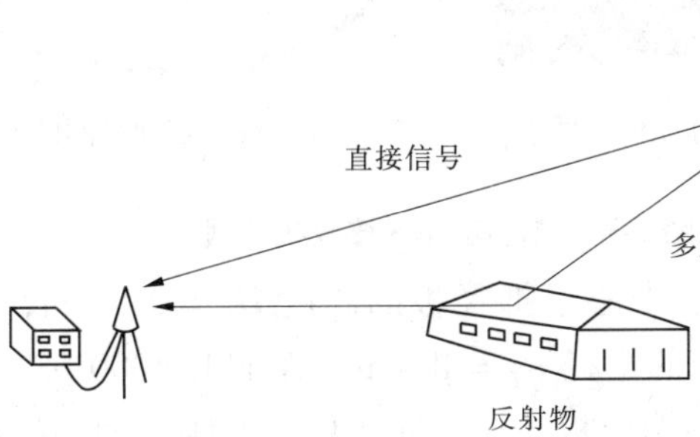

图 5-2　多路径效应

在上述 3 种间接波中，以地面反射波为首，多路径效应的影响随着天线周围反射物面的性质而异。物面反射信号的能力可用反射系数 a 来表示。$a=0$ 表示信号完全被吸收不反射，$a=1$ 表示信号完全反射不吸收。表 5-3 给出了不同发射物面对频率为 2 GHz 的微波信号的反射系数。

表 5-3　反射系数表

频率（GHz）	水面		稻田		野地		森林山地	
	a	损耗（dB）	a	损耗（dB）	a	损耗（dB）	a	损耗（dB）
2	1.0	0	0.8	2	0.6	4	0.3	10
3	1.0	0	0.8	2	0.5	6	0.2	14

多路径误差不仅与反射系数有关，也和反射物离测站的距离及卫星信号方向有关，无法

建立准确的误差改正模型，只能恰当地选择站址，避开信号反射物。例如：①选设点位时应远离大面积平静的水面，较好的站址可选在地面有草丛、农作物等植被时能较好吸收微波信号的能量的地方；②测站不宜选在山坡、山谷和盆地中；③测站附近不应有高层建筑物，观测时测站附近也不要停放汽车。

为了抗御地面反射波，减少因此而引起的多路径误差，许多测地型接收机的 GPS 信号接收天线附设有抑径板(ground plane)或抑径圈(choke rings)，如图 5-3 所示。研究表明，在振子天线的四周加设四个抑径圈可使 P 码伪距测量的多路径误差从 1 m 减小到 ±5 cm。圆盘式抑径板的半径 R_D 可取为：

$$R_D = \frac{H_D}{\sin E_s} \tag{5-19}$$

式中 H_D——GPS 信号接收天线相位中心至抑径板的高度，cm；

E_s——GPS 卫星高度截止角(°)。

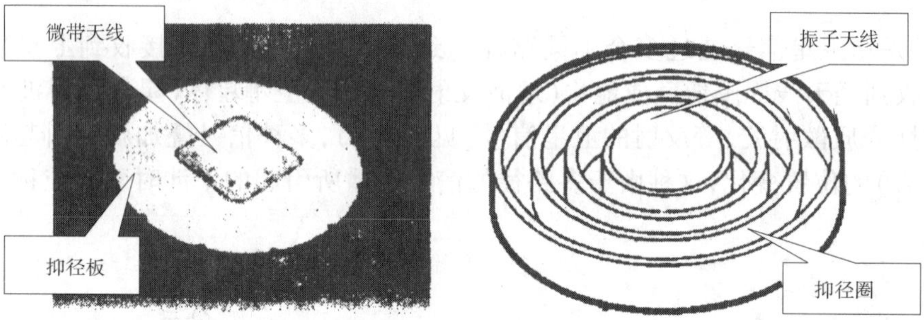

(a)Trimble 带抑径板的 GPS 天线 (b)Rogue 带抑径圈的 GPS 天线

图 5-3 测地型 GPS 接收机天线

若取 GPS 信号接收天线相位中心至抑径板的高度 $H_D = 0.7$ cm，GPS 卫星高度截止角 $E_s = 10°$，根据公式可算出抑径板的半径 $R_D = 40$ cm。Trimble 4000 SST/SSI 双频测地型 GPS 接收机就是采用半径为 40 cm 的抑径板。在天线相位中心距离地面标石中心为 1 ~ 2 m 时，抑径板可有效抑制地面反射波，显著提高 GPS 定位精度。

21 世纪初，Trimble 导航公司在其新产品 5700、5800、R8 测地型 GPS 接收机的天线中，不仅采用抑径板来减小多路径误差的影响，而且在其外壳上涂抹了美国隐形轰炸机所用的隐形涂料，以此吸收 GPS 反射波和其他干扰信号，达到显著减小多路径误差的目的。

第四节 接收设备误差与图形强度

在 GPS 定位误差中，与接收设备有关的误差主要有接收机钟误差、天线相位中心位置误差、接收机的位置误差和几何图形强度误差等。

一、接收机钟误差

在 GPS 测量时，为了保证随时导航定位的需要，卫星钟必须具有极好的长期稳定度。而接收机钟则只需在一次定位的期间内保持稳定，所以一般使用短期稳定度较好、便宜轻便的石英钟,其稳定度约为 10^{-10}。如果接收机钟与卫星钟间的同步差为 1 μs,则由此引起的等效距离误差约为 300 m。

减弱接收机钟差比较有效的方法是:把每个观测时刻的接收机钟差当作一个独立的未知数,在数据处理中与观测站的位置参数一并求解。伪距测量的数据处理就是根据这一原理进行的。

在静态绝对定位中,可以认为各观测时刻的接收机钟差是相关的,设法建立一个钟误差模型,在平差计算中求解多项式系数。不过接收机钟的稳定性较差,钟差模型不易反映真实情况,难以充分消除其误差影响。

此外,还可以通过在卫星间求一次差来削弱接收机钟差的影响。

二、天线相位中心位置的误差

在 GPS 测量中,观测值都是以接收机天线的相位中心位置为准的,所以天线的相位中心应该与其几何中心保持一致。但实际上天线的相位中心位置随信号输入的强度和方向不同会发生变化,使其偏离几何中心。这种偏差视天线性能的好坏可达数毫米至数厘米,对精密相对定位也是不容忽视的。

实际工作中如果使用同一类型天线,在相距不远的两个或多个测站同步观测同一组卫星,可以通过观测值求差来减弱相位中心偏移的影响。不过这时各测站的天线均应按天线附有的方位标志进行定向,根据仪器说明书的要求,罗盘指向磁北极,其定向偏差应在 3°以内。

三、等效距离误差

前面各节阐述了 GPS 卫星定位的各种误差来源、影响与减弱方法。这些误差对 GPS 卫星定位的综合影响可用一个精度指标来表示,这就是等效距离误差。等效距离误差也就是各项误差投影到测站至卫星方向上的具体数值。如果认为各项误差之间相互独立,就可以求出总的等效距离误差,并用 σ_0 表示。从而 σ_0 就可以作为 GPS 定位时衡量观测精度的客观标准。

四、几何图形强度

GPS 定位的精度除取决于等效距离误差 σ_0 外,还取决于空间后方交会的几何图形强度。

在式(4-16)所表示的权系数阵 Q_x 中,若顾及各权系数元素,该式又可写为

$$Q_x = \begin{pmatrix} q_{11} & q_{12} & q_{13} & q_{14} \\ q_{21} & q_{22} & q_{23} & q_{24} \\ q_{31} & q_{32} & q_{33} & q_{34} \\ q_{41} & q_{42} & q_{43} & q_{44} \end{pmatrix} \tag{5-20}$$

显然,GPS 星座与测站所构成的几何图形不同,权系数的数值亦不同,此时即使相同精度的观测值所求得的点位精度也不会相同。为此需要研究卫星星座几何图形与定位精度的关系。通常用图形强度因子 *DOP*(Dilution Of Precision)来表示几何图形强度,其定义是

$$m_x = DOP \cdot \sigma_0 \tag{5-21}$$

式中　σ_0——等效距离的标准差；

　　m_x——某定位元素的标准差。

DOP 实际是权系数阵中主对角线元素的函数。

图形强度因子是一个直接影响定位精度但又独立于观测值和其他误差之外的一个量。其值恒大于1,最大值可达10,其大小随时间和测站位置而变化。在 GPS 测量中,希望 *DOP* 值越小越好。

在实际工作中,常根据不同的要求采用不同的评价模型和相应的图形强度因子。

(1)平面位置图形强度因子 *HDOP*(Horizontal DOP)及其相应的平面位置精度:

$$HDOP = \sqrt{q_{11} + q_{22}}$$
$$m_H = HDOP \cdot \sigma_0 \tag{5-22}$$

(2)高程图形强度因子 *VDOP*(Vertical DOP)及其相应的高程精度:

$$VDOP = \sqrt{q_{33}}$$
$$m_V = VDOP \cdot \sigma_0 \tag{5-23}$$

(3)空间位置的图形强度因子 *PDOP*(Position DOP)及其相应的三维定位精度:

$$\begin{aligned} PDOP &= \sqrt{q_{11} + q_{22} + q_{33}} \\ m_P &= PDOP \cdot \sigma_0 \end{aligned} \tag{5-24}$$

(4)接收机钟差图形强度因子 *TDOP*(Time DOP)及其钟差精度:

$$TDOP = \sqrt{q_{44}}$$
$$m_T = TDOP \cdot \sigma_0 \tag{5-25}$$

(5)几何图形强度因子 *GDOP*(Geometric DOP)及其三维坐标和时间误差的综合影响:

$$\begin{aligned} GDOP &= \sqrt{q_{11} + q_{22} + q_{33} + q_{44}} \\ m_G &= GDOP \cdot \sigma_0 \end{aligned} \tag{5-26}$$

由分析表明,如果由测站与四颗卫星构成一个六面体时,图形强度因子 *GDOP* 与该六面体体积成反比。如图 5-4 所示,意味着所测卫星在空间分布越大,六面体的体积越大,*GDOP* 值越小,图形越坚强,定位精度越高。

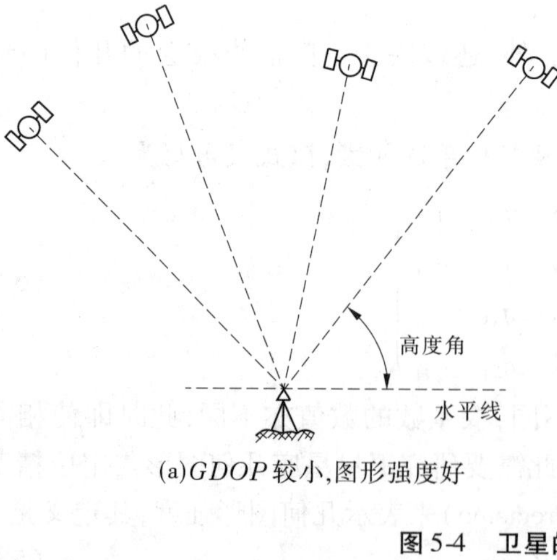

(a)*GDOP* 较小,图形强度好

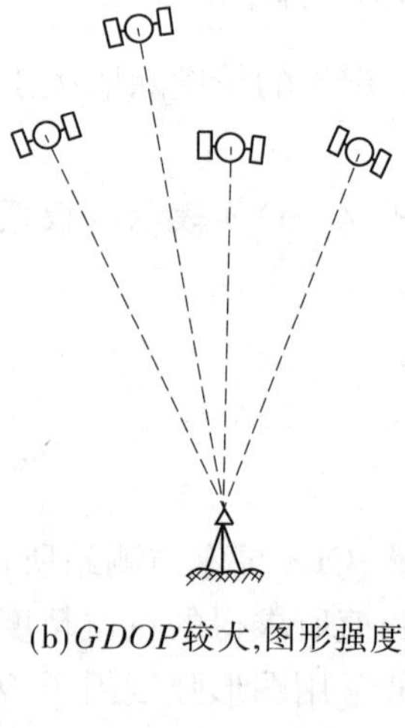

(b)*GDOP*较大,图形强度差

图 5-4　卫星的分布与 *PDOP*

第五节　整周跳变分析与整周未知数的确定

GPS 载波相位测量是目前测定卫星至测站距离的最精密方法,该方法只能测量载波滞后相位 1 周以内的小数部分,不能测量滞后相位的整周数(N_0)。其后的载波滞后相位整周数变化值(开始后的周数),是通过多普勒计数累计读得的。由于 GPS 信号接收机自身故障或 GPS 信号意外中断,导致 GPS 接收机载波锁相环电路的短暂失锁,而引起多普勒计数的短暂中断;当 GPS 接收机载波锁相环电路重新锁定后,多普勒计数又重新开始,以致造成载波滞后相位整周变化值(开始后的周数)不连续计数。这种多普勒计数的中断现象,称为整周跳变。然而整周跳变的出现和整周未知数的不确定性又为高精度的测量增加了不少麻烦。式(4-19)告诉我们,完整的载波相位观测值由三部分组成:①载波相位在起始时刻沿传播路径延迟的整周数 N_0;②从某一起始时刻至观测时刻之间载波相位变化的整周数 $Int(\varphi)$;③接收机所能测定的载波相位差非整周的小数部分 $Fr(\varphi)$。如果接收机的计数器在累积计数中产生整周数跳变而导致 $Int(\varphi)$ 错误,或者不能采取恰当措施正确确定 N_0,式(4-19)均将失去实际意义。因此,如何解决整周跳变问题和确定整周未知数问题,就成为正确进行载波相位测量的两个特殊问题。

由于 GPS 信号接收机能提供多种观测信息,利用这些观测信息本身的相互关系,可以对整周跳变进行探测和修复,目前主要有下面 3 种方法:

(1)利用载波相位及其变化率的多项式拟合来探测和修复整周跳变(多项式拟合法);

(2)利用伪距和载波相位观测值的组合来探测和修复整周跳变(伪距/载波相位组合法);

(3)利用双频载波相位组合观测值来探测和修复整周跳变(电离层残差法)。

下面主要介绍多项式拟合法来探测和修复整周跳变。

一、整周跳变分析

(一)整周跳变及其发生

在跟踪卫星过程中可能由于卫星信号被障碍物暂时阻挡,或受到无线电信号干扰的影响,引起卫星跟踪的暂时中断,使计数器无法连续计数,出现信号失锁。这时的瞬时量测值 $Rr(\varphi)$ 虽然仍是正确的,但是整周计数 $Int(\varphi)$ 由于丢失了在失锁期间载波相位变化的整周数,使其后的相位观测值均含有同样的整周误差。如果我们能够检测出在何时发生了整周跳变,并能求出丢失的整周数,就可以对中断后的整周计数进行修正,恢复其正确计数。

发生整周跳变后的整周计数可以从中断处继续向后计数,也可以归零后重新计数,或者从任意一个整周数重新开始计数,它们取决于接收机的类型及产生周跳的具体情况。

(二)整周跳变的探测和修正

卫星与接收机之间的距离随时间而不断变化,其径向速度最大可达 0.9 km/s,相应的载波相位观测值 φ 亦应随之变化,不过这种变化应该是循序渐变的,有一定的规律性。例如表 5-4,接收机在不同时间 t_i 对同一颗卫星进行相位观测,每 15 s 输出一个观测值,相邻观测值的变化可达数万周,难以发现几十周的跳变。如果在相邻观测值之间求一次差,就得到观测间隔（$t_i - t_{i-1}$）内卫星至接收机的距离之差，亦即卫星径向速度$\frac{\mathrm{d}\rho}{\mathrm{d}t}$平差值与（$t_i - t_{i-1}$）的乘积。由于径向速度平均值变化比较缓慢，所以一次差的变化也就较小。如果在一次差间再求二次差，就得到卫星径向加速度平均值和观测间隔平方之乘积，其变化越加缓慢。同理求至四次差时，$\frac{\mathrm{d}^4\rho}{\mathrm{d}t^4}$趋近于零，这时的差值主要是震荡器的随机误差，具有偶然误差特性。

表 5-4　载波相位观测量及其高次差值

历元	$Int(\varphi)+Fr(\varphi)$	1 次差	2 次差	3 次差	4 次差
t_1	475 833.225 3				
		11 608.753 1			
t_2	487 441.978 4		399.841 0		
		12 008.567 1		2.507 2	
t_3	499 450.545 5		402.321 2		-0.579 5
		12 410.888 3		1.927 7	
t_4	511 861.433 8		404.248 9		0.963 9
		12 815.137 2		2.891 6	
t_5	524 746.571 0		407.140 5		-0.272 1
		13 222.277 7		2.619 5	
t_6	537 898.848 7		409.760 0		-0.421 9
		13 632.037 7		2.197 6	
t_7	551 530.886 4		411.957 6		
		14 043.995 3			
t_8	565 574.881 7				

但是，如果在过程中出现了整周跳变，势必要破坏上述相位观测量的正常变化，高次差的随机特性也将受到破坏。例如表 5-5 中在 t_5 时刻的观测值中含有 100 周的周跳（表中有＊号的数据），四次差中将出现数十周的异常现象。这表明通过求差有利于发现周跳。不过这种求高次差的方法难以检验只有几周的小周跳，因为震荡器本身就有可能造成 2 周左右的随机误差。

表 5-5　含有周跳影响的观测量及其高次差值

历元	$Int(\varphi)+Fr(\varphi)$	1 次差	2 次差	3 次差	4 次差
t_1	475 833.225 3				
		11 608.753 1			
t_2	487 441.978 4		399.841 0		
		12 008.567 1		2.507 2	
t_3	499 450.545 5		402.321 2		-100.579 5*
		12 410.888 3		-98.072 3*	
t_4	511 861.433 8		304.248 9*		300.963 9*
		12 715.137 2*		202.891 6*	
t_5	524 746.571 0*		507.140 5*		-300.272 1*
		13 222.277 7*		-97.380 5*	
t_6	537 898.848 7*		409.760 0		99.578 1*
		13 632.037 7*		2.197 6	
t_7	551 530.886 4*		411.957 6		
		14 043.995 3			
t_8	565 574.881 7*				

当发现周跳后，可以根据前面或后面的正确观测值，利用高次插值公式外推观测值的正确整周计数，或者根据相邻的几个正确相位观测量，采用 n 阶多项式（$a + bt + ct^2 + dt^3 + et^4$）拟合的方法来推求整周计数的正确性，从而发现周跳并修正整周计数。

修正后的观测值中还可能有 1 ~ 2 周的小周跳未被发现。若用这些观测值进行平差计算，就会出现很大的残差，据此还可以发现周跳。继续用修正周跳后的观测值和平差值（基线向量等）重复进行平差计算，直至残差符合要求，就会得到一组无周跳的载波相位观测值。

检验和修正周跳还有其他一些方法。但是，解决问题的根本途径还是提高对外业观测的要求，重视选择机型、选点、组织观测等外业工作环节，人为地避免周跳的发生。

二、整周未知数 N_0 的确定

正确地解决整周未知数的确定问题，一方面是提高载波相位测量精度的必不可少的条件，这是因为在连续跟踪的载波相位观测值中，均含有相同的整周未知数 N_0；另一方面，快速而正确地确定 N_0，又是提高 GPS 定位作业效率的重要环节。因为在同步观测 4 颗以上卫星的情况下，为解算 N_0 至少需要在不同的时间进行两次观测。如果其间时间间隔很短，则所测卫星的几何分布变化很小，这就降低了不同观测结果的作用，影响了定位结果的可靠性，所以必须延长观测时间。这样，GPS 定位所需的时间，其实就成了正确确定 N_0 所需的时间。因此，快速解算整周未知数，对于提高定位效率具有决定性的作用。

确定整周未知数 N_0 的方法很多，常用的方法有以下几种。

（一）经典静态相对定位法

经典静态相对定位法，是将整周未知数 N_0 作为特定参数与其他未知参数在平差计算中一并求解。根据整周未知数在平差计算中解算结果的取值，又有两种情况：

1. 整数解

整周未知数具有整数的特性，但一般平差计算得到的整周未知数并非为整数，此时将其固定为整数，并作为已知数代入原观测方程重新进行平差计算，求得基线向量的最后值。

2. 实数解

该方法不考虑整周未知数的整数性质，通过平差计算求得的整周未知数不再进行凑整和重新解算。这种方法一般用于基线较长的相对定位中。

（二）"动态"测量法

在上述经典相对定位法中，是在基线向量未知的情况下，通过静态相对定位解算整周未知数的。可是当观测站之间的基线向量已知时，便可以根据基线端点两接收机的同步观测结果，应用静态相对定位的双差模型直接求解相应的整周未知数，这时观测时间可大为缩短，一般只需几分钟。

具体做法是：将接收机设置在两个已知点上进行短时间观测，首先利用已知的基线向量确定初始整周未知数。随后留一台接收机在已知点上（称为基准接收机），其余一台（或若干台）接收机依次迁往各待定点（称为流动接收机）。迁站过程中需保持对卫星连续跟踪，迁站后与基准接收机进行同步观测。这时流动接收机在待定点上就不需要再确定整周未知数，只需要进行 1 ~2 min 的观测便可精确确定流动站与基准站之间的相对位置，从而完成静态相对定位。

（三）交换天线法

首先需要在已知的基准站附近 5 ~10 m 处任意选择一个天线交换点，形成一个短基线。将两台接收机的天线分别安置于该二点，对至少四颗相同的卫星进行同步观测，采集若干历元(2 ~8)的观测值。然后将两台接收天线从三脚架上取下，在对卫星信号保持跟踪的情况

下互换位置,继续同步观测若干历元。最后把天线恢复到原来位置,再同步观测若干历元。

此后,基准接收机留在已知点上继续观测,流动接收机则可依次迁往待定点进行观测。由于整周未知数已经确定,所以在新的待定点定位时只需很短时间。

(四)P 码双频扩波技术

该技术是一种快速解算整周未知数的方法,其基本思路是:通过 L_1 和 L_0 载波相位观测量的线性组合,产生一种波长较长的组合波,也称宽波。通过对宽波相位观测量与 P 码相位观测量的综合处理,从而确定整周未知数。实践证明,利用 P 码双频接收机,只要观测一个历元,便可解算出整周未知数,之后增加的观测历元只是增加多余观测量。由此可知,这一方法可以实时地解算整周未知数,这对于提高快速定位功能,以及开拓其在动态相对定位中的应用,都具有重要的意义。

(五)FARA 技术快速解算整周未知数

1990 年由费赖(E. Fret)和博伊特莱年(G. Beutler)提出的 FARA 技术,是一种解算整周未知数的快速逼近技术。其基本思路是:以数理统计理论的参数估计和假设检验为基础,利用初始平差的解向量(点的坐标及整周未知数的实数解)及其精度信息(方差与协方差阵和单位权中误差),确定在某一置信区间,整用未知数解的组合,然后依次将整周未知数的每一组合作为已知值,重复地进行平差计算。其中,能使估值的验后方差(或方差和)为最小的一组整周未知数,就是整周未知数的最佳估值。

FARA 技术,运用于短基线(<15 km)的快速静态定位;与常规静态定位相比,在保证同等精度的条件下,其观测时间仅为几分钟,使相对定位的精度达到厘米级甚至更高。所以,该技术为快速静态定位开拓了广阔的应用前景。

思考题与习题

5-1 在 GPS 测量定位中,其主要误差源是什么误差?系统误差主要包括哪几种?

5-2 GPS 卫星星历误差的实质是什么?

5-3 广播星历与实测星历的优缺点是什么?

5-4 星历误差对定位的影响有哪些?减弱星历误差影响的途径有几种?

5-5 相对论效应是怎样产生的?如何解决?

5-6 电离层折射及其影响有哪些?减弱电离层影响的有效措施有几种?

5-7 对流层折射及其影响有哪些?减弱对流层影响的有效措施有几种?

5-8 多路径效应是什么?怎样防止?

5-9 减弱接收机钟差比较有效的方法是什么?

5-10 接收机天线的相位中心与其几何中心的区别在哪里?

5-11 图形强度因子 *DOP* 的定义是什么?我国采用哪种图形强度因子?为什么?

5-12 整周跳变是哪种测量方法中必须解决的问题?如何解决?

5-13 如何确定整周未知数?常用的方法有哪几种?

第六章　GPS定位测量的设计与实施

布设于我国大部分领域（约 9 600 000 km^2）上的国家天文大地网，是一项规模巨大的工程。该工程从1951年开始野外工作，一直到1971年才基本结束，由于工程艰巨，必须全面规划、统筹安排，制定一些基本原则，用于指导建网工作。

与常规测量类似，国家A级和B级GPS大地控制网分别由33个点和800个点构成。它们均匀地分布在中国大陆，平均边长相应为650 km和150 km。这两个网的数据处理采用了后处理精密星历和ITRF坐标框架，以便使中国国家A级和B级GPS网能准确地定位在这个全球性的参考系中。布测工作从1991年开始，经过5年努力完成外业工作和内业计算。国家A级和B级GPS大地控制网分别于1996年和1997年建成并先后交付使用，对A级GPS网来说，水平方向的重复精度好于 2×10^{-8}，垂直方向不低于 7×10^{-8}；对B级GPS网来说，则分别好于 4×10^{-7} 和 8×10^{-7}。

这标志着我国空间大地网的建设已进入一个新阶段。它不仅在精度方面比以往的全国性大地控制网大体提高了两个量级，而且其三维坐标体系建立在有严格动态定义的先进的国际公认的ITRF框架之内。这一高精度三维空间大地坐标系的建成将为我国21世纪前10年的经济和社会持续发展提供基础测绘保障。全网基本均匀布点，覆盖全国。

此外，区域性GPS大地控制网、GPS精密工程控制网、GPS变形监测、线路GPS控制网等已基本取代了常规大地控制网。

GPS测量外业阶段包括外业准备、外业实施、外业结束三个过程，统称为GPS卫星定位网的布测。

外业准备主要是根据测量任务和测量规范制定技术设计书，进行踏勘、选点、埋石；外业实施即用GPS接收机野外采集数据；外业结束则是对观测数据和其他资料的计算、检验、整理和总结。本章将分节讨论与之有关的内容。

第一节　建立GPS控制网的技术依据

我们知道，GPS定位网设计及外业测量的主要技术依据是测量任务书和测量规范。测量任务书是测量施工单位上级主管部门下达的技术文件；而测量规范则是国家测绘管理部门制定的技术法规，主要有如下几个：

（1）由中华人民共和国国家质量监督检验检疫总局、中国国家标准化管理委员会于2009年2月6日发布、2009年6月1日实施的《全球定位系统（GPS）测量规范》（Specifications for Global Positioning System（GPS）surveys）（GB/T 18314—2009），以下简称《国家规范》。

（2）由中华人民共和国住房和城乡建设部在2010年3月15日发布并于2010年10月1日实施的中华人民共和国行业标准《卫星定位城市测量技术规范》（Technical Code for Urben Surveying Using Satellite Positioning System）（CJJ/T 73—2010），以下简称《城市规范》。

(3)各部委根据本部门 GPS 工作的实际情况制定的其他 GPS 测量规程或细则。

一、GPS 网的精度分级

(一)级别划分

《国家规范》中规定 GPS 测量按其精度划分为 A、B、C、D、E 级。用于建立国家一等大地控制网,进行全球性的地球动力学研究、地壳形变测量和精密定轨等的 GPS 测量,应满足 A 级 GPS 测量的精度要求。用于建立国家二等大地控制网,建立地方或城市坐标基准框架、区域性的地球动力学研究、地壳形变测量、局部形变监测和各种精度工程测量等的 GPS 测量,应满足 B 级 GPS 测量的精度要求。用于建立三等大地控制网,以及建立区域、城市和工程测量的基本控制网等的 GPS 测量,应满足 C 级 GPS 测量的精度要求。用于建立四等大地控制网的 GPS 测量应满足 D 级 GPS 测量的精度要求。用于中小城市、城镇以及测图、地籍、土地信息、房产、物探、勘测、建筑施工等的控制测量等的 GPS 测量,应满足 D、E 级 GPS 测量的精度要求。

为了进行城市和工程测量,《城市规范》规定其 GPS 网按相邻点的平均距离和精度划分为二、三、四等和一级、二级,见表 6-1,在布网时可以逐级布设、越级布设或布设同级全面网。

(二)测量精度

《国家规范》中规定 A 级 GPS 网由卫星定位连续运行基准站构成,其精度应不低于表 6-2的要求。B、C、D、E 级的精度应不低于表 6-3 的要求。用于建立国家二等大地控制网和三、四等大地控制网的 GPS 测量,在满足表 6-3 中规定的 B、C、D 级精度要求的基础上,其相对精度应分别不低于 1×10^{-7}、1×10^{-6}和 1×10^{-5}。各级 GPS 网点相邻点的 GPS 测量大地高差的精度,应不低于表 6-3 规定的各级相邻点基线垂直分量的要求。

表 6-1 《城市规范》规定的 GPS 测量精度分级

等级	平均距离(km)	异步环或附合线路边数(条)	a(mm)	b(1×10^{-6})	最弱边相对中误差
二	9	≤6	≤5	≤2	1/120 000
三	5	≤8	≤5	≤2	1/80 000
四	2	≤10	≤10	≤5	1/45 000
一级	1	≤10	≤10	≤5	1/20 000
二级	<1	≤15	≤15	≤5	1/10 000

注:a—固定误差;b—比例误差系数。

表 6-2 《国家规范》中规定 A 级 GPS 网精度要求

级别	坐标年变化率中误差		相对精度	地心坐标各分量年平均中误差(mm)
	水平分量(mm)	垂直分量(mm)		
A	2	3	1×10^{-8}	0.5

对于GPS网的精度要求,主要取决于网的用途和定位技术所能达到的精度。精度指标通常是以相邻点间弦长的标准差来表示,即

$$\sigma = \sqrt{a^2 + (bd\,10^{-6})^2} \tag{6-1}$$

式中 σ——标准差,mm;

a——固定误差,mm;

b——比例误差系数;

d——相邻点间的距离,mm。

表6-3 《国家规范》中规定B、C、D、E级GPS网精度要求

级别	相邻点基线分量中误差		相邻点间平均距离(km)
	水平分量(mm)	垂直分量(mm)	
B	5	10	50
C	10	20	20
D	20	40	5
E	20	40	3

二、GPS点的密度

各种不同的任务要求和服务对象,对GPS网点的分布有着不同的要求。例如,国家特级(A级)基准点主要用于提供国家级基准,有助于定轨、精密星历计算和大范围大地变形监测,希望能以几百千米的平均距离而布满全国。而一般工程测量所需要的网点则应满足测图加密和工程测量的需要,平均边长需要缩短到几千米以内。考虑到这些情况,《国家规范》中规定各级GPS网点位应均匀分布,相邻点间距离最大不宜超过该网平均点间距的2倍。《城市规范》中规定各等级GPS网的主要技术要求应符合表6-5规定。相邻点最小距离应为平均距离的1/2~1/3;最大距离应为平均距离的2~3倍。由此可以看出,对于城市和工程测量而言,《城市规范》比《国家规范》有较大的灵活性。

三、测量作业基本技术规定

GPS测量的仪器和方法与常规测量的仪器和方法显著不同,所以反映其技术规格的主要指标亦不相同。为了了解外业观测和内业计算,先介绍有关的术语,然后再介绍有关技术指标的概念。

(一)术语

1. 观测时段 observation session

测站上开始接收卫星信号到停止接收,连续观测的时间间隔称为观测时段,简称时段。

2. 同步观测 simultaneous observation

两台或两台以上接收机同时对同一组卫星所进行的观测。

3. 同步观测环 simultaneous observation loop

三台或三台以上接收机同步观测所获得的基线向量构成的闭合环。

4. 独立观测环 independent observation loop

由非同步观测获得的基线向量构成的闭合环。

5. 数据剔除率 percentage of data rejection

同一时段中，删除的观测值个数与获取的观测值总数的比值。

6. 天线高 antenna height

观测时接收机天线相位中心至测站中心标志面的高度。

7. 参考站 Reference station

在一定的观测时间内，一台或几台接收机分别固定在一个或几个测站上，一直保持跟踪观测卫星，其余接收机在这些测站的一定范围内流动设站作业，这些固定站就称为参考站。

8. 流动站 roving station

在参考站的一定范围内流动作业的接收机所设立的测站。

9. 观测单元 observation unit

快速静态定位测量时，参考站从开始至停止接收卫星信号连续观测的时间段。

10. 国际地球参考框架 ITRF Y Y, International Terrestrial Reference Frame

由国际地球自转服务局推荐的以国际参考子午面和国际参考极为定向基准，以 ITRF Y Y 天文常数为基础所定义的一种地球参考系和地心(地球)坐标系。

(二)《国家规范》和《城市规范》规定的技术指标

由于卫星的轨道运动和地球的自转，卫星相对于测站的几何图形在不断变化。一些卫星从地平线升起至一定高度，可以投入观测作业，另一些卫星观测高度角越来越小，无法继续观测。考虑到作业中尽可能选取图形强度较好的卫星进行观测，因而在一个观测时段要几次更换跟踪的卫星。我们将时段中任一卫星有效观测时间符合要求的卫星，称为有效观测卫星。测量等级越高，有效观测卫星总数需要越多，时段中任一卫星有效观测时间需要越长，观测时段应该越多，时段长度也应该越长。

在地球上的任何地点和时间，用一台 GPS 信号接收机，均能够以 ±100 m 左右的精度测定它的所在位置。但是如果用基线两端的两台接收机同时观测 4 颗以上的共视卫星，两者所采集的 GPS 定位数据又经过求差处理，此时相对定位精度可以达到毫米级。试验表明，在静态相对定位环境下进行载波相位测量，对于 3 000 km 以内的站间距离 D，可以达到 $(5\ \text{mm}+10^{-8}D)$ 的精度，三维位置精度能够达到 ±3 cm。因此，以载波相位观测量为根据的静态相对定位，是建立 GPS 控制网的基本方式。《国家规范》中的各项规定，就是针对这一基本方式做出的。

《城市规范》主要是为了适应城市各等级 GPS 测量技术的要求，突出了城市测量与工程测量应用的特点。《国家规范》是从全国范围考虑，故《国家规范》和《城市规范》之间没有矛盾。

《国家规范》规定的各级 GPS 测量作业的基本技术规定列于表 6-4;《城市规范》规定的各级 GPS 测量作业的基本技术规定列于表 6-5。

表 6-4 《国家规范》规定的各级 GPS 测量基本技术要求规定

级别	B	C	D	E
卫星截止高度角(°)	10	15	15	15
同时观测有效卫星数	≥4	≥4	≥4	≥4
有效观测卫星总数	≥20	≥6	≥4	≥4
观测时段数	≥3	≥2	≥1.6	≥1.6
时段长度	≥23 h	≥4 h	≥60 min	≥40 min
采样间隔(s)	30	10 ~ 30	5 ~ 15	5 ~ 15

注:1. 计算有效观测卫星总数时,应将各时段的有效观测卫星数扣除其间的重复卫星数。

2. 观测时段长度,应为开始记录数据到结束记录的时间段。

3. 观测时段数≥1.6,指采用网观测模式时,每站至少观测一时段,其中二次设站点数应不少于 GPS 网总点数的 60%。

4. 采用基于卫星定位连续运行基准点观测模式时,可连续观测,但观测时间应不低于表中规定的各时段观测时间的和。

表 6-5 《城市规范》规定的 GPS 测量各等级的作业的基本技术要求

项目	观测方法	二等	三等	四等	一级	二级
卫星高度角(°)	静态	≥15	≥15	≥15	≥15	≥15
	快速静态					
有效观测卫星数	静态	≥4	≥4	≥4	≥4	≥4
	快速静态	—	≥5	≥5	≥5	≥5
平均重复设站数	静态	≥2	≥2	≥1.6	≥1.6	≥1.6
	快速静态	—	≥2	≥1.6	≥1.6	≥1.6
时段长度(min)	静态	≥90	≥60	≥45	≥45	≥45
	快速静态	—	≥20	≥15	≥15	≥15
数据采样间隔(s)	静态	10 ~ 60	10 ~ 60	10 ~ 60	10 ~ 60	10 ~ 60
	快速静态					
PDOP	静态、快速静态	<6	<6	<6	<6	<6

第二节　GPS 定位网的布设

由于 GPS 控制网的布设不需要建造觇标,所以仅有技术设计、踏勘选点、埋设标石三个工作环节。其中技术设计是 GPS 测量中外业准备阶段的重要内容,它是优质低耗完成 GPS 作业的依据和条件。

一、技术设计中应考虑的因素

技术设计主要是根据上级主管部门下达的测量任务书和 GPS 测量规范或规程来进行

的。它的总原则是，在满足用户要求的情况下，尽可能减少物资、人力和时间的消耗。在工作过程中，要考虑下面一些因素。

（一）测站因素

同测站布设有关的技术因素有网点的密度，网的图形结构，时段分配、重复设站和重合点的布置等。

（二）卫星因素

同观测对象卫星有关的一些因素有卫星高度角与观测卫星的数目、图形强度因子、卫星信号质量。大部分接收机具有解码并记录来自卫星的广播星历表的能力。

（三）仪器因素

同仪器有关的一些因素有接收机（用于相对定位至少应有两台）、天线质量、记录设备。

（四）后勤因素

后勤保障方面的因素有：使用的接收机台数、来源和使用时间；各观测时段的机组调度；交通工具和通信设备的配置等。

二、GPS 网的布网原则

为了用户的利益，GPS 网图形设计时应遵循以下原则：

（1）各级 GPS 网一般逐级布设，在保证精度、密度等技术要求时可跨级布设。

（2）各级 GPS 网的布设应根据其布设目的、精度要求、卫星状况、接收机类型和数量、测区已有的资料、测区地形和交通状况以及作业效率等因素综合考虑，按照优化设计原则进行。

（3）各级 GPS 网最简异步观测环或附合路线的边数应不大于表 6-6 的规定。

表 6-6 《国家规范》规定的闭合环或附合路线的边数

级别	B	C	D	E
闭合环或附合路线的边数（条）	6	6	8	10

（4）B、C、D、E 级网布设时，测区内高于施测级别的 GPS 网点均应作为本级别 GPS 网的控制点（或框架点），并在观测时纳入相应级别的 GPS 网中一并施测。

（5）在局部补充、加密低等级的 GPS 网点时，采用的高等级 GPS 网点点数应不少于 4 个。

（6）各级 GPS 网按观测方法可采用基于 A 级点、区域卫星连续运行基准站网、临时连续运行基准站网等的点观测模式，或以多个同步观测环为基本组成的网观测模式。网观测模式中的同步环之间，应以边连接或点连接的方式进行网的构建。

（7）采用 GPS 测量建立各等级大地控制网时，其布设还应遵循以下原则：

①用于国家一等大地控制网时，其点位应均匀分布，覆盖我国国土。在满足条件的情况下，点位宜布设在国家一等水准路线附近或国家一等水准网的结点处。

②用于国家二等大地控制网时，应综合考虑应用服务和对国家一、二等水准网的大尺度稳定性监测等因素，统一设计，布设成连续网。点位应在均匀分布的基础上，尽可能与国家一、二等水准网的结点、已有国家高等级 GPS 点、地壳形变监测网点、基本验潮站等重合。

③用于三等大地控制网布测时，应满足国家基本比例尺测图的基本需求，并结合水准测

量、重力测量技术，精化区域大地水准面。

三、GPS 网的联测设计

GPS 卫星定位所测得的点位坐标，属于 WGS－84 世界大地测量坐标系。为了将它们转换成国家或地方坐标系，在设计 GPS 定位网时，一定要考虑联测一定数量的常规控制点和基准点。

（一）联测点（公共点）的精度要求

联测点作为 GPS 成果转化到常规地面坐标系的基准点，在 GPS 测量数据处理中具有重要的意义。联测点的地面实用坐标是将 GPS 定位结果的 WGS－84 坐标系转换至地面坐标系时的起算数据，所以要求联测点的地面坐标具有较高的精度。

为此，联测点应是下列几种点之一：

（1）测区内现有的最高等级的常规地面控制点；

（2）地方坐标系中控制网定位、定向的起算点；

（3）联接国家坐标系和地方坐标系的联接点；

（4）水准点。

（二）联测点的密度和分布

GPS 网与地面网的联测点最少应有两个。其中一个作为 GPS 在地面网坐标系内的定位起算点，两个点间的方位和距离作为 GPS 网在地面坐标系内定向、长度的起算数据。

显然，为了更好地解决 GPS 网与地面网两者成果的转换问题，应有更多的联测点。分析研究和作业实践表明，一个 GPS 网应联测 3～5 个精度较高、分布合理的地面点作为 GPS 网的一部分。当测区较大时，还应适当增加联测点。

新布设的 GPS 网应与附近已有的国家高等级 GPS 点进行联测，联测点数不应少于 3 点。为求定 GPS 点在某一参考坐标系中的坐标，应与该参考坐标系中的原有控制点联测，联测的总点数不应少于 3 点。在需用常规测量方法加密控制网的地区，D、E 级网点应有 1～2方向通视。

（三）GPS 网中水准点的选择和分布

GPS 网一般是求得测站点的三维坐标，其中高程为大地高，而实际应用的高程系统为正常高系统。为此，通常是在 GPS 网中施测或重合少量的几何水准点，用数值拟合法拟合出测区的似大地水准面，继而内插出其他 GPS 点的高程异常，再求出其正常高。

根据研究，在平原地区布测的 GPS 网中，只要用三等实测或重合全网五分之一 GPS 点的几何水准，用数值拟合法求定 GPS 点的正常高，即可代替四等水准测量。所实测的水准点，大部分应布设在网的周围点上，少量放在网的中间，以求获得最佳效果。

《国家规范》中规定 A、B 级网应逐点联测高程，C 级网应根据区域似大地水准面精化要求联测高程，D、E 级网可依具体情况联测高程。A、B 级网点的高程联测精度应不低于二等水准测量精度，C 级网点的高程联测精度应不低于三等水准测量精度，D、E 级网点按四等水准测量或与其精度相当的方法高程联测。各级网高程联测的测量方法和技术要求应按 GB/T 12897或 GB/T 12898 规定执行。

四、布设 GPS 基线向量网时的设计指标

在布设 GPS 网时，除了遵循一定的设计原则外，还需要一些定量的指标。在进行 GPS

网的设计时经常需要采用效率指标、可靠性指标和精度指标等。

（一）效率指标

在进行 GPS 网的设计时，我们经常采用效率指标来衡量某种网设计方案的效率，以及在采用某种布网方案作业时所需要的作业时间、消耗等。

在布设一个 GPS 网时，在点数、接收机数和平均重复设站次数确定后，则完成该网测设所需的理论最少观测期数（同步观测的时段数）就可以确定。但是，当按照某个具体的布网方式和观测作业方式进行作业时，要按要求完成整网的测设，所需的观测期数与理论上的最少观测期数会有所差异，理论最少观测期数与设计的观测期数的比值，称之为效率指标（e），即

$$S_{\min} = INT(\frac{Rn}{m}) \tag{6-2}$$

式中 $S_{\min}$——理论最少观测期数；

R——平均重复设站次数；

m——接收机数；

n——GPS 网的点数；

$INT(\ )$——凑整函数，$INT(x) \geqslant x$。

$$e = \frac{S_{\min}}{S_d} \tag{6-3}$$

式中 S_d——设计观测期数；

e——效率指标。

效率指标可用来衡量 GPS 网设计的效率。

（二）可靠性指标

GPS 网可靠性，可以分为内可靠性和外可靠性。所谓 GPS 网的内可靠性，就是指所布设的 GPS 网发现粗差的能力，即可发现的最小粗差的大小；所谓 GPS 网的外可靠性，就是指 GPS 网抵御粗差的能力，即未剔除的粗差对 GPS 网所造成的不良影响的大小。由于内、外可靠性指标在计算上过于烦琐，因此在实际的 GPS 网的设计中采用一个计算较为简单的反映 GPS 网可靠性的数量指标，该指标就是整网的多余独立基线数与总的独立基线数的比值，称为整网的平均可靠性指标（η），即

$$l_n = n - 1$$

$$l_t = s(m - 1)$$

$$l_r = l_t - l_n$$

$$\eta = \frac{l_r}{l_t}$$

式中 l_r——多余的独立基线数；

l_n——必要的独立基线数；

l_t——总的独立基线数；

s——观测期数；

m——同步观测接收机的台数。

（三）精度指标

当 GPS 网布网方式和观测作业方式确定后，GPS 网的网形就确定了，根据已确定的 GPS

网的网形，可以得到 GPS 网的设计矩阵 B，从而可以得到 GPS 网的协因数阵 $Q = (B^{T}PB)$，在 GPS 网的设计阶段可以采用 $tr(Q)$ 作为衡量 GPS 网精度的指标。

该指标可通过相关软件（如武汉大学测绘学院开发的 COSA 软件）计算得到。

五、卫星空间分布的几何图形强度设计

GPS 定位精度同卫星与测站构成的图形强度有关，与能同步跟踪的卫星数和接收机使用的通道数有关。若接收机有观测到 5 颗卫星以上的能力，就应该把所有可能观测到的卫星都进行跟踪观测，若只有观测到 4 颗卫星的能力，应在所有可见星中选取 *PDOP* 值最小的那一组卫星进行观测，这是根据伪距定位时求解公式推算出的选星原则。

《国家规范》对图形强度因子 *PDOP* 值没有要求；《城市规范》对点的空间位置图形强度因子 *PDOP* 值要求不应超过表 6-7 所列值。

表 6-7　图形强度因子（*PDOP*）规定值

级别	二	三	四	一级	二级
PDOP	<6	<6	<6	<6	<6

六、GPS 选点

由于 GPS 测量中不要求测站之间相互通视，网的图形结构也比较灵活，所以选点的野外工作比较简便。但是，点位的正确选择对观测工作的顺利进行和测量结果的可靠性具有重要意义。所以，在选点工作开始之前，必须搜集测区的有关资料，例如已有的小比例尺地形图（1∶1万～1∶10 万）、行政区划图和已有的测绘成果资料。要充分了解和研究测区情况，特别是交通、通信、供电、气象及原有控制点等情况。

（一）选点准备

选点人员在实地选点前，应收集有关布网任务与测区的资料，包括测区 1∶50 000 或更大比例尺地形图，已有各类控制点、卫星定位连续运行基准站的资料等。选点人员还应充分了解和研究测区情况，特别是交通、通信、供电、气象、地质及大地点等情况。

（二）点位基本要求

（1）应便于安置接收设备和操作，视野应开阔，视场内障碍物的高度角不宜超边 15°。

（2）远离大功率无线电发射源（如电视台、电台、微波站等），其距离不小于 200 m；远离高压输电线和微波无线电信号传送通道，其距离不应小于 50 m。

（3）附近不应有强烈反射卫星信号的物件（如大型建筑物等）。

（4）交通方便，有利于用其他测量手段扩展和联测。

（5）地面基础稳定，易于标石的长期保存。

（6）充分利用符合要求的已有控制点。

（7）选站时应尽可能使测站附近的局部环境（地形、地貌、植被等）与周围的大环境保持一致，以减少气象元素的代表性误差。

（三）辅助点与方位点

（1）非基岩的 A、B 级 GPS 点的附近宜埋设辅助点，并测定其与该点的距离和高差，精度应优于 ±5 mm。

(2)各级 GPS 网点可视需要设立与其通视的方位点，方位点应目标明显，观测方便，方位点距网点的距离一般不小于 300 m。

(四)GPS 点命名

(1)GPS 点名应以该点位所在地命名，无法区分时可在点名后加注(一)、(二)等予以区别。少数民族地区应使用规范的音译汉语名，在译音后可附上原文。

(2)新旧点重合时，应采用旧点名，不得更改。如原点位所在地的名称已变更，应在新点名后以括号注明旧点名。如与水准点重合时，应在新点名后以括号注明水准点等级和编号。

(3)点名书写应准确、正规，一律以国务院公布的简化汉字为准。

(4)当对 GPS 点编制点号时，应整体考虑，统一编号，点号应唯一，且适于计算机管理。

(五)选点作业

(1)选点人员应按照技术设计书经过踏勘，在实地按选点要求选定点位，并在实地加以标定。

(2)当利用旧点时，应检查旧点的稳定性、可靠性和完好性，符合要求方可利用。

(3)需要水准联测的 GPS 点，应实地踏勘水准路线情况，选择联测水准点并绘出联测路线图。

(4)不论新选定的点还是利用旧点(包括辅助点与方位点)，均应实地按表 6-8 要求绘制点之记，其内容要求在现场详细记录，不得追记。

表 6-8　点之记

<table>
<tr><td>点名</td><td>南疙疸</td><td>类级</td><td>B</td><td>概略位置</td><td colspan="3">$B=34°50'$　$L=111°10'$　$H=484$ m</td></tr>
<tr><td>所在地</td><td colspan="3">山西省平陆县城关镇上岭村</td><td>最近住所及距离</td><td colspan="3">平陆县城县招待所，距点位 8 km</td></tr>
<tr><td>地类</td><td>山地</td><td>土质</td><td>黄土</td><td>冻土深度</td><td></td><td>解冻深度</td><td></td></tr>
<tr><td colspan="2">最近电信设施</td><td colspan="2">平陆县城邮电局
(电报、电话)</td><td>供电情况</td><td colspan="3">上岭村每天有交流电</td></tr>
<tr><td colspan="2">最近水源及距离</td><td colspan="2">上岭村有自来水，距点位 800 m</td><td>石子来源</td><td>点位附近</td><td>沙子来源</td><td>县城建筑公司</td></tr>
<tr><td>本点交通情况(至本点通路与最近车站、码头名称及距离)</td><td colspan="3">由三门峡乘轮渡过黄河，向北约 8 km 到山西平陆县城，再由平陆县城乘车向东南 7 km 至上岭村，再步行 800 m 到点上。每天有两班两轮人力车可到达点位</td><td>交通路线图</td><td colspan="3">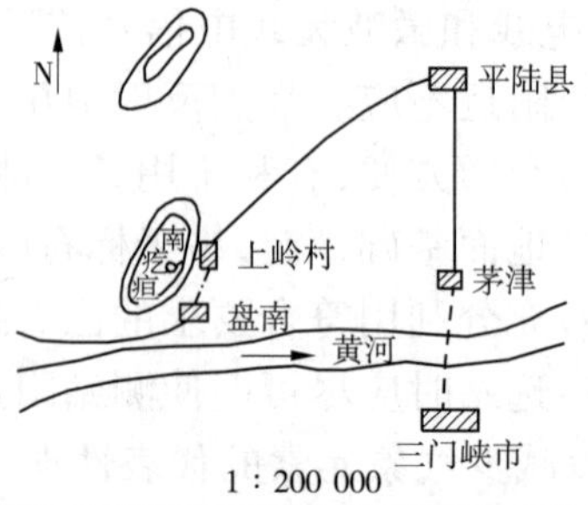
</td></tr>
</table>

续表 6-8

选点情况				点位略图
单位	国家测绘局第一大地测量队			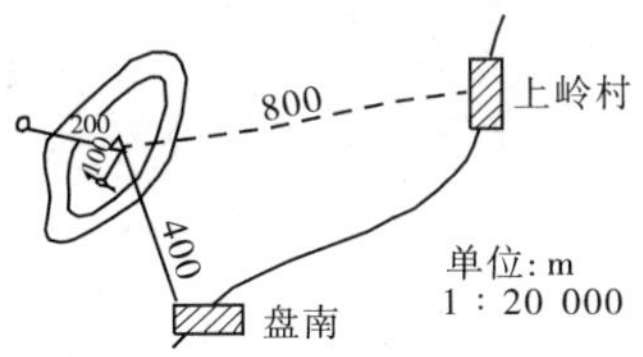
选点员	李纯	日期	2000. 6. 5	
是否需联测坐标与高程	联测高程			
联测等级与方法	二等水准测量			
起始水准点及距离	点号为Ⅱ西三 023，距离本点 1. 5 km，联测里程大约 2 km			
地质概要、构造背景				地形地质构造略图

埋石情况				标石断面图	接收天线计划位置
单位	国家测绘局第一大地测量队			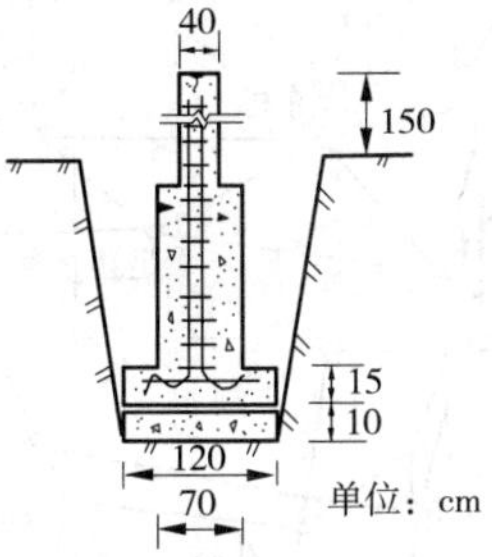	天线可直接安置在墩标顶面上
埋石员	张勇	日期	2000. 7. 12		
利用旧点及情况	利用原有的墩标				
保管人	陈生明				
保管人单位及职务	山西省平陆县上岭村会计				
保管人住址	山西省平陆县上岭村				
备注					

(5) A、B 级 GPS 网点在其点之记中应填写地质概要、构造背景及地形地质构造略图。

(6) 点位周围有高于 10°的障碍物时，应绘制点的环视图，其形式见图 6-1。

(7) 一个网区选点完成后，应绘制 GPS 网选点图，如图 6-2 所示。

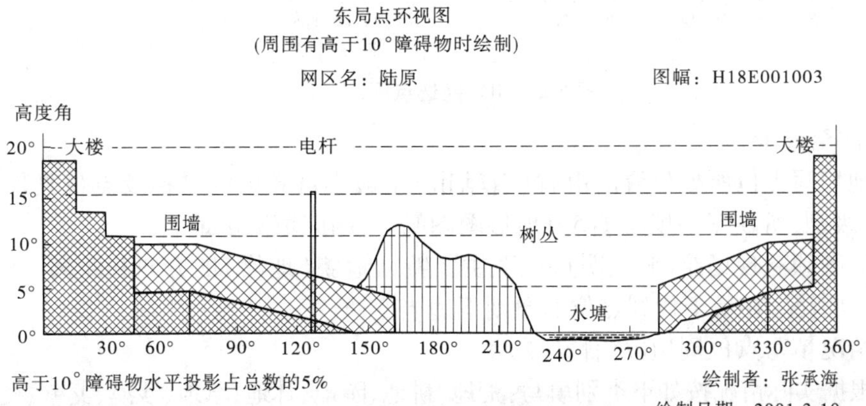

图 6-1　GPS 东局点环视图

点之记填写应按以下要求进行：

(1) 概略位置由手持 GPS 接收机测定，经纬度按手持 GPS 接收机的显示填写，概略高程

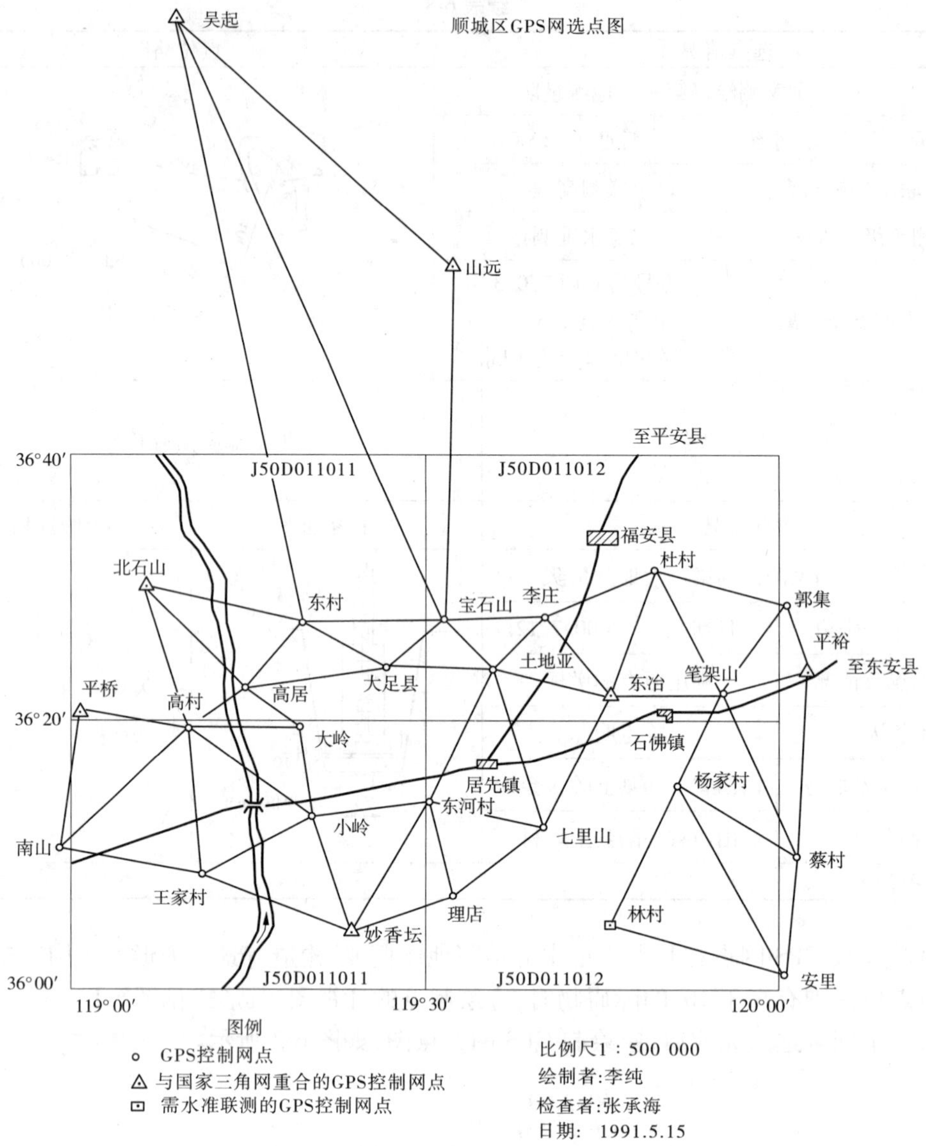

图 6-2　GPS 网选点图

采用大地高标注至整米。

(2)所在地填写点位所处位置的由省(直辖市)至最小行政区的名称及点位具体位置,级别填写 GPS 级别,所在图幅填写 1∶5万地形图图幅号,网区填测区地名。

(3)点位略图须有现场绘制,注明点位至主要特征地貌(地物)的方向和距离。绘图比例尺可根据实地情况,在易于找到点位的原则下适当变通。

(4)电信情况填写点位周边电信情况。

(5)地类根据实际情况按如下类别填写:荒地、耕地、园地、林地、草地、沙漠、戈壁、楼顶。

(6)土质按如下类别填写:埋石坑底,黄土、沙土、沙砾土、盐碱土、黏土、基岩。

(7)最近水源填写最近水源位置及距点位的距离。

(8)交通情况填写自大(中)城市至本点的汽车运行路线,并注明交通工具到点情况。

(9)交通路线图可依比例尺绘制,亦可绘制交通情况示意图。

(10)地质概要、构造背景和地形地质构造图,根据工程项目需要,由专业地质人员填写并绘制。

(11)点位环视图按点位周围高度角大于10°的遮挡地貌(地物)方向及高度角绘制遮挡范围,遮挡范围内填绘阴影线。

(12)标石断面图按埋设的实际尺寸填绘。

(六)选点后应上交的资料

选点结束后应上交下列资料:

(1)GPS 网点点之记、环视图。

(2)GPS 网选点图(测区较小,选点、埋石与观测一期完成后,可以展点图代替)。

(3)选点工作总结。

七、GPS 点标志和标石埋设

中心标石是地面 GPS 点的永久性标志,为了长期使用 GPS 测量成果,点的标石必须稳定、坚固,以利长期保存和利用。其中 GPS 点的永久性标志如图 6-3 所示;普通标石的规格及埋设,如图 6-4 所示。

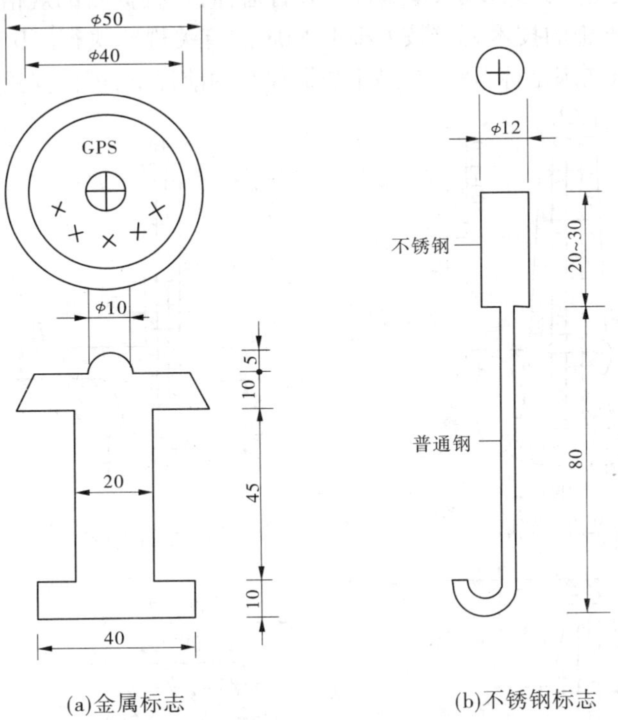

图 6-3　GPS 点标志

各等级 GPS 点的标石用混凝土灌制。一般普通标石分上标石和下标石两层,其上均设有金属的中心标志。

埋设标石时,须使各层标志中心在同一铅垂线上,其偏差不得大于 2 mm。新埋标石时,应依法办理征地手续和测量标志委托保管书。

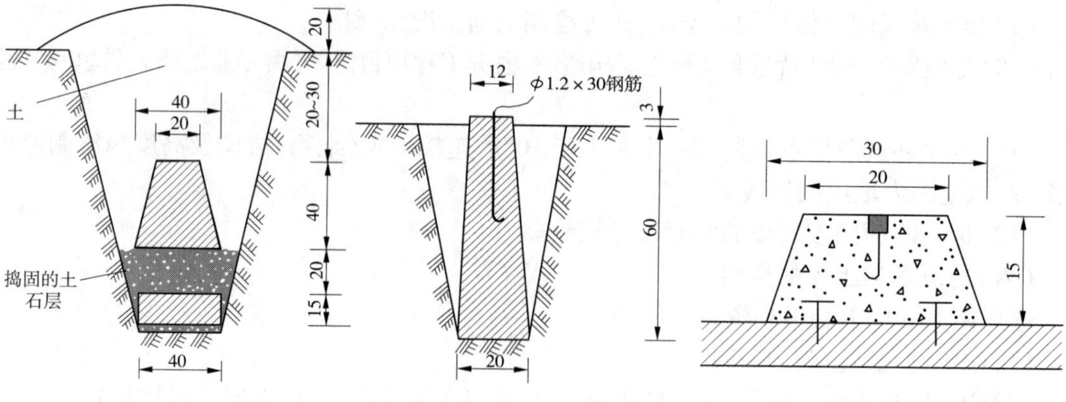

(a)二、三等GPS点　(b)四等、一、二级GPS点　(c)建筑物上各等级GPS点

图 6-4　标石埋设图

八、GPS 标石埋设

(一)标石

(1)各级 GPS 点均应埋设固定的标石或标志。

(2)GPS 点标石类型分为天线墩、基本标石和普通标石(各标石的规格如图 6-5 所示)。A 级 GPS 点标石与相关设施的技术要求按 CH/T 2008 的有关规定执行。B 级 GPS 点应埋设天线墩,C、D、E 级 GPS 点在满足标石稳定、易于长期保存的前提下,可根据具体情况选用。

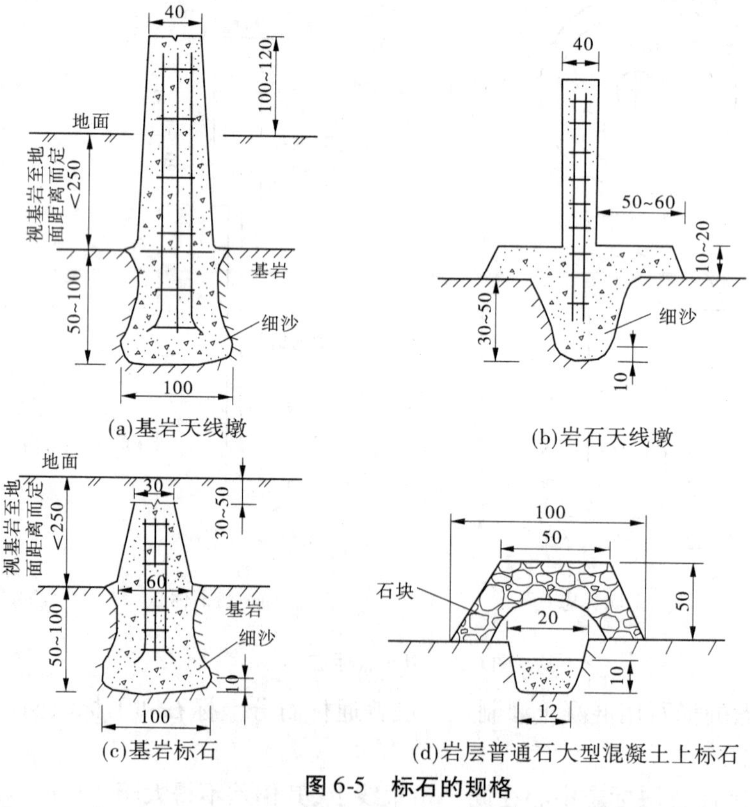

(a)基岩天线墩　(b)岩石天线墩　(c)基岩标石　(d)岩层普通石大型混凝土上标石

图 6-5　标石的规格

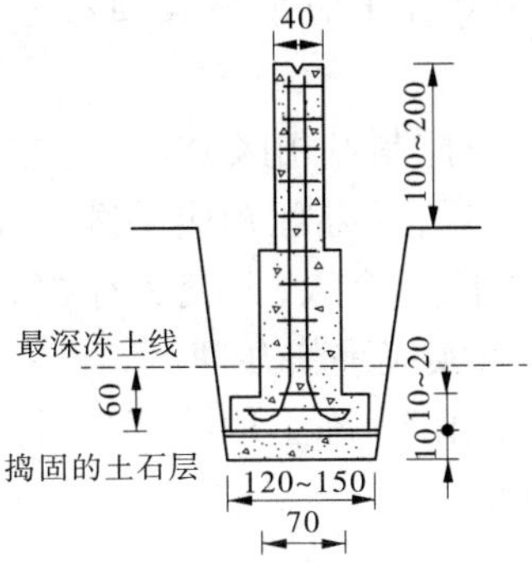

(e)土层天线墩

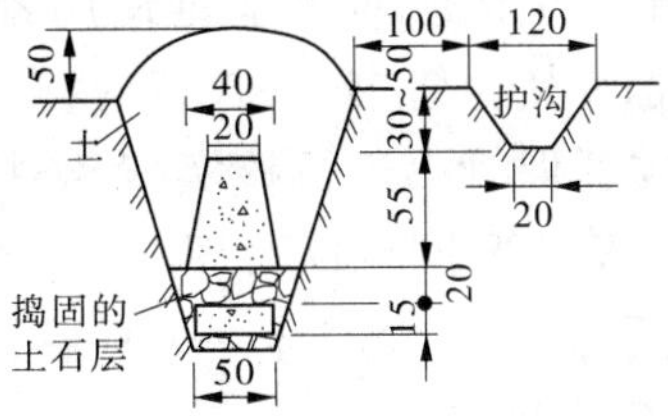

(f)普通天线墩

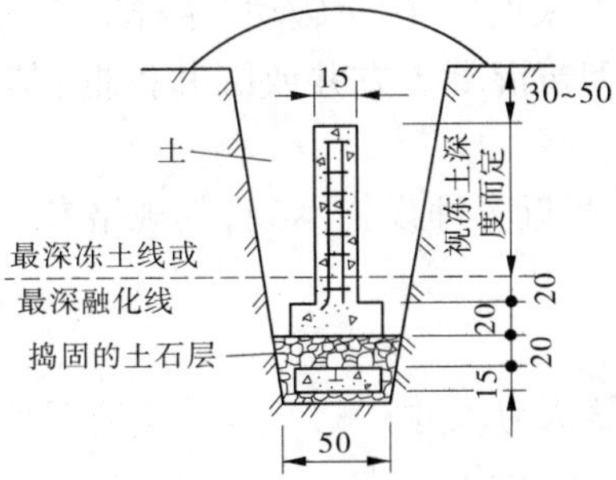

(g)冻土基本标石

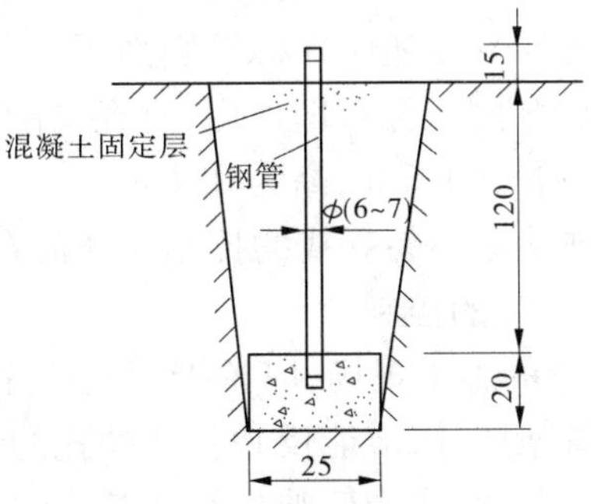

(h)固定沙丘基本标石

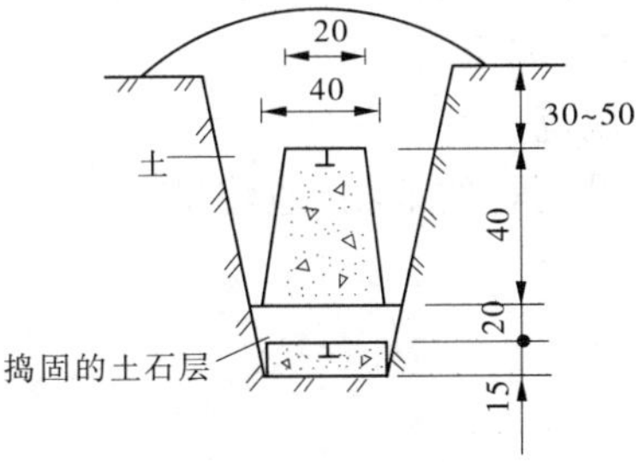

(i)普通标石

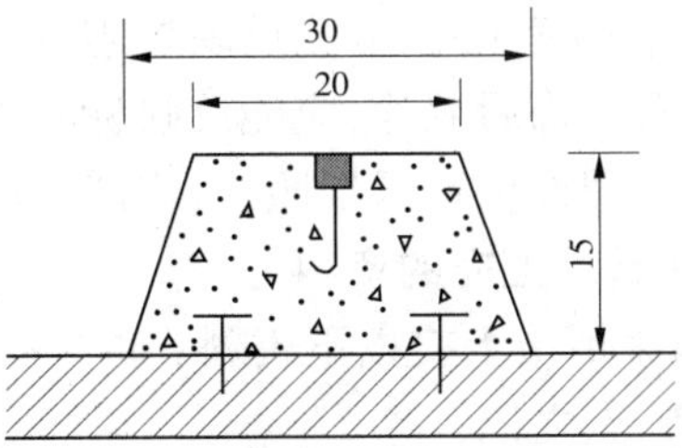

(j)建筑物上标石

续图 6-5

(3)各种类型的标石应设有中心标志。基岩和基本标石的中心标志应用铜或不锈钢制作。普通标石的中心标志可用铁或坚硬的复合材料制作。标志中心应刻有清晰、精细的十字线或嵌入不同颜色金属(不锈钢或铜)制作的直径小于0.5 mm的中心点。用于区域似大地水准面精华的GPS点,其标志还应满足水准测量的要求。

(4)各种天线墩应安置强制对中装置。强制对中装置的对中误差不应大于1 mm。

(二)埋石作业

(1)标石应用混凝土灌制。在有条件的地区,也可用整块花岗石、青石等坚硬石料凿制,但其规格应不小于同类标石的规定。

(2)埋设天线墩、基岩标石、基本标石时,应现场浇灌混凝土。普通标石可预选制作,然后运往各点埋设。

(3)埋设标石,须使各层标志中心严格在同一铅垂线上,其偏差不应大于2 mm。

(4)当利用旧点时,应首先确认该点标石完好,并符合相应规格和埋石要求,且能长期保存。必要时需要挖开标石侧面查看标石的规定。

(5)方位点应埋设普通标石,并加适当标注,以便与控制点相区分。

(6)埋石所占土地,应经土地使用者或管理部门同意,并办理相应手续。新埋标石时应办理测量标志委托保管书,一式三份,交标石的保管单位或个人,上交和存档各一份。利用旧点时需对委托保管书进行核实,若委托保管情况不落实应重新办理。

(7)B、C 级 GPS 网点标石埋石后,至少需经过一个雨季,冻土地区至少需经过一个冻解期,基岩或岩层标石至少需经一个月后,方可用于观测。

(三)标石外部整饰

(1)B、C、D、E 级 GPS 点混凝土标石灌制时,均应在标石上表面压印控制点的类级、埋设年代,B、C 级 GPS 点还应在标石侧面压印"国家设施 请勿碰动"字样。

(2)B 级 GPS 网点标石埋设后,宜在周围砌筑混凝土方井或圆井护框,其内径根据情况而定,但至少不小于 0.6 m,高为 0.2 m。

(3)荒漠或平原不易寻找的控制点还需在其近旁埋设指示碑,其规格参见 GB/T 12898。

(四)关键工序的控制

在标石建造的施工现场,应拍摄下列照片:

(1)钢筋骨架照片,应能反映骨架捆扎的形状与尺寸;

(2)标石坑照片,应能反映标石和基座坑的形状和尺寸;

(3)基座建造后照片,应能反映基座的钢筋骨架或预制涵管安置是否正确;

(4)标志安置照片,应能反映标志安置是否平直、端正;

(5)标石整饰后照片,应能反映标石整饰是否规范;

(6)标石埋设位置远景照片,应能反映标石埋设位置的地物、地貌景观。

(五)埋石后上交的资料

埋石结束后应上交以下资料:

(1)GPS 点之记;

(2)测量标志委托保管书;

(3)标石建造拍摄的照片;

(4)埋石工作总结。

第三节 GPS 定位网的测设方案

应用 GPS 定位技术建立测量控制网,均采用相对定位的方法。相对定位的两点间构成独立观测边,也称基线。显然,GPS 网的几何图形是由投入作业的接收机台数、观测路线和基线连接形式所决定的,我们将它们称为 GPS 测量控制网的测设方案。

一、两台接收机相对定位的测设方案

近年来,随着 GPS 定位后处理软件的发展,为确定两点之间的基线向量,已有多种测设方案可供选择。在其硬件和软件的支持下,就出现了静态相对定位、快速静态相对定位、准动态相对定位等多种测设方案。

（一）静态定位

1. 作业方法

采用两套 GPS 接收设备，分别安置在一条基线的两个端点，同步观测 4 颗卫星 1 h 左右，或同步观测 5 颗卫星 20 min 左右。

2. 精度

基线的相对定位精度可达 $5\ \mathrm{mm}+1\times10^{-6}D$，$D$ 为基线长度（km）。

3. 适用范围

建立全球性或国家级大地控制网、建立地壳运动监测网、建立长距离检校基线、进行岛屿与大陆联测、钻井定位。

4. 注意事项

所有观测过的基线应组成一系列封闭图形（见图 6-6），以利于外业检核，提高成果可靠度。并且可以通过平差，有助于进一步提高定位精度。

（二）快速静态定位

1. 作业方法

在测区中部选择一个基准站，并安置一套接收设备连续跟踪所有可见卫星；另一台接收机依次到各点流动设站（见图 6-7），每点观测 1 ~2 min。

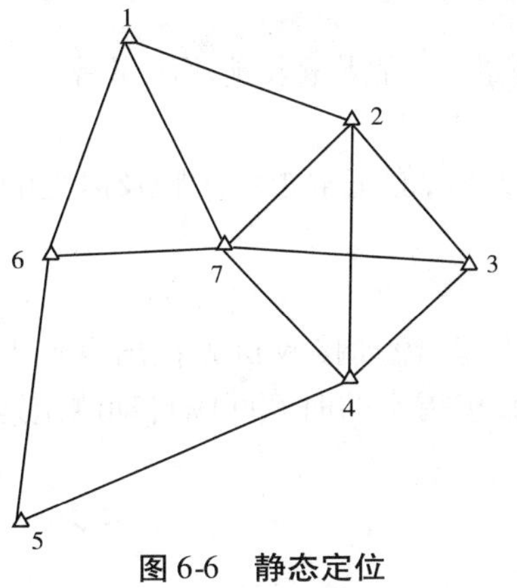

图 6-6　静态定位

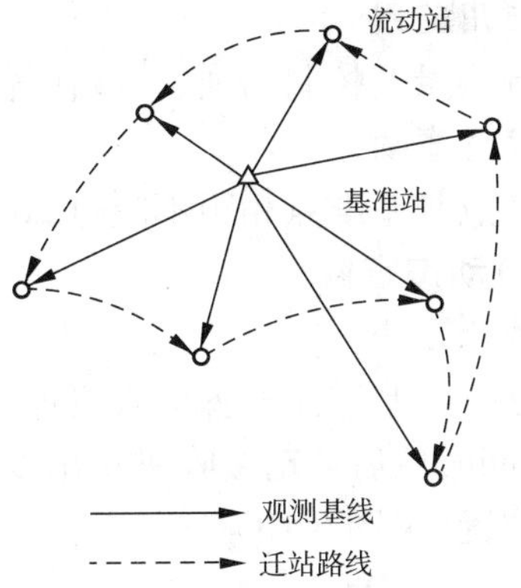

图 6-7　快速静态定位

2. 精度

流动站相对于基准站的长度中误差为 $5\ \mathrm{mm}+1\times10^{-6}D$。

3. 应用范围

控制网的建立及其加密、工程测量、地籍测量、大批相距百米左右的点位定位。

4. 注意事项

在观测时段内应确保有 5 颗以上卫星可供观测；流动点与基准点相距应不超过 20 km；流动站上的接收机在转移时，不必保持对所测卫星连续跟踪，可关闭电源以降低能耗。

（三）准动态定位

1. 作业方法

在测区选择一个基准站，安置接收机连续跟踪所有可见卫星；将另一台接收机先置于 1 号站（见图 6-8）观测 1 ~2 min；在保持对所测卫星连续跟踪而不失锁的情况下，将流动接收机分别在 2，3，4，…各点观测数秒。

2. 精度

基线的中误差为 1 ~2 cm。

3. 应用范围

开阔地区的加密控制测量、工程定位及碎部测量、剖面测量及路线测量等。

4. 注意事项

应确保在观测时段上有 5 颗以上卫星可供观测；流动点与基准点距离不超过 20 km；观测过程中流动接收机不能失锁，否则应在失锁的流动点上延长观测时间 1 ~2 min。

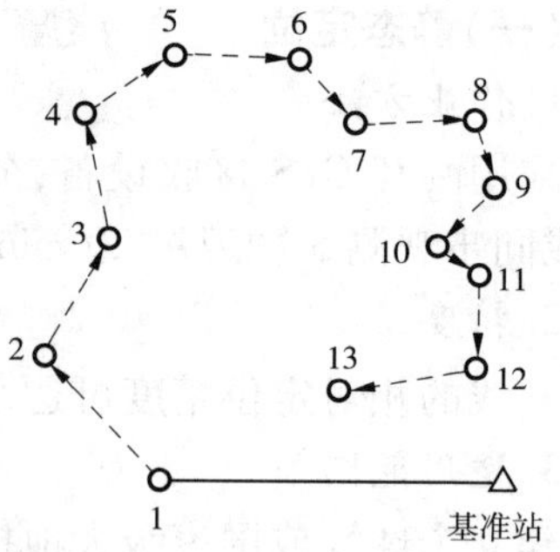

图 6-8　准动态定位

（四）往返式重复设站

1. 作业方法

建立一个基准点安置接收机连续跟踪所有可见卫星；流动接收机依次到每点观测 1 ~2 min；1 h 后逆序返测各流动点 1 ~2 min（见图 6-9）。

2. 精度

相对于基准点的基线中误差为 5 mm +1 ×10^{-6}D。

3. 应用范围

控制测量及控制网加密、取代导线测量及三角测量、工程测量及地籍测量等。

4. 注意事项

流动点与基准点相距不超过 20 km；基准点上空开阔，能正常跟踪 3 颗及以上的卫星。

（五）动态定位

1. 作业方法

建立一个基准点安置接收机连续跟踪所有可见卫星；流动接收机先在出发点上静态观测 1 ~2 min；然后流动接收机从出发点开始连续运动，按指定的时间间隔自动测定运动载体的实时位置（见图 6-10）。

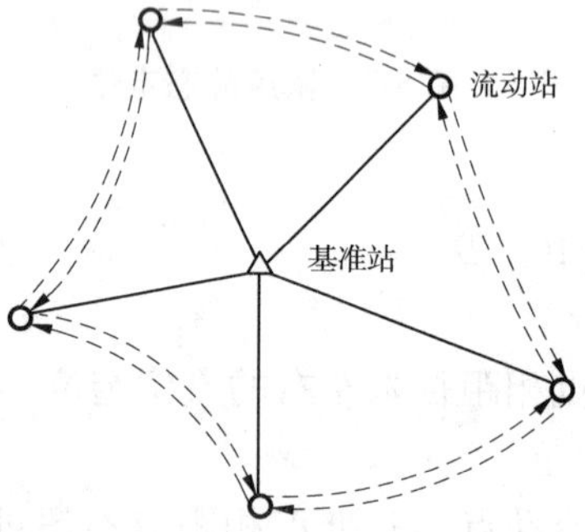

图 6-9　往返式重复设站

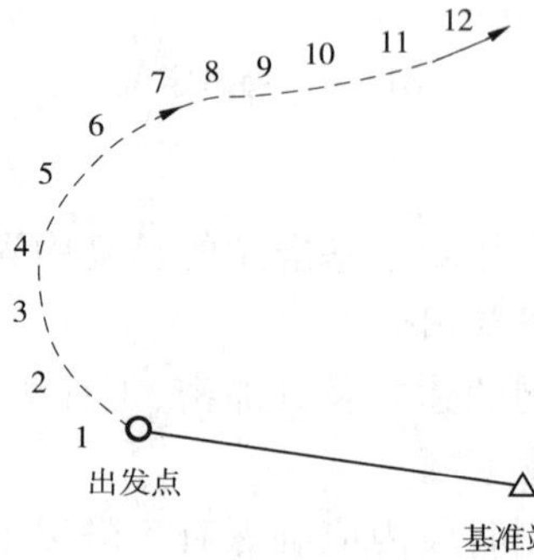

图 6-10　动态定位

2. 精度

相对于基准点的瞬时点位精度可达 1 ~2 cm。

3. 应用范围

精密测定运动目标的轨迹、测定道路的中心线、剖面测量、航道测量等。

4. 注意事项

需同步观测 5 颗卫星,其中至少 4 颗卫星要连续跟踪;流动点与基准点相距不超过 20 km。

二、多台接收机的同步网测设方案

当投入作业的接收机数目多于 2 台时,就可以在同一时段内,几个测站上的接收机同步观测共视卫星。此时,由同步观测边所构成的几何图形,称为同步网,或称作同步环路。

图 6-11 表示用 3 台(图 a)、4 台(图 b、c)、5 台(图 d、e)接收机作同步观测所构成的同步网的几何图形。由图 6-11 可知,若三角形同步网的点数为 m,则网中同步边(基线)总数为

$$s = \frac{m(m-1)}{2} \tag{6-4}$$

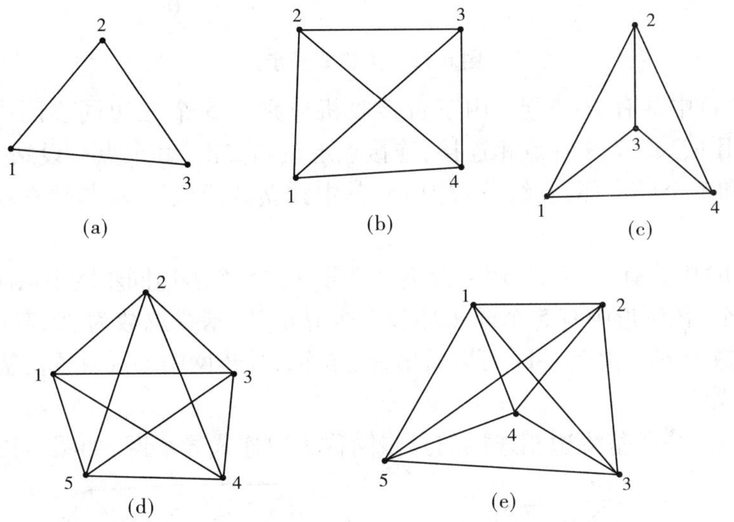

图 6-11　同步网的几何图形

不过在 s 条基线中,只有 $m-1$ 条独立基线,其余基线均可由独立基线推算而得,属于非独立基线。同一条基线,其直接解算结果与独立基线推算所得结果之差,就产生了所谓坐标闭合差条件,用它可评判同步网的观测质量。

三、多台接收机的异步网测设方案

在城市或大、中型工程中布设 GPS 控制网时,控制点数目比较多,由于受接收机数量的限制,难以再选择同步网的测设方案。此时必须将多个同步网相互连接,构成统一整体的 GPS 控制网。这种由多个同步网相互连接的 GPS 网,称作异步网。

异步网的测设方案取决于投入作业的接收机数量和同步网之间的连接方式。不同的接收机数量决定了同步网的网形结构,而同步网的不同连接方式又会出现不同的异步网的网形结构。由于 GPS 网的平差及精度评定主要是由不同时段观测的基线组成异步闭合环的多少及闭合差大小所决定的,而与基线边长度和其间所夹角度无关,所以异步网的网形结构

与多余观测密切相关。

同步网之间的连接方式有以下三种。

(一)点连式

同步网之间仅有一点相连接的异步网称为点连式异步网,如图 6-12 所示。

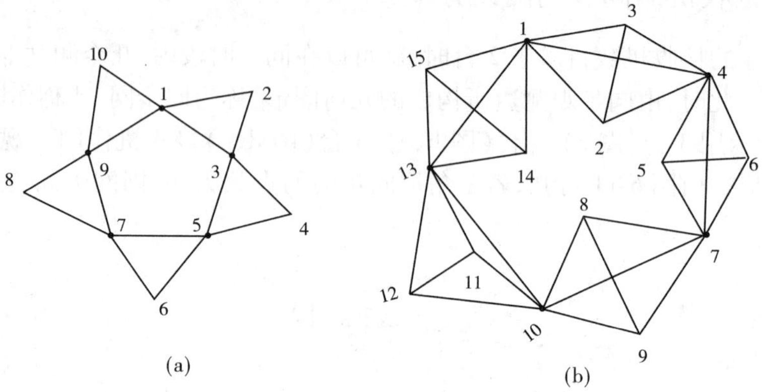

图 6-12　点连式异步网

在图 6-12(a)中共有 10 个点,用三台接收机分别在 5 个三边同步网中依次作同步观测。同步网间用 1、3、5、7、9 各点相连接,连接点上设站二次,其余点只设站一次。该图形中有 5 个同步环和 1 个异步环,基线总数为 15,其中独立基线数为 9,非独立基线数为 6,没有重复基线。

在图 6-12(b)中共有 15 个点,用 4 台接收机分别在 5 个多边同步网中依次作同步观测,构成点连式异步网。该图形中有 5 个同步环和 1 个异步环,基线总数为 30,其中独立基线数为 14,非独立基线数为 16。由图 6-11 可以看出,在点连式异步网中均没有重复基线出现。

(二)边连式

同步网之间由一条基线边相连接的异步网称为边连式异步网,如图 6-13 所示。

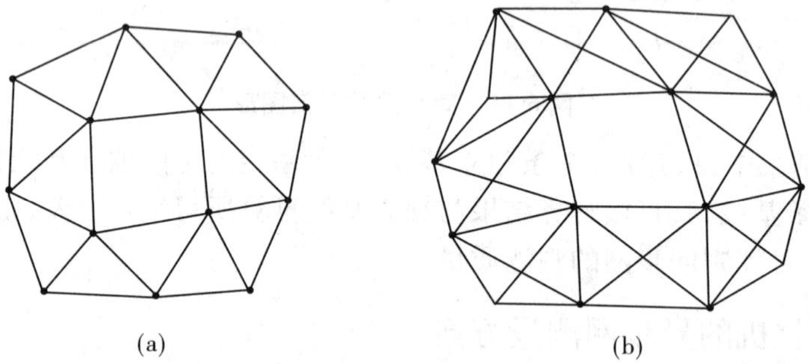

图 6-13　边连式异步网

图 6-13(a)表示用三台接收机分别在 13 个三角形同步网中先后作同步观测。同步网间有一条公共基线连结,公共基线在相连的同步环中分别测量两次。该网中有 13 个同步环和 1 个异步环,基线总数为 26,其中独立基线数为 13,重复基线数为 13。这样,就出现了 13 个同步环检核、1 个异步环检核、13 个重复基线的检核。

图 6-13(b)为 4 台接收机先后在 8 个观测时段进行同步观测所构成的边连式异步网。

网中有 8 个同步环和 1 个异步环、8 个重复基线的检核。其中在同步环检核中，又可产生大量同步闭合环。

（三）混连式

混连式是点连式与边连式的一种混合连接方式，如图 6-14 所示。其中图 6-14（a）为 3 台接收机作同步观测，由 9 个三边同步网所构成的混连式异步网；图 6-14（b）为 4 台接收机进行同步观测，由 5 个多边同步网构成的混连式异步网。

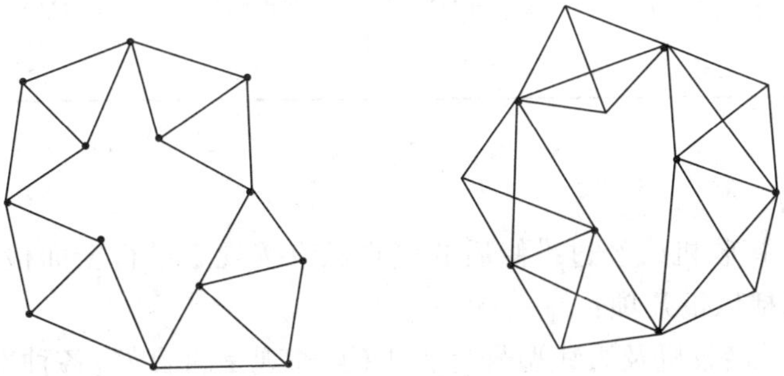

(a)　　　　(b)

图 6-14　混连式异步网

在上述三种连接方案中，第 1 种工作量最小，但无重复基线检核；第 2 种工作量最大，检核条件亦最多；第 3 种比较灵活，工作量与检核条件比较适中。在选择测设方案时，应从所具备的接收机数量和精度、工作量大小、卫星运行状态、测区条件等方面进行权衡。通常 GPS 相对定位精度较高，比较容易达到工程的期望精度，这时也就没有必要以高额投入换取更高的精度。

第四节　外业观测

GPS 外业观测是利用接收机接收来自 GPS 卫星的无线电信号，它是外业阶段的核心工作，包括准备工作、天线设置、接收机操作、气象数据观测、测站记录等项内容。

一、接收设备及其检验

（一）接收机选用

GPS 接收机是完成测量定位的关键设备，可根据需要按表 6-9（国家规范）和表 6-10（城市规范）选用。

表 6-9　接收机选用（国家规范）

级别	A	B	C	D、E
双频/单频	双频/全波长	双频/全波长	双频/全波长	双频或单频
观测量至少有	L_1、L_2 载波相位	L_1、L_2 载波相位	L_1、L_2 载波相位	L_1 载波相位
同步观测接收机数	≥4	≥4	≥3	≥2

表 6-10 接收机选用(城市规范)

等级	二	三	四	一级	二级
接收机类型	双频或单频	双频或单频	双频或单频	双频或单频	双频或单频
标称精度	$\leqslant(10\ \text{mm}+2\times10^{-6}\times D)$	$\leqslant(10\ \text{mm}+5\times10^{-6}\times D)$	$\leqslant(10\ \text{mm}+5\times10^{-6}\times D$	$\leqslant(10\ \text{mm}+5\times10^{-6}\times D)$	$\leqslant(10\ \text{mm}+5\times10^{-6}\times D)$
观测量	载波相位	载波相位	载波相位	载波相位	载波相位
同步观测接收机数	≥3	≥3	≥2	≥2	≥2

注:D 为基线长度,km。

(二)仪器检验

新购置的 GPS 接收机或经过维修后的接收机应按规定进行全面检验,合格后方能参加作业。检验项目包括以下几项:

(1)一般检视。接收机及天线型号是否正确,外观是否良好;各种部件及其附件是否齐全、完好;紧固部件不得松动和脱落;设备的使用手册应齐全。

(2)通电检验。正确联接电缆,然后通电检验有关信号灯、按键、显示系统以及仪表、测试系统是否正常。最后按操作步骤进行卫星的捕获与跟踪,检验其工作情况。

(3)实测检验。应在不同长度的标准基线上或专设的 GPS 测量检验场上进行。对广大用户而言,可采用较为简单的超短基线(准确测得它的实际长度),作为检测的标准值。

检测时将受检接收机按照全组合方式对超短基线做双差定位测量。在这种几米长的超短基线上做双差定位测量时,既可不顾及对流层和电离层时延改正的残差影响,又可消除星历和星钟误差以及接收机钟差。各站际双差成果和基线标准值之差,能较客观地反映各接收机的仪器误差及其稳定性。

除上述三项检验外,天线底座的圆水准器和光学对点器,也都要在出测前进行检验和校正。作业中所用的测量作业仪表,如通风干湿表、空盒气压表、温度计,也应定期送气象部门检验,以保证正常工作。

(三)仪器维护

GPS 接收机是贵重的精密电子仪器,对于它的运输、使用、存放,用户均需制定严格的维护办法。

(1)GPS 接收机等仪器应指定专人保管,不论采用何种运输方式,均应有专人押运,并应采取防震措施,不得碰撞、倒置或重压。

(2)作业期间,应严格遵守技术规定和操作要求,未经允许非作业人员不得擅自操作仪器。

(3)接收机仪器应注意防震、防潮、防晒、防尘、防蚀、防辐射;电缆线不应扭折,不应在地面拖拉、辗砸,其接头和连接器应保持清洁。

(4)作业结束后,应及时擦净接收机上的水汽和尘埃,及时存放在仪器箱内。仪器箱应置于通风、干燥、阴凉处,箱内干燥剂呈粉红色时,应及时更换。

(5)仪器交接时应按规定的一般检视的项目进行检查,并填写交接情况记录。

(6)接收机在使用外接电源前,应检查电源电压是否正常,电池正负极切勿接反。

(7)当天线置于楼顶、高标及其他设施的顶端作业时，应采用加固措施，雷雨天气时应有避雷设施或停止观测。

(8)接收机在室内存放期间，室内应定期通风，每隔1～2个月应通电检查一次，接收机内电池要保持充满电状态，外接电池应按其要求按时充放电。

(9)严禁拆卸接收机各部件，天线电缆不得擅自切割改装、改换型号或接长。如发生故障，应认真记录并报告有关部门，请专业人员维修。

二、制订施测方案

GPS卫星定位网的技术设计是在室内完成的，它注重GPS网的科学性和完整性。而施测方案则是依据接收机的台数和点位的分布特点，充分考虑到测区交通和地理环境，精心安排多台接收机进行的同步观测计划。

例如图6-15表示了利用四台接收机进行同步环路测量的实施方案。图中用网环路与子环路分别构成闭合的GPS网。GPS点的编号就是环路测量的推进顺序。根据所设计的网环路制订施测方案时还会出现其他不同形式，应视测区内的交通状况和站址位置做出周密的安排。

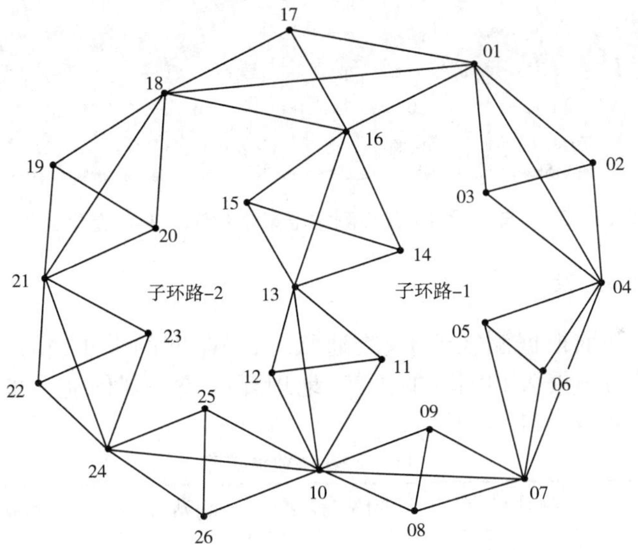

图6-15　网环路与子环路

三、选择最佳观测时段

GPS卫星的观测，是待GPS卫星升离地平线一定的角度才开始的，这个角度就是卫星高度截止角。高度角愈小，愈有利于减小三维位置图形强度因子(PDOP)，从而延长最佳观测时间；但是卫星高度角愈小，对流层影响愈显著，测量误差随之增大。在精密定位测量时，卫星高度截止角宜选定在15°左右。

当卫星高度角≥15°时，2016年5月10日某测站上在视GPS卫星和*PDOP*随时间变化曲线的例子如图6-16所示。它是用测站概略经纬度和现有GPS卫星星历所做出的*PDOP*预报，用以选择最佳观测时段。由图6-16可知，整个作业时段均有5颗以上卫星可供观测；除

04:20～05:00 约 40 min 内 *PDOP*≥6.3 外，其余时间的几何图形 *PDOP* 处于良好状态或一般状态。通常用一个子环路的平均经纬度和最接近观测时日的 GPS 卫星星历绘制 *PDOP* 变化曲线，以此选择测量该子环路的公共观测时段，而不是依每一个测站选择最佳观测时段。

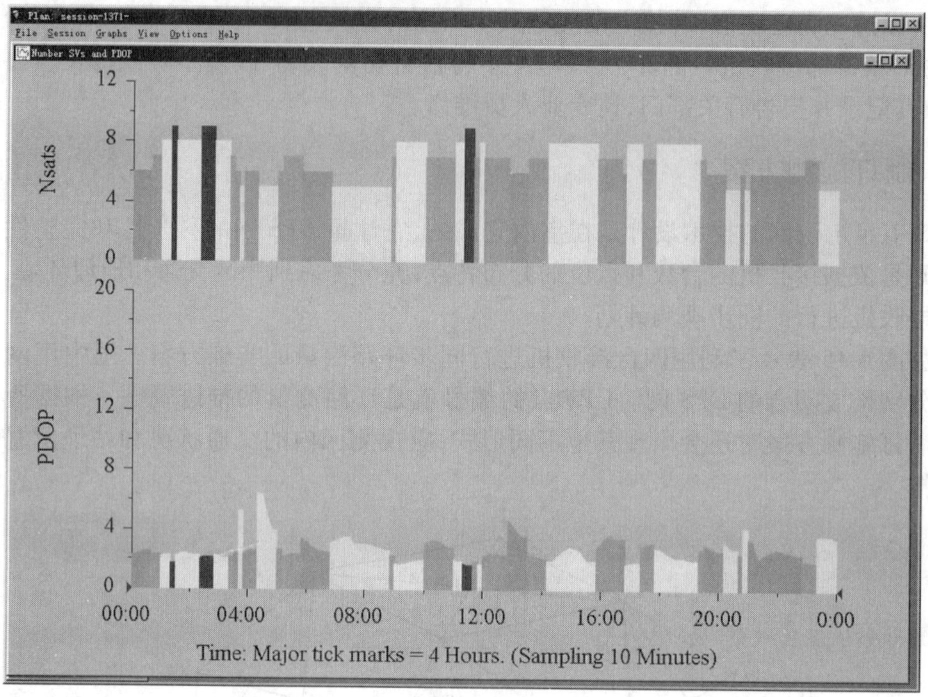

图 6-16　2017 年 5 月 10 日某测站卫星个数和 *PDOP* 变化曲线图

四、编排作业调度表

作业小组应在观测前根据测区地形、交通状况、控制网的大小、精度的高低、仪器的数量、GPS 网的设计、星历预报表和测区的天气、地理环境等编制作业调度表，以提高工作效率。GPS 作业调度表见表 6-11。

表 6-11　GPS 作业调度表

时段编号	观测时间	测站号/名	测站号/名	测站号/名	测站号/名	测站号/名
		机号	机号	机号	机号	机号
1						
2						
3						
4						

五、天线安置

为了避免严重的重影及多路径现象干扰信号接收,确保观测成果质量,必须妥善安置天线。

天线要尽量利用脚架安置,直接在点上对中。当控制点上建有寻常标时,应在安置天线之前先放倒觇标或采取其他措施。只有在特殊情况下,方可进行偏心观测,此时归心元素应以解析法精确测定。

天线的定向标志线应指向正北。其中A与B级在顾及当地磁偏角修正后,定向误差不应大于±5°。天线底盘上的圆水准气泡必须居中。

天线安置后,应在每时段观测前、后各量取天线高一次。对备有专门测高标尺的接收设备,将标尺插入天线的专用孔中,下端垂准中心标志,直接读出天线高。对其他接收设备,可采用倾斜测量方法。从脚架互成120°的三个空当测量天线底盘下表面至中心标志面的距离,互差小于3 mm时,取平均值L,若天线底盘半径为R,再利用厂方提供的平均相位中心至底盘下表面的高度h_c,按下式求出天线高:

$$h = \sqrt{L^2 - R^2} + h_c \tag{6-5}$$

天线安置后,应在每时段观测前、后各量取天线高一次。量取天线高的方法有以下几种:

(1)天线墩上天线高测定。用天线高量测杆或小钢卷尺从厂家规定的天线高量测基准面彼此相隔120°的三个位置分别量取至天线墩中心标志面的垂直距离,互差应小于2 mm,取平均值为天线高h。

(2)三脚架上天线高测定。备有专用测高标尺的接收设备,将标尺插入天线的专用孔中,下端垂准中心标志,直接读出天线高(或需加一常数)。

其他接收设备,可采用倾斜测量方法。从脚架三个空当(互成120°),测量天线高量测基准面至中心标志面的距离,互差应小于3 mm,取平均值为L,天线底盘半径为R,天线高按式(6-6)求出。

$$h = \sqrt{L^2 - R^2} \tag{6-6}$$

(3)觇标仪器台上天线高测定。按天线墩上天线高测定方法量取天线高量测基准面至仪器台上表面的高差h_1,再量取仪器的厚度h_2,再用钢卷尺不同部位,量取仪器台下表面至中心标志高的高差三次h_3,其互差不应大于5 mm,取平均值为最后结果h,则天线高按式(6-7)求出。

$$h = h_1 + h_2 + h_3 \tag{6-7}$$

在GPS测量手簿中应绘出天线高量测方法略图。

六、观测作业

观测作业的主要任务是捕获GPS卫星信号,并对其进行跟踪、处理和量测,以获得所需要的定位信息和观测数据。

在离开天线不远的地面上,安放接收机。接通接收机至电源、天线、控制器的联接电缆,并经过预热和静置,即可启动接收机进行观测。

接收机开始记录数据后，观测员可使用专用功能键和选择菜单，查看测站信息、接收卫星数量、各通道信噪比、相位测量残差、实时定位的结果及其变化、存储介质记录情况等。

观测员要细心操作，静置和观测期间防止接收设备震动，防止人员和其他物体碰动天线和阻挡信号。

至于利用接收机进行作业的具体方法步骤，因接收机的类型不同而异。对于目前常见的接收机，其操作自动化程度较高，一般只需按若干功能键就能进行测量。对某种具体接收机的操作方法，用户应按随机的操作手册进行。

七、外业成果记录

在外业观测过程中，所有信息资料和观测数据都要妥善记录。记录的形式主要有以下两种。

（一）观测记录

观测记录由接收设备自动完成，均记录在存储介质（如磁带、磁卡等）上，记录项目主要有载波相位观测值及其相应的 GPS 时间、GPS 卫星星历参数、测站和接收机初始信息（测站名、测站号、时段号、近似坐标及高程、天线及接收机编号、天线高）。

存储介质的外面应贴制标签，注明文件名、网区名、点名、时段号、采集日期、测量手簿编号等。

接收机内存数据文件转录到外存介质上时，不得进行任何剔除和删改，不得调用任何对数据实施重新加工组合的操作指令。

（二）测量手簿

测量手簿是在接收机启动前与作业过程中，由测量员随时填写的。对于 D、E 级测量记录格式如表 6-12 所示。其中图幅编号，可填写 1∶50 000 地形图图幅编号；近似经纬度填至 1′，近似高程填至 100 m。整个观测过程出现的重要问题及其处理情况，亦应如实地填写在记事栏内。

观测记录和测量手簿都是 GPS 精密定位的依据，必须按照规定妥善保管。

八、观测作业要求

观测组应严格按规定的时间进行作业。GPS 接收机在开始观测前，应进行预热和静置，具体要求按接收机操作手册进行。

经检查接收机电源电缆和天线等各项连接无误，方可开机。开机后经检验有关指示灯与仪表显示正常后，方可进行自测试并输入测站、观测单元和时段等控制信息。接收机启动前与作业过程中，应随时逐项填写测量手簿中的记录项目。

接收机开始记录数据后，观测员可使用专用功能键和选择菜单，查看测站信息、接收卫星数、卫星号、卫星健康状况、各通道信噪比、相位测量残差、实时定位的结果及其变化、存储介质记录和电源情况等，如发现异常情况或未预料到的情况，应记录在测量手簿的备注栏内，并及时报告作业调度者。

每时段观测开始及结束前后各记录一次观测卫星号、天气状况、实时定位经纬度和大地高、*PDOP* 值等，一次在时段开始时，一次在时段结束时。时段长度超过 2 h，应每当 UTC 整点时增加观测记录上述内容一次，夜间放宽到 4 h。每时段观测前后应各量取天线高一次。

两次量高之差不应大于 3 mm，取平均值作为最后天线高。若互差超限，应查明原因，提出处理意见记入测量手簿记事栏。

表 6-12　GPS 外业观测手簿(城市规范)

__________工程 GPS 外业观测手簿

<table>
<tr><td colspan="2">观测者姓名________　　日　期________年____月____日
测　站　名________　　测站号________时段号________
天 气 状 况________</td></tr>
<tr><td>测站近似坐标：

经度：E ________°________′
纬度：N ________°________′
高程：____________</td><td>本测站为
□________新点
□________等大地点
□________等水准点
□____________</td></tr>
<tr><td colspan="2">记录时间：□北京时间　□UTC　□区时
开录时间________　结束时间________</td></tr>
<tr><td colspan="2">接收机号________　天线号________
天线高：(m)　　　　　　　　测后校核值________
1. ________ 2. ________ 3. ________平均值________</td></tr>
<tr><td>天线高量取方式略图</td><td>测站略图及障碍物情况</td></tr>
<tr><td colspan="2">观测状况记录
1. 电池电压____________(块、条)
2. 接收卫星号____________________
3. 信噪比(SNR)____________________
4. 故障情况____________________</td></tr>
<tr><td colspan="2">5. 备注</td></tr>
</table>

除特殊情况外，不宜进行偏心观测。观测期间，不应在天线附近 50 m 以内使用电台、10 m 以内使用对讲机。天气太冷时，接收机应适当保暖；天气很热时，接收机应避免阳光直接照晒，确保接收机正常工作。

一个时段观测过程中不应进行以下操作：

(1)接收机重新启动；

(2)进行自测试；

(3)改变卫星截止高度角；

(4)改变数据采样间隔；

(5)改变天线位置;

(6)按动关闭文件和删除文件等功能键。

经检查,所有规定作业项目均已全面完成,并符合要求,记录与资料完整无误,方可迁站。

在外业观测过程中,作业人员应遵守如下要求:

(1)观测组必须严格遵守调度命令,按规定时间同步观测同一组卫星。当没按计划到达点位时,应及时通知其他各组,并经观测计划编制者同意对时段作必要调整,观测组不得擅自更改观测计划。

(2)一个时段观测过程中严禁进行以下操作:关闭接收机重新启动;进行自测试(发现故障除外);改变接收设备预置参数等;改变天线位置;按关闭和删除文件功能等。

(3)观测期间作业员不得擅自离开测站,并应防止仪器受震动和被移动,要防止人员或其他物体靠近、碰动天线或阻挡信号。

(4)在作业过程中,不应在天线附近使用无线电通信。当必须使用时,无线电通信工具应距天线 10 m 以上。雷雨过境时应关机停测,并卸下天线以防雷击。

九、外业观测记录要求

在外业观测过程中,所有信息资料和观测数据都要妥善记录。记录的形式主要有以下两种。

(一)观测记录

观测记录由接收设备自动完成,均记录在存储介质(如磁带、磁卡等)上,记录项目主要有载波相位观测值及其相应的 GPS 时间、GPS 卫星星历参数、测站和接收机初始信息(测站名、测站号、时段号、近似坐标及高程、天线及接收机编号、天线高)。

(二)测量手簿

测量手簿记录格式见表 6-13,记录内容及要求如下:

(1)点号、点名。

(2)图幅编号:填写点位所在的 1:50 000 地形图图幅编号。

(3)观测员、记录员。

(4)时段号、观测时期:每个测站时段号按顺序连续编写,如:01,02,03,…;观测时间填写年、月、日,并打一斜线填写年积日。

(5)接收机型号及其编号、天线类型及其编号:填写全名,如“Ashtech Zxtreme”“扼流圈双波段天线”,主机及天线编号(S/N、P/N)从主机及天线上查取,填写完整。

(6)存储介质及编号、备份存储介质及其编号。

(7)原始视测数据文件名、Rinex 格式数据文件名。

(8)近似纬度、近似经度、近似高程:近似经纬度填至 1′,近似高程填至 100 m。

(9)采样间隔、开始记录时间、结束记录时间:采样间隔填写接收机实际设置的数据采样率。

(10)站时段号、日时段号。

(11)天线高及其测定方法及略图:各项测定值取至 0.001 m。

表 6-13　GPS 测量手簿记录格式

点 号		点 名		图幅编号	
观测员、记录员		观测日期		时段号	
接收机型号 及其编号		天线类型及其编号		存储介质类型 及其编号	
原始观测 数据文件名		Rinex 格式数据 文件名		备份存储介质 类型及其编号	
近似纬度	°　′　″N	近似经度	°　′　″E	近似高程	m
采样间隔	s	开始记录时间	h　min	结束记录时间	h　min
天线高测定		天线高测定方法及略图		点位略图	
测前：　　测后： 测定值______m ______m 修正值______m ______m 天线高______m ______m 平均值______m ______m					
时间(UTC)		跟踪卫星数		*PDOP*	
记 事					

(12)点位略图：按点附近地形地物绘制，应有 3 个标定点位的地物点，比例尺大小视点位具体情况确定。点位环境发生变化后，应注明新增障碍物的性质，如树林、建筑物等。

(13)测站作业记录：记载有效观测卫星数、*PDOP* 值等，B 级每 4 h 记录一次，C 级每 2 h 记录一次，D 级、E 级观测开始与结束时各记录一次。

(14)记事：记载天气状况，填写开机时的天气状况，按晴、多云、阴、小雨、中雨、大雨、小雪、中雪、大雪、风力、风向选一填写，同时记录云量分布；记载是否进行偏心观测，其记录在何手簿，以及整个观测过程中出现的重要问题，出现时间及其处理情况。

十、外业成果记录

(一)记录类型

GPS 测量作业所获取的成果记录应包括以下三类:观测数据、测量手簿、其他记录包括偏心观测资料等。

(二)记录内容

观测记录项目包括以下主要内容:观测数据(原始观测数据和 Rinex 格式数据);对应观测值的 GPS 时间;测站和接收机初始信息:测站名、测站号、观测单元号、时段号、近似坐标及高程、天线及接收机型号和编号、天线高与天线高量取位置及方式;观测时期、采样间隔、卫星截止高度角。

(三)记录要求

(1)观测前和观测过程中应按要求及时填写各项内容,书写要认真细致,字迹清晰、工整、美观。

(2)测量手簿各项观测记录一律使用铅笔,不应刮擦、涂改,不应转抄或追记,如有读、记错误,可整齐划掉,将正确数据写在上面并注明原因。其中天线高、气象计数等原始记录不应连环涂改。

(3)手簿整饰,存储介质注记和各种计算一律使用蓝黑墨水书写。

(4)外业观测中,接收机内存储介质上的数据文件应及时拷贝成一式两份,并在外存储介质适当处制贴标签,注明网区名、点名、点号、观测单元号、时段号、文件名、采集日期、测量手簿编号等。两份存储介质应分别存在专人保管的防水、防静电的资料箱内。

(5)接收机内所存数据文件卸载到外存介质上时,不应进行剔除、删改或编辑。

(6)测量手簿应事先连续编印页码并装订成册,不应缺损。其他记录,应分别装订成册。

第五节　观测成果的外业检核及处理

观测成果的外业检核是外业工作的最后一个环节。每当观测任务结束,必须对观测数据的质量进行分析并做出评价,以确保观测成果和定位结果的预期精度。

一、野外数据检核

对野外观测资料首先要进行复查,内容包括:成果是否符合调度命令和规范的要求,进行的观测数据质量分析是否符合实际。然后进行下列项目的检核。

(一)每个时段同步边观测数据的检核

两端点的接收机,通过多历元同步观测,经平差计算的基线边称为同步边。同步边检核的内容如下:

(1)数据剔除率。剔除的观测值个数与应获取的观测值个数的比值称为数据剔除率。同一时段观测值的数据剔除率,其值应小于 10%。

(2)平差值中的误差。计算同步边各时段平差值中误差和相对中误差。其中中误差应小于 0.1 m,相对中误差应符合表 6-1 的要求。

（二）重复观测边的检核

同一条基线边若观测了多个时段，则可得到多个边长结果。这种具有多个独立观测结果的边就是重复观测边。对于重复观测边的任意两个时段的成果互差，均应小于接收机标称精度的 $2\sqrt{2}$ 倍。

（三）环闭合差的检核

当独立观测的各同步边构成闭合环形（如三角形、多边形）时，各边的坐标差之和应为零。但是由于多种误差的存在，环中各独立观测边的坐标差分量闭合差不为零，设其为

$$\left.\begin{aligned}\omega_x &= \sum_{i=1}^{n}\Delta x_i\\ \omega_y &= \sum_{i=1}^{n}\Delta y_i\\ \omega_z &= \sum_{i=1}^{n}\Delta z_i\end{aligned}\right\} \tag{6-8}$$

式中　n——闭合环中同步边数。

此时环闭合差的定义是

$$\omega = (\omega_x^2 + \omega_y^2 + \omega_z^2)^{\frac{1}{2}} \tag{6-9}$$

环闭合差的大小是评价观测成果质量的重要标志之一。《国家规范》规定，若干个独立边组成闭合环时，各坐标差分量闭合差不应大于 $3\sqrt{n}\sigma$，其中 σ 为相应级别按平均距离（见表 6-1）算出的规定中误差。

（四）同步观测环检核

当环中各边为多台接收机同步观测时，由于各边是不独立的，所以其闭合差应恒为零。例如三边同步环中只有两条同步边可以视为独立的成果，第三边成果应为其余两边的代数和。但是由于模型误差和处理软件的内在缺陷，使得这种同步环的闭合差实际上仍可能不为零。这种闭合差一般数值很小，不至于对定位结果产生明显影响，所以也可把它作为成果质量的一种检核标准。

《国家规范》规定，三边同步环中第三边处理结果与前两边的代数和之差值应小于下列数值：

$$\omega_x \leqslant \frac{\sqrt{3}}{5}\sigma,\omega_y \leqslant \frac{\sqrt{3}}{5}\sigma,\omega_z \leqslant \frac{\sqrt{3}}{5}\sigma$$

$$\omega = (\omega_x^2 + \omega_y^2 + \omega_z^2)^{\frac{1}{2}} \leqslant \frac{3}{5}\sigma \tag{6-10}$$

式中　σ——相应级别的规定中误差（按平均边长计算）。

对于 4 站以上的多边同步环，可以产生大量同步闭合环，在处理完各边观测值后，应检查一切可能的闭合差。以图 6-17 为例，A、B、C、D 四站应检核：①$AB-BC-CA$；②$AC-CD-DA$；③$AB-BD-DA$；④$BC-CD-DB$；⑤$AB-BC-CD-DA$；⑥$AB-BD-DC-CA$；⑦$AD-DB-BC-CA$。所有闭合环的分量闭合差不应大于 $\frac{\sqrt{n}\sigma}{5}$，而环闭合差

$$\omega = (\omega_x + \omega_y + \omega_z)^{\frac{1}{2}} \leqslant \frac{\sqrt{3n}}{5}\sigma \qquad (6\text{-}11)$$

式中 n——闭合环中的边数；

σ——相应级别的规定中误差。

当发现边闭合数据或环闭合数据超出上列规定时，应分析原因并对其中部分或全部成果重测。需要重测的边，应尽量安排在一起进行同步观测。

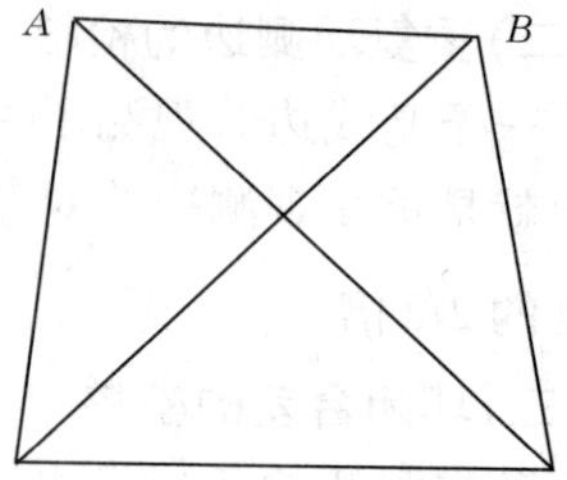

图 6-17 同步环闭合差

二、数据后处理

GPS 测量数据的测后处理，一般均可借助相应的后处理软件自动完成，其基本过程和基本内容如下所述。

（一）观测数据的预处理

预处理的主要目的是对原始数据进行编辑、加工与整理，分流并产生各种专用信息文件，为进一步的平差计算做准备。它的基本内容是：

（1）数据传输。将 GPS 接收机记录的观测数据传输到磁盘或其他介质上。

（2）数据分流。从原始记录中，通过解码将各种数据分类整理，剔除无效观测值和冗余信息，形成各种数据文件，如星历文件、观测文件和测站信息文件等。

（3）统一数据文件格式。将不同类型接收机的数据记录格式、项目和采样间隔，统一为标准化的文件格式，以便统一处理。

（4）卫星轨道的标准化。采用多项式拟合法，平滑 GPS 卫星每小时发送的轨道参数，使观测时段的卫星轨道标准化。

（5）探测周跳、修复载波相位观测值。

（6）对观测值进行必要改正。在 GPS 观测值中加入对流层改正，单频接收机的观测值中加入电离层改正。

（二）平差计算

根据上述预处理所获得的标准化数据文件，进行观测数据的平差计算。其主要内容包括：

（1）基线向量或多站网平差计算。对于两台接收机，要对多个历元同步观测值进行独立基线向量（坐标差）的平差计算；对于多台接收机所作的同步观测区，要同时确定多条基线向量。由此所得到的平差结果为观测站之间的基线向量及其方差与协方差。

（2）GPS 网平差的计算。利用上述基线边的平差结果，作为相关观测量进行网的整体平差。平差计算应在 WGS－84 坐标系统中进行，平差结果一般是网点的空间直角坐标、大地坐标和高斯平面坐标以及相应的方差和协方差。

（3）坐标系统的转换或与地面网的联合平差。上述 GPS 网在 WGS－84 坐标系统中的平差结果，还需要化算到地方所采用的坐标系统中去。如果为了改善已有的地方控制网，还需要确定 GPS 网与原控制网之间的转换参数，进行两网的联合平差。

平差计算完成后，需输出打印以下基本信息：测区和各测站的基本信息；观测值的数量、数据剔除率、时段起止时刻和持续时间的统计信息；平差计算采用的坐标系统、基本常数、起算数据、观测值类型和数据处理方法；平差计算采用的先验约束条件、先验误差；平差结果；

平差值的精度。

三、观测质量的评价标准

在 GPS 静态相对定位中，观测数据的评价一般分为 4 级，即良好、合格、存疑和不合格，各级的评价标准如下。

（一）良好

（1）测站环境好，无干扰因素。

（2）观测过程中大气状况稳定。

（3）能观测到所有预报的卫星。

（4）接收机运行正常，没有或偶尔发生短暂的失锁或故障报警，但很快得以排除。

（5）测站上全站操作过程都符合规定，资料齐全。

（6）实时绝对定位解的收敛平稳。

（二）合格

（1）测站上有明显的干扰因素。

（2）观测过程中大气状况有明显的波动（如有暴风雨过境、各方位的云量分布极不均匀和气象突变等）。

（3）接收机运行不太正常，多次出现报警或卫星失锁，且由于未能及时排除或多次积累致使约有 10% 的观测数据无效。

（4）测站上的操作过程基本符合规定要求。

（5）实时单点定位解的收敛过程有波动。

（三）存疑（或部分合格）

（1）测站上信号干扰因素比较严重。

（2）观测过程中报警或信号失锁频繁，有约 20% 的观测数据无效。

（3）单点定位解的收敛波动较大。

（四）不合格

（1）由于多种因素（气象、仪器、建筑施工操作等）的影响，致使无效数据多于 30%。

（2）观测卫星数少于 4 颗。

（3）单点定位角的收敛很困难。

在上述评价标准中，对于良好和合格的条件是所有指标都应该满足的，对于存疑和不合格的条件是满足指标中的任意一条。

四、关于重测问题

通过对检核超限基线的分析，若数据无法满足建立 GPS 控制网有关精度的要求，则需要进行返工重测，重测时应该注意下面几个问题：

（1）无论何种原因造成一个控制点不能与两条合格独立基线相联结，则该点上应补测或重测不少于一条独立基线。

（2）可以舍弃在复测基线边长较差、同步环闭合差、独立环闭合差检验中超限的基线，但必须保证舍弃基线后的独立环所含基线数；否则，应重测该基线或有关同步图形。

（3）由于点位不符合 GPS 测量定位要求而造成一个测站多次重测仍不能满足多项限差

技术规定时，可按技术设计要求另增选新点进行重测。

（4）在测量成果检核工作完成以前，应该对 GPS 网点进行保护，以免将 GPS 点位损坏，为重测工作带来不必要的麻烦。

五、技术总结与上交资料

（一）技术总结

GPS 测量工作结束后，需按要求编写技术总结报告，其内容包括：

（1）测区范围与位置，自然地理条件，气候特点，交通及电信、电源等情况；

（2）任务来源，测区已有测量情况，项目名称，施测目的和基本精度要求；

（3）施测单位，施测起讫时间，技术依据，作业人员情况；

（4）接收设备类型与数量以及检验情况；

（5）选点所遇障碍物和环境影响的评价，埋石与重合点情况；

（6）观测方法要点与补测、重测情况，以及野外作业发生与存在问题的说明；

（7）野外数据检核，起算数据情况和数据后处理内容、方法及软件情况；

（8）工作量、工日及定额计算；

（9）方案实施与规范执行情况；

（10）上交成果尚存问题和需要说明的其他问题；

（11）各种附表与附图。

（二）上交资料

GPS 测量任务完成后，应上交下列资料：

（1）测量任务书（或合同书）与专业设计书；

（2）点之记、环视图和测量标志委托保管书、选点和埋石资料；

（3）接收设备、气象及其他仪器的检验资料；

（4）外业观测记录、测量手簿及其他记录；

（5）数据加工处理中生成的文件、资料和成果表；

（6）GPS 网展点图；

（7）技术总结和成果验收报告。

思考题与习题

6-1　GPS 测量外业阶段包括哪几项？

6-2　GPS 定位网设计及外业测量的主要技术依据是什么？

6-3　《国家规范》规定 B 级和 C 级主要用于哪种测量？

6-4　《城市规范》规定其 GPS 网按什么要求划分等级，在布网时有什么要求？

6-5　GPS 网的精度要求是什么？精度指标通常是以什么来表示？

6-6　在 GPS 定位外业工作过程中，需要考虑哪些因素？

6-7　GPS 网图形设计时应遵循哪些原则？

6-8　在设计 GPS 定位网时，一定要考虑联测一定数量的常规控制点和基准点。联测点应选择哪几种点？其在 GPS 定位网中密度和分布如何？

6-9　GPS 定位精度同什么因素有关？

6-10　GPS 野外选点应符合哪些要求？

6-11　选择 GPS 接收机应该综合考虑哪些因素？按信号通道类型的选择有哪几种？

6-12　什么是同步网？同步网之间的连接方式有哪几种？什么是异步网？

6-13　新购置的 GPS 接收机或经过维修后的接收机应按规定进行全面检验，合格后方能参加作业。检验项目包括哪几种？

6-14　如何选择最佳观测时段？

6-15　怎样编制作业调度表？

6-16　如何架设天线？天线的定向标志线有什么作用？

6-17　简述 GPS 技术总结的内容。

第七章　GPS 控制网的数据处理

GPS 控制网数据处理的目的就是将采集的数据，经测量平差后，归化到参考椭球面上并投影到所采用的平面上，得到点的准确位置。

GPS 测量定位数据不同于常规的测量数据（如距离、角度、高差等），它是接收机天线相位中心至卫星的伪距、载波相位和卫星星历等数据。因此，要得到具有实用意义的定位成果，就需要对 GPS 定位数据进行一系列的处理。

本章将详细介绍 GPS 定位数据处理技术。

第一节　观测数据的预处理

一、概述

如图 7-1 所示，GPS 测量数据处理的基本过程可分为：数据采集、传输、预处理，基线解算，网平差计算，坐标系统转换，与原有地面网的联合平差等基本步骤。

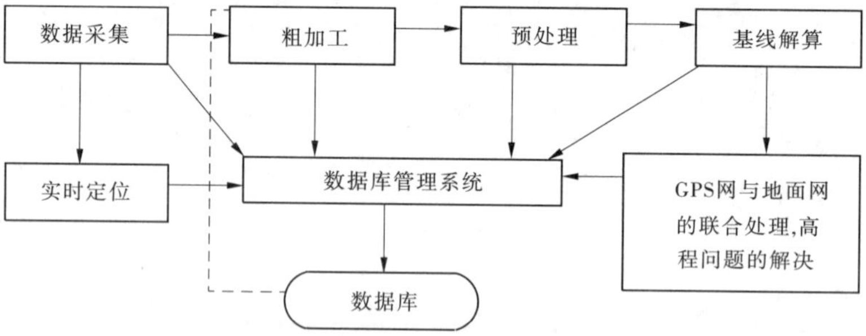

图 7-1　GPS 数据处理的基本过程

（一）GPS 数据处理特点

GPS 定位数据处理与常规测量数据处理相比具有以下显著特点：

（1）海量的观测数据。按每 15 s 采集一组野外观测数据计算，一台接收机连续观测 1 min 有 4 组数据，1 h 将有 240 组数据，每组数据中含有对若干颗（一般多于 4 颗）卫星的伪距、载波相位观测值和星历数据、气象数据等。GPS 定位时一般使用多台接收机同步观测，将会有上万组甚至更多的数据。

（2）复杂的处理过程。从 GPS 原始观测数据到最终的平差结果，其处理过程非常复杂。简单地说，可以分为基线向量的解算和 GPS 网平差两个阶段。数据传输至基线向量的解算一般是用随机商业软件将接收机记录的数据传输到计算机，在计算机上进行预处理和基线向量的解算。GPS 网平差又包括 GPS 基线向量网平差和 GPS 网与地面网联合平差等内容。总之，每一阶段都需要对大量数据进行组织、检验、计算和分析处理，处理过程非常复杂。

（3）多样的数学模型。GPS 定位技术是一项正在发展中的新兴技术，因此对同一问题的处理方法也不尽相同，这就使得数据处理时数学模型和计算方法具有多种形式，而且还在不断地创新。

(4)自动化程度高。随着计算机技术的迅猛发展和软件水平的不断提高，GPS 数据处理的自动化程度也越来越高。目前，GPS 数据处理一般均可借助相应的 GPS 数据处理软件自动完成。

(二)预处理的主要内容

本节讨论 GPS 数据的预处理，其主要目的是对原始观测数据进行编辑、加工与整理，剔除粗差，删除无效无用数据，分流出各种专用的信息文件，为下一步的平差计算做准备。

预处理所采用的数学模型、评价数据质量的标准和方法的优劣，对以后的平差计算以及平差结果的精度都将产生重要的影响，因而是提高 GPS 定位作业效率和精度的重要环节。预处理工作的主要内容有：

(1)数据传输。数据传输是将 GPS 接收机内存模块所记录的观测数据用专用电缆连接(或无线连接)到计算机，并在后处理软件的菜单中选择传输数据选项后，观测数据便传输到计算机内。

(2)数据分流。数据分流是在数据传输的同时进行的，首先将各类观测数据归放入不同的文件，然后通过解码将各项数据分类整理，剔除无效观测值和冗余信息，分别建立不同的数据文件，以便进一步加工和处理。

以上两项工作称之为数据的粗加工，可认为是预处理的准备工作。

(3)观测数据的平滑滤波检验。剔除粗差，并进一步删除无效无用数据。

(4)统一数据文件格式。将不同类型接收机的数据记录格式、项目和采样间隔，统一为彼此兼容的标准化的文件格式(RINEX——国际通用的与接收机无关的 GPS 数据标准交换格式)，以便统一处理，若是同一类型的接收机，则不需做此步工作。

(5)卫星轨道方程的标准化。为了统一不同来源卫星轨道信息的表达方式和平滑 GPS 卫星每小时发送的轨道参数，一般须采用多项式拟合法，使观测时段的卫星轨道标准化，以简化计算工作，提高定位精度。

(6)探测整周跳变、修复载波相位观测值。

(7)对观测值进行电离层、对流层等各种模型改正。

二、预处理的准备工作

(一)数据传输

GPS 接收机采集的数据可以记录在内存模块中，以方便外业观测。在进行数据预处理之前，首先要从 GPS 接收机的内存模块中将观测数据传输至计算机。

(二)数据分流

在进行数据传输的同时，利用数据处理软件将原始记录中的各项观测数据进行分类整理，剔除无效观测值和冗余信息，自动生成以下四个数据文件：

(1)观测值文件。观测值文件是容量最大的文件。内含对应的卫星号、卫星高度角和方位角、观测历元、C/A 码伪距、L_1/L_2的载波相位观测值、积分多普勒计数、信噪比等，其中最主要的是伪距和载波相位观测值。

(2)星历参数文件。包含所有被测卫星的轨道位置信息，根据这些信息可以计算出任一瞬间的被测卫星在轨位置。

(3)电离层参数和 UTC 参数文件。电离层参数可用于改正观测值的电离层影响,UTC 参数则用于将 GPS 时间修正为 UTC 时间。

(4)测站信息文件。测站信息文件包含测站的基本信息和在本测站上的观测情况。例如测站名,测站号,测站的概略坐标,接收机号,天线号,天线高,观测的起止时间,记录的数据量,初步定位结果等。

(三)数据解码

经数据分流后生成的四个数据文件中,除测站信息文件外,其余均为二进制数据文件。为便于分析研究,而且更重要的是为数据文件标准化做准备,必须将它们解译成能直接识别的文件,将数据文件标准化。

三、数据预处理的内容

GPS 数据预处理的目的是:对数据进行平滑滤波检验,剔除粗差;统一数据文件格式并将其加工成标准化文件,找出整周跳变点并进行修复,确定整周未知数的初值;对观测值进行各种模型改正。此处我们仅讨论卫星轨道方程标准化、星钟多项式标准化和观测值文件标准化问题。

(一)GPS 卫星轨道方程的标准化

从理论上讲,根据卫星星历数据就可以计算出观测时段内任一时刻任一卫星的空间位置和速度。但是在实际观测时,由于星历来源不同,其数据格式及相应的计算位置和速度的公式也不相同。另外,GPS 广播星历每小时更新一次,即每小时就有一组独立的星历参数。当用相邻两组星历计算同一时刻的卫星位置时,将会得出不同的结果,从而给两组独立轨道的邻接点及其附近点处的整周跳变探测、修复和观测值残差分析带来许多不确定性因素。因此,在实际平差之前采用以时间为变元的多项式拟合法,建立一组标准化的轨道方程来覆盖整个观测时段,使观测时段的卫星轨道标准化。

设多项式 P_j 为

$$P_j(t) = \sum_{i=0}^{n} a_{ji} t^i \quad (j = x, y, z) \tag{7-1}$$

式中 $P_x(t)$、$P_y(t)$、$P_z(t)$ ——x、y、z 坐标的多项式函数;

$a_{ji}(j = x, y, z; i = 0, 1, 2, \cdots, n)$ ——多项式系数;

t——时间变量。

相应的速度分量的多项式为

$$P'_j(t) = \sum_{i=1}^{n} (i a_{ji}) t^{i-1} \tag{7-2}$$

若根据星历数据计算了 $t_k(k = 1, 2, \cdots, m; m \geqslant n)$ 时刻的卫星位置 (x_k, y_k, z_k),则可得到 3 组 $3m$ 个误差方程。例如,对于 $P_x(t)$ 而言,有

$$V_{xk} = -x_k + P_x(t_k) | a_{x_i} = a_{x_i}^0 \qquad (k = 1, 2, \cdots, m) \tag{7-3}$$

取 $a_{x_i}^0 = 0$,则可组成误差方程:

$$\begin{bmatrix} V_{x_1} \\ V_{x_2} \\ \vdots \\ V_{x_m} \end{bmatrix} = \begin{bmatrix} 1 & t_1 & t_1^2 & \cdots & t_1^n \\ 1 & t_2 & t_2^2 & \cdots & t_2^n \\ \vdots & \vdots & \vdots & & \vdots \\ 1 & t_m & t_m^2 & \cdots & t_m^n \end{bmatrix} \begin{bmatrix} a_{x_0} \\ a_{x_1} \\ \vdots \\ a_{x_m} \end{bmatrix} - \begin{bmatrix} x_1 \\ x_2 \\ \vdots \\ x_m \end{bmatrix} \tag{7-4}$$

由于 $m \geqslant n$,则上式为矛盾方程组,利用最小二乘法即可解出 $a_{x_i}(i = 0,1,2,\cdots,n)$ 。

将多项式系数 $a_{ji}(j = x,y,z;i = 0,1,2,\cdots,n)$ 记入标准化星历文件,然后就可以用它们按式(7-1)计算任一时刻的卫星位置。多项式的阶数 n 一般取 8 ~ 10,以保证米级或厘米级轨道拟合的精度。采用多项式拟合的卫星位置占用内存少、计算速度快。

在实际拟合计算时,应考虑 t 的单位问题,如果以秒为单位,则可能会导致计算溢出,因而需要将时间单位规格化。取观测时段开始和结束的规格化时间为 -1 和 +1,对应的实际时间为 t_1 和 t_m ,则对应于 t_i 的规格化时间 T_i 为

$$T_i = \frac{2t_i - (t_1 + t_m)}{t_m - t_1} \tag{7-5}$$

如果在拟合时采用了规格化时间,则在实际轨道计算时亦应利用规格化时间。另外,不应将标准化轨道方程用于外推卫星位置。

(二)卫星钟差的标准化

当星钟改正数来自广播星历时,若观测时段跨整点,则也会有两组或多组星钟改正数,这就需要建立整个观测时段内连续、唯一且平滑的钟差改正多项式。

建立钟差改正多项式,主要是为了确定真正的信号发射时刻,以便计算该时刻的卫星轨道位置。另外,还可以统一各站对卫星的时间基准,以便估算它们之间的相对钟差。当多项式拟合的精度优于 ±0.2 ns 时,可精确探测整周跳变,估算整周未知数。

1. 钟差改正多项式

设 t_{sv} 为电文发射时的时间,其对应的 GPS 系统标准时间为 t,则

$$t = t_{sv} - \Delta t_{sv} \tag{7-6}$$

$$\Delta t_{sv} = a_0 + a_1(t - t_{0c}) + a_2(t - t_{0c})^2 \tag{7-7}$$

式中 Δt_{sv} ——星钟改正数;

a_0、a_1、a_2 ——星钟的钟偏、钟速、钟漂参数;

t_{0c} ——星钟参数的参考历元。

计算 Δt_{sv} 时可用 t_{sv} 代替 t。

2. 相对论改正

广播的时钟参数中已包括了全部相对论效应的影响,其周期部分已被拟合成二次三项式的一部分,定义域为 1 h(长期部分中较大的漂移用人工降低卫星振荡器的频率进行补偿)。为了用一个时间多项式拟合整个观测时段,则在拟合前应消去改正数中的相对论影响值,再加上应予顾及的相对论改正项,则 Δt_{sv} 应为

$$\Delta t_{sv} = (a_0 + a_{0r}) + (a_1 - a_{1r})(t - t_{0c}) + (a_2 - a_{2r})(t - t_{0c})^2 + \Delta t_r(t) \tag{7-8}$$

式中 $\Delta t_r(t) = k\sin E(t)$;

$a_{0r} = \Delta t_r(t_{0c}) = k\sin(t_{0c})$;

$a_{1r} = [\Delta t_r(t)]'|t = t_{0c} = kn\cos E(t_{0c})/L$;

$$a_{2r}=[\Delta t_r(t)]''|t=t_{0c}=-\frac{1}{2}kn^2\sin E(t_{0c})/L^2;$$

$k=(-4.443\times10^{-10})e\sqrt{A}$;

$L=(1-e\cos E(t_{0c}))$;

n——卫星的平均运动速度;

E——平近点角。

3. 星钟多项式拟合

设拟合后覆盖整个观测时段的星钟多项式仍为二次三项式,其系数用 A_0、A_1、A_2 表示,参考历元取时段中点 T_{0c},则有

$$\Delta t_{sv}=A_0+A_1(t-T_{0c})+A_2(t-T_{0c})^2 \tag{7-9}$$

为保证其截断误差不大于 ±1 ns,时段长度应不大于 3 h。当时段内取 n 个等距节点,依式(7-8)分别计算了这 n 个节点上的 $(\Delta t_{sv})_k(k=1,2,\cdots,n)$,则可组成如下误差方程:

$$\begin{bmatrix} v_1 \\ v_2 \\ \vdots \\ v_n \end{bmatrix}=\begin{bmatrix} 1 & T_1 & T_1^{\ 2} \\ 1 & T_2 & T_2^{\ 2} \\ \vdots & \vdots & \vdots \\ 1 & T_n & T_n^{\ 2} \end{bmatrix}\begin{bmatrix} A_0 \\ A_1 \\ A_2 \end{bmatrix}-\begin{bmatrix} (\Delta t_{sv})_1 \\ (\Delta t_{sv})_2 \\ \vdots \\ (\Delta t_{sv})_n \end{bmatrix} \tag{7-10}$$

式中 $T_i=t_i-T_{0c}$。

于是只要 $n\geqslant3$ 便可用最小二乘法解算出系数 A_0、A_1 和 A_2,然后用式(7-9)计算观测时段任一时刻的钟差改正数。

(三)观测值文件的标准化

由于接收机不同,其数据记录格式也不相同。例如观测时刻,可以采用接收机的参考历元,也可以采用经过改正归算至 GPS 标准时间。在轨道方程标准化后,仍需对观测值文件标准化,才能同时输入主处理程序进行平差计算。

观测值文件标准化主要有以下内容。

1. 记录格式标准化

经数据解码分流等处理后,提供的观测值文件应是与接收机类型无关的记录格式标准化的数据文件,即各种 GPS 接收机输出的数据文件应在存取方式、记录类型、记录长度上都采用同一记录格式。

2. 记录格式与项目标准化

标准化文件中的记录类型数量、类型代码、每一种类型的记录及数据项个数都应采用同一记录格式。

3. 采样密度标准化

由于各接收机的数据记录采样间隔可能不同,如有的接收机每 15 s 记录一次,有的接收机每 20 s 记录一次。因此,标准化后应将数据采样间隔统一成标准长度。为此应满足以下两个条件:一是标准长度应大于或等于外业采样间隔的最长的标准值;二是标准长度是任一测站任一接收机采样间隔的整倍数。采样密度标准化后,数据量将成倍减少,故也称数据压缩。

数据压缩工作应在整周跳变修复完成后进行。数据压缩后应等价于被压缩区间内的全

部数据，在 GPS 观测数据压缩中常用多项式拟合法，并保持各压缩数据间的误差独立。

4. 数据单位标准化

在进行观测值文件标准化时，用户一定要遵循所用处理软件的有关数据文件的技术标准，才能进行正常处理并获得可靠的结果。例如，载波相位观测值统一以周为单位。

为了不损害观测值的原始性，对观测值施加的各种模型改正，不应并入观测值内，如大气折射改正等应独立计算，并在最后处理中将改正后的观测值用于计算误差方程的自由项，以便分析模型误差。

第二节　GPS 基线向量的解算

GPS 相对定位的结果是确定测站点间的相对位置关系。这种相对位置关系通常用空间直角坐标差（$\Delta x_{ij}, \Delta y_{ij}, \Delta z_{ij}$）或大地坐标差（$\Delta B_{ij}, \Delta L_{ij}, \Delta H_{ij}$）表示。我们称这种点位间的相对位置量为基线向量，对应于两点间的长度称为基线长度。

本节将讨论利用载波相位观测值解算基线向量的平差模型和基线向量观测值的粗差检测及有关问题。

为了通过平差计算求解观测站之间的基线向量，一般均取相位观测值的线性组合，即差分模型。这里以站星二次差分观测值作为平差解算时的观测量，以测站间的基线向量坐标 $\boldsymbol{b} = (\Delta x, \Delta y, \Delta z)^{\mathrm{T}}$ 为主要未知量，建立误差方程式、法方程求解基线向量。

一、误差方程的列立

设在基线两端测站 i、j 同步观测的卫星为 k_1 和 k_2，并以 k_1 为参考卫星，则可得到站星二次差分的观测方程式为

$$\Delta \Phi_{ij}^{k_1 k_2}(t_i) = -\frac{f_s^{k_1}}{c}\Delta\rho^{k_1} + \frac{f_s^{k_2}}{c}\Delta\rho^{k_2} + \frac{f_s^{k_1}}{c}(\Delta_i^{k_1} - \Delta_j^{k_1}) - \frac{f_s^{k_2}}{c}(\Delta_i^{k_2} - \Delta_j^{k_2}) + N_{ij}^{k_1 k_2} + \varepsilon_{ij}^{k_1 k_2} \tag{7-11}$$

式中　ρ——站星距。

$$\left.\begin{aligned} \Delta\rho^{k_1} &= \rho_i^{k_1} - \rho_j^{k_1} \\ \Delta\rho^{k_2} &= \rho_i^{k_2} - \rho_j^{k_2} \\ N_{ij}^{k_1 k_2} &= N_i^{k_1} - N_j^{k_1} - N_i^{k_2} + N_j^{k_2} \\ \varepsilon_{ij}^{k_1 k_2} &= \varepsilon_i^{k_1} - \varepsilon_j^{k_1} - \varepsilon_i^{k_2} + \varepsilon_j^{k_2} \end{aligned}\right\} \tag{7-12}$$

为了解算基线向量坐标（$\Delta x_{ij}, \Delta y_{ij}, \Delta z_{ij}$），假设 i 点为已知点。如图 7-2 所示，设接收机至卫星方向的单位向量为 u，则有 $u_i^{k_1}, u_i^{k_2}, u_j^{k_1}, u_j^{k_2}$。

令

$$\left.\begin{aligned} \Delta u_1^{k_1} &= u_i^{k_1} - u_j^{k_1} \\ \Delta u_i^{k_2} &= u_i^{k_2} - u_j^{k_2} \\ u_m^{k_1} &= \frac{1}{2}(u_i^{k_1} + u_j^{k_1}) \\ u_m^{k_2} &= \frac{1}{2}(u_i^{k_2} + u_j^{k_2}) \end{aligned}\right\} \tag{7-13}$$

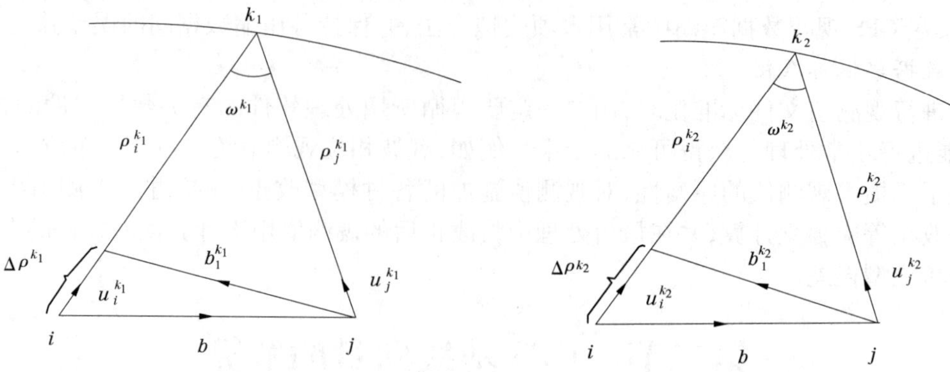

图 7-2　基线向量 b 与站星距 ρ 的关系

则可得

$$\left.\begin{aligned} b_1^{k_1} &= -\rho_j^{k_1}\Delta u^{k_1} \\ b_1^{k_2} &= -\rho_j^{k_2}\Delta u^{k_2} \end{aligned}\right\} \tag{7-14}$$

于是有

$$b + b_1^{k_1} = \Delta\rho^{k_1} u_i^{k_1} \tag{7-15}$$

即

$$b - \rho_j^{k_1}\Delta u^{k_1} = \Delta\rho^{k_1} u_i^{k_1} \tag{7-16}$$

同样对卫星 k_2 有

$$b - \rho_j^{k_2}\Delta u^{k_2} = \Delta\rho^{k_2} u_i^{k_2} \tag{7-17}$$

将式(7-16)两边同乘 $u_m^{k_1}$ 取点积

$$u_m^{k_1} b - \rho_j^{k_1}(u_m^{k_1}\Delta u^{k_1}) = \Delta\rho^{k_1}(u_m^{k_1} u_i^{k_1}) \tag{7-18}$$

因为

$$\begin{aligned} \Delta u_m^{k_1}\Delta u^{k_1} &= \frac{1}{2}(u_i^{k_1} + u_j^{k_1})(u_i^{k_1} - u_j^{k_1}) \\ &= \frac{1}{2}(u_i^{k_1}u_i^{k_1} + u_j^{k_1}u_i^{k_1} - u_i^{k_1}u_j^{k_1} - u_j^{k_1}u_j^{k_1}) \\ &= \frac{1}{2}(1 - 1) = 0 \end{aligned}$$

又因

$$\cos\omega^{k_1} = u_i^{k_1}u_j^{k_1} = u_j^{k_1}u_i^{k_1} \tag{7-19}$$

$$\begin{aligned} u_m^{k_1}u_i^{k_1} &= \frac{1}{2}(u_i^{k_1} + u_j^{k_1})u_i^{k_1} = \frac{1}{2}(u_i^{k_1}u_i^{k_1} + u_j^{k_1}u_i^{k_1}) \\ &= \frac{1}{2}(1 + \cos\omega^{k_1}) = \cos^2\frac{\omega^{k_1}}{2} \end{aligned} \tag{7-20}$$

于是式(7-18)变为

$$u_m^{k_1} b = -\cos^2\frac{\omega^{k_1}}{2}\Delta\rho^{k_1} \tag{7-21}$$

同理对卫星 k_2 也有

$$u_m^{k_2} b = -\cos^2\frac{\omega^{k_2}}{2}\Delta\rho^{k_2} \tag{7-22}$$

将式(7-21)和式(7-22)改写成

$$\Delta\rho^{k_1} = -\sec^2\frac{\omega^{k_1}}{2}u_m^{k_1}b \tag{7-23}$$

$$\Delta\rho^{k_2} = -\sec^2\frac{\omega^{k_2}}{2}u_m^{k_2}b \tag{7-24}$$

将上面两式代入式(7-11)得

$$\Delta\Phi_{ij}^{k_1k_2}(t_i) = \left(\frac{f_s^{k_1}}{c}\sec^2\frac{\omega^{k_1}}{2}u_m^{k_1} - \frac{f_s^{k_2}}{c}\sec^2\frac{\omega^{k_2}}{2}u_m^{k_2}\right)b + \frac{f_s^{k_1}}{c}(\Delta_i^{k_1} - \Delta_j^{k_1}) - \frac{f_s^{k_2}}{c}(\Delta_i^{k_2} - \Delta_j^{k_2}) + N_{ij}^{k_1k_2} + \varepsilon_{ij}^{k_1k_2} \tag{7-25}$$

令 $-\varepsilon_{ij}^{k_1k_2} = V_{ij}^{k_1k_2}(t_i)$，则可得到误差方程为

$$V_{ij}^{k_1k_2}(t_i) = \left(\frac{f_s^{k_1}}{c}\sec^2\frac{\omega^{k_1}}{2}u_m^{k_1} - \frac{f_s^{k_2}}{c}\sec^2\frac{\omega^{k_2}}{2}u_m^{k_2}\right)b + \frac{f_s^{k_1}}{c}(\Delta_i^{k_1} - \Delta_j^{k_1}) - \frac{f_s^{k_2}}{c}(\Delta_i^{k_2} - \Delta_j^{k_2}) + N_{ij}^{k_1k_2} - \Delta\Phi_{ij}^{k_1k_2}(t_i) \tag{7-26}$$

当基线长度小于 40 km 时，$\sec^2\frac{\omega^k}{2}$ 与 1 之差小于 1×10^{-6}，因此取 $\sec^2\frac{\omega^k}{2} = 1$，另外 $f_s^{k_1}$ 与 $f_s^{k_2}$ 之差也小于 1×10^{-6}，故可用标称频率 f_s 代替。

设基线向量 b 的近似值和初始整周未知数 $N_{ij}^{k_1k_2}$ 的近似值分别为：

$$(\Delta x_{ij}^0 \quad \Delta y_{ij}^0 \quad \Delta z_{ij}^0)^{\mathrm{T}} \text{ 和 } N_{ij}^{k_1k_2}$$

其改正数分别为

$$(\delta x_{ij} \quad \delta y_{ij} \quad \delta z_{ij})^{\mathrm{T}} \text{ 和 } \delta N_{ij}^{k_1k_2}$$

并且顾及

$$u_p^q = \frac{1}{\rho_p^q}(\Delta x_p^q \quad \Delta y_p^q \quad \Delta z_p^q)^{\mathrm{T}} \quad (p = i,j; q = k_1, k_2) \tag{7-27}$$

代入式(7-26)即可得到纯量形式的误差方程

$$V_{ij}^{k_1k_2} = a_{ij}^{k_1k_2}\delta x_{ij} + b_{ij}^{k_1k_2}\delta y_{ij} + c_{ij}^{k_1k_2}\delta z_{ij} + \delta N_{ij}^{k_1k_2} + W_{ij}^{k_1k_2} \tag{7-28}$$

式中

$$\left.\begin{aligned}
a_{ij}^{k_1k_2} &= \frac{1}{2}\frac{f_s}{c}\left(\frac{\Delta x_i^{k_1}}{\rho_i^{k_1}} + \frac{\Delta x_j^{k_1}}{\rho_j^{k_1}} - \frac{\Delta x_i^{k_2}}{\rho_i^{k_2}} - \frac{\Delta x_j^{k_2}}{\rho_j^{k_2}}\right)\\
b_{ij}^{k_1k_2} &= \frac{1}{2}\frac{f_s}{c}\left(\frac{\Delta y_i^{k_1}}{\rho_i^{k_1}} + \frac{\Delta y_j^{k_1}}{\rho_j^{k_1}} - \frac{\Delta y_i^{k_2}}{\rho_i^{k_2}} - \frac{\Delta y_j^{k_2}}{\rho_j^{k_2}}\right)\\
c_{ij}^{k_1k_2} &= \frac{1}{2}\frac{f_s}{c}\left(\frac{\Delta z_i^{k_1}}{\rho_i^{k_1}} + \frac{\Delta z_j^{k_1}}{\rho_j^{k_1}} - \frac{\Delta z_i^{k_2}}{\rho_i^{k_2}} - \frac{\Delta z_j^{k_2}}{\rho_j^{k_2}}\right)\\
W_{ij}^{k_1k_2} &= a_{ij}^{k_1k_2}\Delta x_{ij}^0 + b_{ij}^{k_1k_2}\Delta y_{ij}^0 + c_{ij}^{k_1k_2}\Delta z_{ij}^0 + (N_{ij}^{k_1k_2})^0 - \Delta\Phi_{ij}^{k_1k_2}
\end{aligned}\right\} \tag{7-29}$$

二、法方程的组成与解算

式(7-28)为任一历元 t_i 测站 i、j 和卫星 k_1、k_2 的双差观测值误差方程。当 t_i 历元两观测站同步观测的卫星为 sv，则可得到 $sv-1$ 个误差方程，相应要引入 $sv-1$ 个初始整周未知数，

即 t_i 历元共有 $(sv-1)+3$ 个未知数。如果两观测站对所有 sv 个卫星进行了连续观测，其历元数为 n，则总共有 $m=n(sv-1)$ 个误差方程，写成矩阵形式有

$$\boldsymbol{V} = \boldsymbol{AX} + \boldsymbol{L} \tag{7-30}$$

式中 $\boldsymbol{V} = (v_1 \quad v_2 \quad \cdots \quad v_m)^{\mathrm{T}}$

$\boldsymbol{X} = (\delta x \quad \delta y \quad \delta z \quad \delta N_1 \quad \delta N_2 \quad \cdots \quad \delta N_{sv-1})^{\mathrm{T}}$

$\boldsymbol{L} = (W_1 \quad W_2 \quad \cdots \quad W_m)^{\mathrm{T}}$

$$\boldsymbol{A} = \begin{bmatrix} a_{11} & a_{12} & a_{13} & 1 & 0 & \cdots & 0 \\ a_{21} & a_{22} & a_{23} & 1 & 0 & \cdots & 0 \\ \vdots & \vdots & \vdots & \vdots & \vdots & & \vdots \\ a_{j1} & a_{j2} & a_{j3} & 1 & 0 & \cdots & 0 \\ a_{j+1,1} & a_{j+1,2} & a_{j+1,3} & 0 & 1 & \cdots & 0 \\ a_{j+2,1} & a_{j+2,2} & a_{j+2,3} & 0 & 1 & \cdots & 0 \\ \vdots & \vdots & \vdots & \vdots & \vdots & & \vdots \\ a_{2j,1} & a_{2j,2} & a_{2j,3} & 0 & 1 & \cdots & 0 \\ \vdots & \vdots & \vdots & \vdots & \vdots & & \vdots \\ a_{m-j,1} & a_{m-j,2} & a_{m-j,3} & 0 & 0 & \cdots & 1 \\ \vdots & \vdots & \vdots & \vdots & \vdots & & \vdots \\ a_{m-1,1} & a_{m-1,2} & a_{m-1,3} & 0 & 0 & \cdots & 1 \\ a_{m,1} & a_{m,2} & a_{m,3} & 0 & 0 & \cdots & 1 \end{bmatrix} \begin{matrix} \left.\begin{matrix} \\ \\ \\ \end{matrix}\right\} \text{第 1 对卫星} \\ \left.\begin{matrix} \\ \\ \\ \end{matrix}\right\} \text{第 2 对卫星} \\ \\ \left.\begin{matrix} \\ \\ \\ \end{matrix}\right\} \text{第 } sv-1 \text{ 对卫星} \end{matrix}$$

设各类双差观测值等权且彼此独立，即权阵 P 为单位阵，则可组成法方程

$$\boldsymbol{NX} + \boldsymbol{B} = 0 \tag{7-31}$$

式中 $\boldsymbol{N} = \boldsymbol{A}^{\mathrm{T}}\boldsymbol{A}$；

$\boldsymbol{B} = \boldsymbol{A}^{\mathrm{T}}\boldsymbol{L}$。

于是可解得 $\boldsymbol{X}$ 为

$$\boldsymbol{X} = -\boldsymbol{N}^{-1}\boldsymbol{B} = -(\boldsymbol{A}^{\mathrm{T}}\boldsymbol{A})^{-1}(\boldsymbol{A}^{\mathrm{T}}\boldsymbol{L}) \tag{7-32}$$

基线向量平差值为

$$\left.\begin{aligned} \Delta x_{ij} &= \Delta x_{ij}^0 + \delta x_{ij} \\ \Delta y_{ij} &= \Delta y_{ij}^0 + \delta y_{ij} \\ \Delta z_{ij} &= \Delta z_{ij}^0 + \delta z_{ij} \end{aligned}\right\} \tag{7-33}$$

基线长度平差值为

$$b = \sqrt{\Delta x_{ij}^2 + \Delta y_{ij}^2 + \Delta z_{ij}^2} \tag{7-34}$$

整周未知数平差值为

$$N_i = N_i^0 + \delta N_i \quad (i = 1,2,\cdots,sv-1) \tag{7-35}$$

三、精度评定

（一）单位权中误差估值

单位权中误差估值 m_0 可由下式计算

$$m_0 = \sqrt{\frac{V^TPV}{m - sv - 2}} = \sqrt{\frac{V^TV}{m - sv - 2}} \tag{7-36}$$

式中

$$V^TV = (AX + L)^T(AX + L) = L^TL + B^TX \tag{7-37}$$

(二)平差值的精度估值

未知数向量 X 中任一分量的中误差估值为

$$m_{x_i} = m_0\sqrt{\frac{1}{P_{x_i}}} = m_0\sqrt{Q_{x_ix_i}} \quad (i = 1,2,\cdots,sv + 2) \tag{7-38}$$

式中 P_{x_i}——未知数 x_i 的权,可直接由法方程系数阵的逆阵 N^{-1} 的对角元素求得。

(三)基线长度 b 的精度估算

将基线长度公式(7-34)线性化得

$$b = b_0 + \frac{\Delta x_{ij}^0}{b_0}\delta x_{ij} + \frac{\Delta y_{ij}^0}{b_0}\delta y_{ij} + \frac{\Delta z_{ij}^0}{b_0}\delta z_{ij} \tag{7-39}$$

式中 $b_0 = \sqrt{(\Delta x_{ij}^0)^2 + (\Delta y_{ij}^0)^2 + (\Delta z_{ij}^0)^2}$。

则可得到基线长度的权函数式

$$\delta b = f^T\Delta X \tag{7-40}$$

式中 $f = \left(\frac{\Delta x_{ij}^0}{b_0} \quad \frac{\Delta y_{ij}^0}{b_0} \quad \frac{\Delta z_{ij}^0}{b_0}\right)^T$;

$\Delta X = (\delta x_{ij} \quad \delta y_{ij} \quad \delta z_{ij})^T$。

由协因数传播率即可得到

$$Q_{\delta b} = f^TQ_{\Delta X}f \tag{7-41}$$

式中,基线向量坐标未知数 Δx 的协因数阵 $Q_{\Delta X}$ 可由 N^{-1} 中取出,即

$$Q_{\Delta x} = \begin{pmatrix} Q_{\delta x_{ij}} & Q_{\delta x_{ij}\delta y_{ij}} & Q_{\delta x_{ij}\delta z_{ij}} \\ Q_{\delta y_{ij}\delta x_{ij}} & Q_{\delta y_{ij}} & Q_{\delta y_{ij}\delta z_{ij}} \\ Q_{\delta z_{ij}\delta x_{ij}} & Q_{\delta z_{ij}\delta y_{ij}} & Q_{\delta z_{ij}} \end{pmatrix}$$

则基线长度 b 的中误差估值为

$$m_b = m_0\sqrt{Q_{\delta b}} \tag{7-42}$$

基线长度相对中误差估值为

$$m_r = \frac{m_b}{b}(\times 10^{-6}) \tag{7-43}$$

四、基线向量解算结果分析

GPS 观测值由于受到 GPS 卫星信号的发射、传播和接收的误差影响,其中包含有各种误差。这些误差一般可以采用适当的作业模式或通过附加模型改正等方法加以消除或减弱,经过基线解算后,在基线向量观测值中仍可能存在某些系统误差或粗差。故在基线处理完成后应对其结果进行下列分析。

(一)残差分析

平差处理时,若存在系统误差和粗差,其结果将有偏差。理论上,载波相位观测精度为

1% 周,即对 L_1 波段信号观测误差只有 2 mm。因而当偶然误差达 1 cm 时,应认为观测值质量存在较严重的问题;当系统误差达分米级时,应认为所用数学模型有误;当残差分布中出现突然的跳跃或尖峰时,则表明整周跳变处理失败。

观测残差分布合理与否主要体现在平差后的单位权中误差估值上,根据基线长度一般要求在 0.05 周以下,否则表明观测值中存在某些系统误差或粗差。

(二)处理基线结果的精度

(1)验后单位权方差检验。采用 χ^2 检验法对验后单位权方差进行检验,是否与理论值相近。

(2)基线长度的精度。要求处理后基线长度中误差应符合标称精度,目前大多数商用软件的基线长度标称精度公式为 $5\sim10\ \text{mm}+(1\sim2)\times10^{-6}\cdot s$。对于 20 km 以内的短基线,单频接收机的数据通过差分处理即可有效地消除电离层延迟的影响,从而保证相对定位结果的精度。当基线长度超过 20 km 后,双频接收机的数据通过差分处理消除电离层延迟的影响要明显优于单频接收机。

(3)双差固定解与双差实数解之间的差值。理论上整周未知数 N 为一整数,但其平差值为一实数,称为双差实数解。将实数确定为整数,在进一步平差时不作为未知数求解,这样的结果称为双差固定解。通常要求两者之间的基线向量坐标差小于 5 cm。当双差固定解与实数解的向量坐标差达到分米级时,则处理结果可能有误。基线长度较长时,以双差实数解为最佳。

(三)粗差检测

对 GPS 基线向量观测值的粗差检验和模型误差辨识,一般是利用由基线向量构成的多边形闭合差进行。

(四)粗差定位

当经过检验,认为 GPS 网中还存在粗差时,往往还需要确定粗差源来自哪些观测(组),该过程称为粗差定位。因为每个基线向量观测值 L_1 都是由三维坐标差构成的相关观测值,而各基线向量之间一般认为是独立的。因此,从模式识别技术的观点看,粗差定位实质上是分析粗差向量落在哪些基线向量 L_1 的系数矩阵 $\boldsymbol{A}_1$ 所形成的特征子空间内的概率问题。

第三节 GPS 基线向量网独立平差

一、概述

实际工作中,同时参加作业的 GPS 接收机均多于两台,这样,在同一观测时间段中,就可能在多个观测站上同步观测 GPS 卫星,同时解算多条基线向量。将不同时段观测的基线向量联结成 GPS 基线向量网。

GPS 基线向量网平差的目的就是消除基线向量网中各类图形闭合条件的不符值,并建立网的基准,即网的位置、方向和尺度基准。基线向量本身已经确定了方向和尺度基准,与网的平差方法无关,而网的位置基准则与平差的方法密切相关。

目前广泛采用的平差方法,主要有经典自由网平差和亏秩自由网平差。经典自由网平差是仅具有必要起始数据的平差方法,例如取 GPS 网中任一点的伪距定位坐标,作为 GPS

网点坐标的起算数据。亏秩自由网平差是一种不需必要起始数据的平差方法，有自由网伪逆和拟稳平差两种。它是在最小范数条件下，基线网的位置基准由网点坐标近似值的平均值（称为重心坐标）所规定。经典自由网平差广泛应用于城市与矿山等区域性控制网的平差，而亏秩自由网主要应用于工程变形和地壳运动等监测网的数据处理。

二、基线网按经典自由网平差

（一）误差方程

设网中的固定点点号为1，网内测站点数为n，以待定测站点坐标改正数

$$\boldsymbol{\delta x}_i = (\delta x_i \quad \delta y_i \quad \delta z_i)^{\mathrm{T}} \quad (i = 2,3,\cdots,n) \tag{7-44}$$

为平差未知数，以基线向量坐标$\boldsymbol{\Delta x}_{ij}$及其方差$\boldsymbol{D}_{ij}$的逆阵$\boldsymbol{D}_{ij}^{-1}$

$$\boldsymbol{\Delta x}_{ij} = (\Delta x_{ij} \quad \Delta y_{ij} \quad \Delta z_{ij})^{\mathrm{T}}$$

$$\boldsymbol{P}_{ij} = \boldsymbol{D}_{ij}^{-1} = \begin{bmatrix} \sigma_{\Delta x_{ij}} & \sigma_{\Delta x_{ij}\Delta y_{ij}} & \sigma_{\Delta x_{ij}\Delta z_{ij}} \\ \sigma_{\Delta y_{ij}\Delta x_{ij}} & \sigma_{\Delta y_{ij}} & \sigma_{\Delta y_{ij}\Delta z_{ij}} \\ \sigma_{\Delta z_{ij}\Delta x_{ij}} & \sigma_{\Delta z_{ij}\Delta y_{ij}} & \sigma_{\Delta z_{ij}} \end{bmatrix}^{-1} \tag{7-45}$$

$$(i,j = 1,2,\cdots,n)$$

为观测值和权阵，并设固定点坐标和待定点近似坐标为

$$\begin{aligned} \boldsymbol{x}_1 &= (x_1 \quad y_1 \quad z_1)^{\mathrm{T}} \\ \boldsymbol{x}_i^0 &= (x_i^0 \quad y_i^0 \quad z_i^0)^{\mathrm{T}} \quad (i = 2,3,\cdots,n) \end{aligned} \tag{7-46}$$

则对于任意i、j两点有以下关系

$$\hat{\boldsymbol{x}}_j = \hat{\boldsymbol{x}}_i + \Delta\hat{\boldsymbol{x}}_{ij} = \boldsymbol{x}_j^0 + \boldsymbol{\delta x}_j \tag{7-47}$$

或

$$\Delta\hat{\boldsymbol{x}}_{ij} = (\boldsymbol{x}_j^0 - \boldsymbol{x}_i^0) + (\boldsymbol{\delta x}_j - \boldsymbol{\delta x}_i) \tag{7-48}$$

据此可写出基线向量观测值的误差方程。

含固定点的基线向量观测值$\boldsymbol{\Delta x}_{1i}$的误差方程为

$$\begin{pmatrix} V_{\Delta x_{1i}} \\ V_{\Delta y_{1i}} \\ V_{\Delta z_{1i}} \end{pmatrix} = \begin{pmatrix} 1 & 0 & 0 \\ 0 & 1 & 0 \\ 0 & 0 & 1 \end{pmatrix} \begin{pmatrix} \delta_{x_i} \\ \delta_{y_i} \\ \delta_{z_i} \end{pmatrix} - \begin{pmatrix} \Delta x_{1i} + x_1 - x_j^0 \\ \Delta y_{1i} + y_1 - y_j^0 \\ \Delta z_{1i} + z_1 - z_j^0 \end{pmatrix} \tag{7-49}$$

写成矩阵形式

$$\boldsymbol{V}_{1i} = \boldsymbol{\delta x}_i - \boldsymbol{L}_{1i} \tag{7-50}$$

对应的权阵为P_{i1}。

不含固定点的基线向量观测值Δx_{ij}的误差方程为

$$\begin{pmatrix} V_{\Delta x_{ij}} \\ V_{\Delta y_{ij}} \\ V_{\Delta z_{ij}} \end{pmatrix} = - \begin{pmatrix} 1 & 0 & 0 \\ 0 & 1 & 0 \\ 0 & 0 & 1 \end{pmatrix} \begin{pmatrix} \delta_{x_i} \\ \delta_{y_i} \\ \delta_{z_i} \end{pmatrix} + \begin{pmatrix} 1 & 0 & 0 \\ 0 & 1 & 0 \\ 0 & 0 & 1 \end{pmatrix} \begin{pmatrix} \delta_{x_j} \\ \delta_{y_j} \\ \delta_{z_j} \end{pmatrix} - \begin{pmatrix} \Delta x_{ij} + x_i^0 - x_j^0 \\ \Delta y_{ij} + y_i^0 - y_j^0 \\ \Delta z_{ij} + z_i^0 - z_j^0 \end{pmatrix} \tag{7-51}$$

写成矩阵形式

$$\boldsymbol{V}_{ij} = - \boldsymbol{\delta x}_i + \boldsymbol{\delta x}_j - \boldsymbol{L}_{ij} \tag{7-52}$$

对应的权阵为 $\boldsymbol{P}_{ij}$。

（二）法方程的组成及解算

由于各基线向量观测值之间认为是互相独立的，因而可根据最小二乘准则 $V^{\mathrm{T}}PV=\min$，分别对每个基线向量观测值的误差方程式组成法方程，然后合并这些法方程组成总法方程。

对应于式(7-50)的法方程为

$$\boldsymbol{P}_{1i}\boldsymbol{\delta x}_i-\boldsymbol{P}_{1i}\boldsymbol{L}_{1i}=0 \tag{7-53}$$

对应于式(7-52)的法方程为

$$\begin{pmatrix}\boldsymbol{P}_{ij} & -\boldsymbol{P}_{ij}\\ -\boldsymbol{P}_{ij} & \boldsymbol{P}_{ij}\end{pmatrix}\begin{pmatrix}\boldsymbol{\delta x}_i\\ \boldsymbol{\delta x}_j\end{pmatrix}-\begin{pmatrix}-\boldsymbol{P}_{ij} & \boldsymbol{L}_{ij}\\ \boldsymbol{P}_{ij} & \boldsymbol{L}_{ij}\end{pmatrix}=0 \tag{7-54}$$

设总法方程为

$$\boldsymbol{N\delta X}-\boldsymbol{U}=0 \tag{7-55}$$

式中 $\boldsymbol{\delta x}=(\boldsymbol{\delta x}_2^{\mathrm{T}}\quad \boldsymbol{\delta x}_3^{\mathrm{T}}\quad\cdots\quad \boldsymbol{\delta X}_n^{\mathrm{T}})^{\mathrm{T}}$。

设 m 为独立的基线向量数，则法方程系数阵 N 的阶数为 $(3m\times3m)$ 阶。

于是可解得平差未知数 $\boldsymbol{\delta x}$ 为

$$\boldsymbol{\delta x}=\boldsymbol{N}^{-1}\boldsymbol{U} \tag{7-56}$$

各待定点坐标平差值 $\hat{\boldsymbol{x}}_i$ 为

$$\hat{\boldsymbol{x}}_i=\boldsymbol{x}_i^0+\boldsymbol{\delta x}_i\quad(\boldsymbol{i}=2,3,\cdots,\boldsymbol{n}) \tag{7-57}$$

（三）精度评定

单位权中误差估值为

$$m_0=\sqrt{\frac{\boldsymbol{V}^{\mathrm{T}}\boldsymbol{PV}}{3m-3(n-1)}} \tag{7-58}$$

式中，$\boldsymbol{V}^{\mathrm{T}}\boldsymbol{PV}$ 中基线向量观测值的改正数 $\boldsymbol{V}$ 可将各待定点坐标改正数 $\boldsymbol{\delta x}_i$ 代入式(7-50)和式(7-52)中求得。

各待定点坐标未知数平差值 $\boldsymbol{\delta x}$ 的方差估值为

$$\boldsymbol{D}_{\hat{x}}=m_0^2\boldsymbol{N}^{-1} \tag{7-59}$$

三、基线网按亏秩自由网平差

亏秩自由网平差分为自由网伪逆平差和自由网拟稳平差两种方法，这里仅介绍自由网伪逆平差法。

自由网伪逆平差的基本思想是不提供必要的起始数据，基线网的位置由网点坐标近似值的平均值确定，在满足最小二乘准则的同时，引入附加的最小范数条件，使测站点坐标改正数的平方和为最小。

设 n 为网中测站点数，m 为独立的基线向量数，由于没有固定点，则由式(7-52)可得误差方程组：

$$\boldsymbol{V}=\boldsymbol{A\delta x}+\boldsymbol{L} \tag{7-60}$$

式中 $\underset{(3m\times1)}{\boldsymbol{V}}=(v_1\quad v_2\quad\cdots\quad V_m)^{\mathrm{T}}$；

$\underset{(3n\times1)}{\boldsymbol{\delta x}}=(\delta x_1\quad \delta x_2\quad\cdots\quad \delta x_n)^{\mathrm{T}}$；

$\underset{(3m\times1)}{\boldsymbol{L}} = (l_1 \quad l_2 \quad \cdots \quad l_m)^{\mathrm{T}}$;

$l_k = (x_j^0 - x_i^0) - \Delta x_{ij}$;

k——基线向量编号;

$\underset{(3m\times3n)}{\boldsymbol{A}}$——误差方程系数阵,其元素由 +1、-1 和 0 组成。

根据最小二乘准则

$$\boldsymbol{V}^{\mathrm{T}}\boldsymbol{PV} = \min \tag{7-61}$$

由式(7-60)可得相应的法方程

$$\boldsymbol{N}\boldsymbol{\delta X} + \boldsymbol{U} = 0 \tag{7-62}$$

式中 $\underset{(3n\times3n)}{\boldsymbol{N}} = \boldsymbol{A}^{\mathrm{T}}\boldsymbol{PA}$;

$\underset{(3n\times1)}{\boldsymbol{U}} = \boldsymbol{A}^{\mathrm{T}}\boldsymbol{PA}$;

$\underset{(3m\times3m)}{\boldsymbol{P}} = m_0^2\boldsymbol{D}_{\Delta x}^{-1}$。

由于没有固定点,因此缺少位置基准,导致误差方程系数阵 $\boldsymbol{A}$ 不是列满秩阵,所以由其所组成的法方程系数阵 $\boldsymbol{N}$ 为奇异阵或亏秩阵,亏秩数 $d = 3$,逆阵 $\boldsymbol{N}^{-1}$ 不存在,因而法方程没有唯一解。为了使法方程能有唯一解,需要引入附加的最小范数条件,即使网的平差在满足最小二乘准则的同时,亦满足坐标改正数的平方和为最小的条件:

$$\boldsymbol{\delta x}^{\mathrm{T}}\boldsymbol{\delta x} = \min \tag{7-63}$$

于是由式(7-62)可解得

$$\boldsymbol{\delta x} = -\boldsymbol{N}_m^-\boldsymbol{A}^{\mathrm{T}}\boldsymbol{PL} \tag{7-64}$$

式中 N_m^-——N 的最小范数逆,可按下式计算

$$\boldsymbol{N}_m^- = \boldsymbol{N}(\boldsymbol{NN})^- \tag{7-65}$$

平差未知数的协因数阵为

$$\underset{(3n\times3n)}{\boldsymbol{Q}_{xx}} = \boldsymbol{N}_m^-\boldsymbol{N}(\boldsymbol{N}_m^-)^{\mathrm{T}} = \boldsymbol{N}^+ \tag{7-66}$$

第四节 坐标系统的转换

GPS 定位系统采用的是 WGS-84 大地坐标系,属于协议地心坐标系,而实用的测量成果是属于某一国家坐标系或地方坐标系,为参心坐标系。由于两者的原点位置与坐标轴的指向不同,存在着平移和旋转的关系,因此必须解决 GPS 定位成果的坐标转换问题。

一、空间直角坐标与大地坐标的转换

地球上某一点的三维空间位置可用空间直角坐标 (x,y,z) 表示,也可用大地坐标 (B,L,H) 表示。在同一坐标系中,两者之间的转换公式如下。

(一)由大地坐标(B,L,H)转变为空间直角坐标(x,y,z)

$$\left.\begin{aligned} x &= (N+H)\cos B\cos L \\ y &= (N+H)\cos B\sin L \\ z &= [N(1-e^2)+H]\sin B \end{aligned}\right\} \tag{7-67}$$

式中 N——该点的卯酉圈曲率半径,其大小为

$$N = \frac{a}{\sqrt{1 - e^2 \sin^2 B}} \tag{7-68}$$

式中　a——椭球长半轴；

e——第一偏心率，其大小为 $e = \sqrt{\frac{a^2 - b^2}{a^2}}$；

b——椭球短半轴。

（二）由空间直角坐标 (x,y,z) 转换为大地坐标 (B,L,H)

$$\left.\begin{aligned} B &= \arctan\left[\frac{1}{\sqrt{x^2 + y^2}}\left(Z + \frac{ce^2 \tan B}{\sqrt{1 + e'^2 + \tan B}}\right)\right] \\ L &= \arctan(y/x) \\ H &= \frac{\sqrt{x^2 + y^2}}{\cos B} - N \end{aligned}\right\} \tag{7-69}$$

式中　$C = a^2/b$；

$e'^2 = \frac{e^2}{1 - e^2}$。

显然，求 B 时应用迭代法较好，为减少迭代次数，按下述方法求得 B 的初值 B_0，则只需迭代两次即可满足精度要求。

$$\left.\begin{aligned} B_0 &= \varphi + \Delta B \\ \varphi &= \arcsin(Z/R) \\ R &= \sqrt{x^2 + y^2 + z^2} \\ \Delta B &= A\sin 2\varphi(1 + 2A\cos 2\varphi) \\ A &= ae^2/(2R\sqrt{1 - e^2 \sin^2\varphi}) \end{aligned}\right\} \tag{7-70}$$

二、不同空间直角坐标系之间的坐标转换

（一）两空间直角坐标系之间的几何关系

如图 7-3 所示，设同一点在两三维空间直角坐标系中的坐标分别为 $(x_{T_i}, y_{T_i}, z_{T_i})$ 和 $(x_{S_i}, y_{S_i}, z_{S_i})$，研究并确定它们之间的关系我们称为基准转换。基准转换常用布尔沙－沃尔夫（Bursa－wolf）基准转换模型，下面对布尔沙－沃尔夫（Bursa－wolf）基准转换模型进行说明。

已知两空间直角坐标系的基准转换关系为：

$$\boldsymbol{x}_{S_i} = \Delta \boldsymbol{x}_0 + \boldsymbol{R}(\omega_z)\boldsymbol{R}(\omega_y)\boldsymbol{R}(\omega_x)\boldsymbol{x}_{T_i} \tag{7-71}$$

当考虑两坐标系间的尺度差 k 时，上式应为

$$\boldsymbol{x}_{S_i} = \boldsymbol{\Delta x}_0 + (1 + k)\boldsymbol{R}(\omega_z)\boldsymbol{R}(\omega_y)\boldsymbol{R}(\omega_x)x_{T_i} \tag{7-72}$$

式中　$\boldsymbol{\Delta x}_0$——坐标系的平移参数，$\Delta \boldsymbol{x}_0 = (\Delta x_0 \quad \Delta y_0 \quad \Delta z_0)^{\mathrm{T}}$；

$\boldsymbol{x}_{S_i} = (x_{S_i} \quad y_{S_i} \quad z_{S_i})^{\mathrm{T}}$；

$\boldsymbol{x}_T = (x_{T_i} \quad y_{T_i} \quad z_{T_i})^{\mathrm{T}}$；

k——尺度因子；

$\boldsymbol{R}(\omega_x)$、$\boldsymbol{R}(\omega_y)$、$\boldsymbol{R}(\omega_z)$——坐标平面绕 x、y、z 轴旋转的旋转变换矩阵；

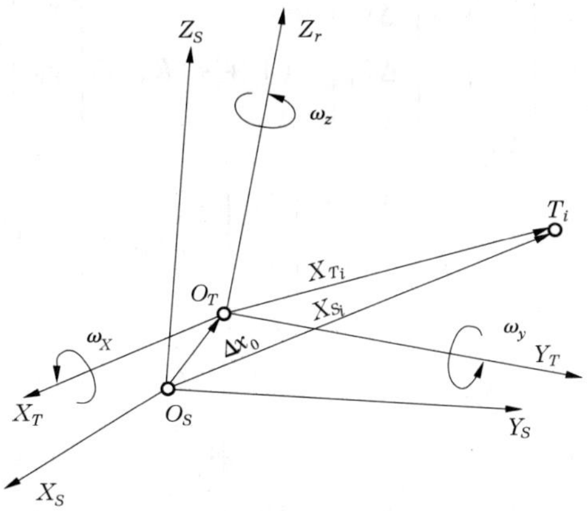

图 7-3　两空间直角坐标系的几何关系

ω_x、ω_y、ω_z ——旋转参数。

$$R(\omega_x) = \begin{pmatrix} 1 & 0 & 0 \\ 0 & \cos\omega_x & \sin\omega_x \\ 0 & -\sin\omega_x & \cos\omega_x \end{pmatrix} \tag{7-73}$$

$$R(\omega_y) = \begin{pmatrix} \cos\omega_y & 0 & -\sin\omega_y \\ 0 & 1 & 0 \\ \sin\omega_y & 0 & \cos\omega_y \end{pmatrix} \tag{7-74}$$

$$R(\omega_z) = \begin{pmatrix} \cos\omega_z & \sin\omega_z & 0 \\ -\sin\omega_z & \cos\omega_z & 0 \\ 0 & 0 & 1 \end{pmatrix} \tag{7-75}$$

我们将 Δx_0、Δy_0、Δz_0、k、ω_x、ω_y、ω_z 统称为坐标系间的转换参数。由式(7-72)所表示的转换关系也称为相似变换。

令 $\boldsymbol{R}(\omega) = \boldsymbol{R}(\omega_z)\boldsymbol{R}(\omega_y)\boldsymbol{R}(\omega_x)$

$$= \begin{bmatrix} \cos\omega_y\cos\omega_z & \cos\omega_x\sin\omega_z + \sin\omega_x\sin\omega_y\cos\omega_z & \sin\omega_x\sin\omega_z - \cos\omega_x\sin\omega_y\cos\omega_z \\ -\cos\omega_y\sin\omega_z & \cos\omega_x\cos\omega_z - \sin\omega_x\sin\omega_y\sin\omega_z & \sin\omega_x\cos\omega_z + \cos\omega_x\sin\omega_y\sin\omega_z \\ \sin\omega_y & -\sin\omega_x\cos\omega_y & \cos\omega_x\cos\omega_y \end{bmatrix} \tag{7-76}$$

考虑到坐标轴定向的差别一般都很小,即 ω_x、ω_y、ω_z 为微小量,这时在略去二次微小量的情况下,式(7-76)可简化为

$$R(\omega) = \begin{bmatrix} 1 & \omega_z & -\omega_y \\ -\omega_z & 1 & \omega_x \\ \omega_y & -\omega_x & 1 \end{bmatrix} \tag{7-77}$$

则式(7-72)可简化为

$$\begin{bmatrix} x_{s_i} \\ y_{s_i} \\ z_{s_i} \end{bmatrix} = \begin{bmatrix} \Delta x_0 \\ \Delta y_0 \\ \Delta z_0 \end{bmatrix} + (1+k)\boldsymbol{R}(\omega) \begin{bmatrix} x_{T_i} \\ y_{T_i} \\ z_{T_i} \end{bmatrix} \tag{7-78}$$

或

$$\begin{bmatrix} x_{s_i} \\ y_{s_i} \\ z_{s_i} \end{bmatrix} = \begin{bmatrix} x_{T_i} \\ y_{T_i} \\ z_{T_i} \end{bmatrix} + \boldsymbol{C}_i \boldsymbol{T} \tag{7-79}$$

式中 $\boldsymbol{C}_i = \begin{bmatrix} 1 & 0 & 0 & x_{T_i} & 0 & -z_{T_i} & x_{T_i} \\ 0 & 1 & 0 & y_{T_i} & z_{T_i} & 0 & -x_{T_i} \\ 0 & 0 & 1 & z_{T_i} & -y_{T_i} & x_{T_i} & 0 \end{bmatrix}$;

$\boldsymbol{T} = (\Delta x_0 \quad \Delta y_0 \quad \Delta z_0 \quad k \quad \omega_x \quad \omega_y \quad \omega_z)^{\mathrm{T}}$。

(二)转换参数的确定

实用中,转换参数是根据两坐标系的公共点来确定的,坐标系由点的坐标来体现。要确定式(7-79)中 $\boldsymbol{T}$ 向量的 7 个参数,至少需要 3 个既具有 $O_S—X_SY_ST_S$ 坐标系中坐标又具有 $O_T—X_TY_TZ_T$ 坐标系中坐标的公共点,利用最小二乘法求解 T。当两坐标系分别为卫星网所属的地心坐标系(设为 $O_S—X_SY_SZ_S$)和地面所属的参心坐标系(设为 $O_T—X_TY_TZ_T$)时,该项工作称为卫星网和地面网的联合平差。

(三)转换参数的精度

当确定了两空间直角坐标系之间的转换参数后,就可将任一点的坐标在两个空间直角坐标系中转换。转换后的坐标精度既与被转换坐标精度有关,也与转换参数的精度有关。

影响转换参数求定精度的主要因素有:

(1)地面网观测值的权与 GPS 网观测值的权不匹配。

(2)地面网坐标精度和 GPS 网坐标精度。有两个因素:①如不使用精密星历,则求出的转换参数精度低;②大地水准面差距的精度直接影响转换参数的求定精度。

(3)公共点的个数及分布。要求出 7 个转换参数至少需要 3 个公共点,显然当公共点个数增加时,联合平差解算出的参数的可信度也会相应提高;另外,转换参数还具有时间性,即根据某一时段的 GPS 网坐标求出的转换参数,用于另一时段 GPS 网的坐标转换时精度也可能降低。

(4)联合平差模型的适宜性。当应用布尔沙－沃尔夫模型求解转换参数时,某些不显著的转换参数应予剔除,以免影响其他参数的求定精度。

总之,转换参数用于坐标转换时,不仅需要注意其精度水平,还应该注意参数的区域性和时间性。

三、不同大地坐标系之间的坐标转换

假设两大地坐标系的椭球参数 a、f^{-1} 是一致的,或已化为一致时,则有以下转换模型:

$$\begin{bmatrix} B \\ L \\ H \end{bmatrix}_S = F \begin{bmatrix} \Delta x_0 \\ \Delta y_0 \\ \Delta z_0 \end{bmatrix} + G \begin{bmatrix} \omega_x \\ \omega_y \\ \omega_z \\ k \end{bmatrix} \tag{7-80}$$

式中 $(B\ L\ H)_S^{\mathrm{T}}$——新大地坐标系的大地坐标；

$(B\ L\ H)$——原大地坐标系的大地坐标；

$(\omega_x\quad \omega_y\quad \omega_z)^{\mathrm{T}}$——旋转参数；

k——尺度因子。

$$F = \begin{bmatrix} -\frac{1}{M}\sin B\cos L & -\frac{1}{M}\sin B\sin L & \frac{1}{M}\cos B \\ -\frac{1}{N\cos B}\sin L & \frac{1}{N\cos B}\cos L & 0 \\ \cos B\cos L & \cos B\sin L & \sin B \end{bmatrix}$$

$$G = \begin{bmatrix} -(1+e^2\cos 2B)\sin L & (1+e^2\cos 2B)\cos L & 0 & -e^2\sin B\cos B \\ (1-e^2)\tan B\cos L & (1-e^2)\tan B\sin L & -1 & 0 \\ -\frac{1}{2}Ne^2\sin 2B\sin L & \frac{1}{2}Ne^2\sin 2B\cos L & 0 & N(1-e^2\sin^2 B) \end{bmatrix}$$

式中 M——原大地坐标系子午圈曲率半径；

N——原大地坐标系卯酉圈曲率半径；

e——第一偏心率。

如果两坐标系的椭球参数 a、f^{-1} 不一致，则应考虑其间椭球参数不同的影响。

四、在高斯平面坐标系统中的坐标转换模型

为了简化计算程序和避免地面网缺乏高程异常资料而导致求解空间直角坐标的较大误差，我国学者周忠谟等提出了 GPS 网与地面网在高斯平面坐标系统中的坐标转换模型，其推导过程如下：

已知的高斯坐标正算公式可以改写为另一形式：

$$\left.\begin{aligned} x &= x_0 + x_{02}l^2 + x_{04}l^4 + \cdots \\ y &= y_{01}l + y_{03}l^3 + \cdots \end{aligned}\right\} \tag{7-81}$$

式中 $x_{02} = \frac{1}{2}N\sin B\cos B$；

$x_{04} = \frac{1}{24}N(5-6\sin^2 B)\sin B\cos B$；

$y_{01} = N\cos B$；

$y_{03} = \frac{1}{6}N(1-2\sin^2 B)\cos B$；

x_0——赤道至纬度 B 的子午线弧长；

N、l、B 的意义同前。

假设网点的大地坐标产生了微变量 $(\delta B, \delta L)$，则由此引起高斯平面坐标的变化，在略

去二次及其以上微小量的情况下，由式(7-81)可得：

$$\left.\begin{aligned}\delta x &= (\frac{\partial x_0}{\partial B}+\frac{\partial x_{02}}{\partial B}l^2)\partial B+(2x_{02}l+4x_{04}l^3)\delta l\\ \delta y &= (\frac{\partial y_{01}}{\partial B}l+\frac{\partial y_{03}}{\partial B}l^3)\delta B+(y_{01}+3y_{03}l^2)\delta l\end{aligned}\right\} \tag{7-82}$$

顾及关系式

$$\left.\begin{aligned}\frac{\partial x_0}{\partial B} &= N\left(\frac{1-e^2}{W^2}\right)\\ \frac{\partial x_{02}}{\partial B} &= \frac{1}{2}N(1-2\sin^2B+e^2\sin^2B\cos^2B)\\ \frac{\partial y_{01}}{\partial B} &= -N\left(\frac{1-e^2}{W^2}\right)\sin B\\ \frac{\partial y_{03}}{\partial B} &= -\frac{1}{6}N(1-6\sin^2B)\sin B\\ W &= \sqrt{1-e^2\sin^2B}\end{aligned}\right\} \tag{7-83}$$

于是式(7-82)可写为

$$\begin{pmatrix}\delta x\\ \delta y\end{pmatrix}=\begin{bmatrix}x_b & x_1\\ y_b & y_1\end{bmatrix}\begin{pmatrix}\delta B\\ \delta l\end{pmatrix} \tag{7-84}$$

式中 $x_b = N\left[\frac{1-e^2}{W^2}+\frac{1}{2}(1-2\sin^2B+e^2\sin^2B\cos^2B)l^2\right]$；

$x_1 = N\left[l+\frac{1}{6}(5-6\sin^2B)l^3\right]\sin B\cos B$；

$y_b = -N\left[\frac{1-e^2}{W^2}l+\frac{1}{6}(5-6\sin^2B)l^3\right]\sin B$；

$y_1 = N\left[1+\frac{1}{2}(1-2\sin^2B+e^2\cos^4B)l^2\right]\cos B$。

如果网点的大地坐标的变化是由于坐标系统定位、定向和尺度的改变而引起的，则已知关系式：

$$\begin{pmatrix}\delta B\\ \delta l\end{pmatrix}=(\boldsymbol{T}\quad \boldsymbol{R}\quad \boldsymbol{M})\begin{bmatrix}\Delta\boldsymbol{x}_0\\ \boldsymbol{\omega}\\ k\end{bmatrix} \tag{7-85}$$

式中 $\Delta\boldsymbol{x}_0$——平移参数向量，$\Delta x_0=(\Delta x_0\quad \Delta y_0\quad \Delta z_0)^{\mathrm T}$；

$\boldsymbol{\omega}$——旋转参数向量，$\omega=(\omega_x\quad \omega_y\quad \omega_z)^{\mathrm T}$；

k——尺度因子；

$\boldsymbol{T}$、$\boldsymbol{R}$、$\boldsymbol{M}$——系数矩阵，其形式如下：

$$\boldsymbol{T}=\begin{bmatrix}-\frac{1}{M}\sin B\cos B & -\frac{1}{M}\sin B\sin L & \frac{1}{M}\cos B\\ -\frac{1}{N\cos B}\sin L & \frac{1}{N\cos B}\cos L & 0\end{bmatrix}$$

$$\boldsymbol{R}=\begin{bmatrix}-(1+e^2\cos 2B)\sin L & (1+e^2\cos 2B)\cos L & 0\\(1+e^2\tan B)\cos L & (1-e^2)\tan B\sin L & 1\end{bmatrix}$$

$$\boldsymbol{M}=\begin{pmatrix}-e^2\sin B\cos B\\0\end{pmatrix}$$

将式(7-85)代入式(7-84),得在高斯平面坐标系中两网的坐标转换模型:

$$\begin{pmatrix}\delta x\\\delta y\end{pmatrix}=\begin{bmatrix}x_b & x_1\\y_b & y_1\end{bmatrix}(\boldsymbol{T}\quad\boldsymbol{R}\quad\boldsymbol{M})\begin{bmatrix}\Delta\boldsymbol{x}_0\\\boldsymbol{\omega}\\k\end{bmatrix}$$

经整理得

$$\begin{pmatrix}\delta x\\\delta y\end{pmatrix}=\begin{bmatrix}x_{\Delta x} & x_{\Delta y} & x_{\Delta z} & x_{\omega_x} & x_{\omega_y} & x_{\omega_z} & x_k\\y_{\Delta x} & y_{\Delta y} & y_{\Delta z} & y_{\omega_x} & y_{\omega_y} & y_{\omega_z} & y_k\end{bmatrix}\begin{bmatrix}\Delta\boldsymbol{x}_0\\\boldsymbol{\omega}\\k\end{bmatrix}\tag{7-86}$$

式中 $x_{\Delta x}=-(k_1\cos L+k_2\sin L)\sin B$;

$x_{\Delta y}=-(k_1\sin L-k_2\cos L)\sin B$;

$x_{\Delta z}=k_1\cos B$;

$x_{\omega_x}=-Nk_3\sin L+N(1-e^2)k_2\sin^2 B\cos L$;

$x_{\omega_y}=Nk_3\cos L+N(1-e^2)k_2\sin^2 B\sin L$;

$x_{\omega_z}=-Nk_2\sin B\cos B$;

$x_k=-Ne^2k_1\sin B\cos B$;

$y_{\Delta x}=k_2\sin^2 B\cos L-k_1\sin L$;

$y_{\Delta y}=k_2\sin^2 B\cos L+k_1\cos L$;

$y_{\Delta z}=-k_2\sin B\cos B$;

$y_{\omega_x}=Nk_4\sin B\sin L+N(1-e^2)k_1\sin B\cos L$;

$y_{\omega_y}=-Nk_4\sin B\cos L+N(1-e^2)k_1\sin B\sin L$;

$y_{\omega_z}=-Nk_1\cos B$;

$y_k=Ne^2k_2\sin^2 B\cos B$;

$k_1=\left\{1+\frac{1}{2}[1-2(\sin^2 B+e^2\cos^4 B)]l^2\right\}$;

$k_2=\left[1+\frac{1}{6}(5-6\sin^2 B)l^3\right]$;

$k_3=\left\{1-e^2\sin^2 B-e^4\cos^4 B)+\frac{1}{2}[1-2\sin^2 B+e^2(1-3\sin^2 B\cos^2 B)]l^2\right\}$;

$k_4=\left[(1-e^2\sin^2 B-e^4\cos^4 B)l+\frac{1}{6}(5-6\sin^2 B)l^3\right]$。

若以 $(x\ y)_T^{\mathrm{T}}$ 和 $(x\ y)_S^{\mathrm{T}}$ 分别表示地面点在地面网和 GPS 网中的高斯平面坐标,则

$$\begin{pmatrix}x\\y\end{pmatrix}_S=\begin{pmatrix}x\\y\end{pmatrix}_T+\begin{pmatrix}\delta x\\\delta y\end{pmatrix}\tag{7-87}$$

由上式,对公共点可列出误差方程:

$$\begin{pmatrix} x \\ y \end{pmatrix}_S - \begin{pmatrix} x \\ y \end{pmatrix}_T = A\begin{bmatrix} \Delta x_0 \\ \omega \\ k \end{bmatrix} \tag{7-88}$$

式中　A——式(7-86)中系数阵。

这样,根据最小二乘原理组成法方程就可以解算出坐标转换参数。

第五节　GPS网与地面网的三维平差

一、概述

目前,在我国建立的GPS定位网大致有以下几种形式:

(1)将已有的国家控制点作为固定点,应用GPS技术加密控制网。

(2)考虑与已有的测量成果的衔接,应用GPS技术建立新的定位网。

(3)对原有的地面控制网进行改造和扩充。

上述GPS网均需要与地面测量数据联合起来,因此GPS定位数据与地面测量数据的三维平差是GPS技术应用中的一个关键问题。

GPS网与地面网的三维平差,一般来说,可以两网的原始观测量为根据,也可以两网单独平差的结果为根据。考虑到以两网原始观测量为根据的联合平差,数据处理量比较庞大,处理过程较为复杂,同时也考虑到现有地面网都已完成了平差计算。所以,为了简化计算和充分利用原有成果,三维平差通常可在地面网和GPS网单独平差的基础上进行。这时,地面测量数据仅提供定位、定向和尺度基准,如固定点坐标、固定方向和固定边长,这种平差形式称为GPS网在地面坐标系中的三维约束平差。反之,地面测量数据除提供定位、定向和尺度基准外,还包含有常规观测量时,这种平差形式称为GPS网与地面网的三维联合平差。

三维约束平差和三维联合平差,原则上可以在空间直角坐标系统中进行,也可以在三维大地坐标系统中进行。以GPS网的空间直角坐标作为未知参数时,其误差方程简单,且便于进行进一步的分析讨论,但是不利于将GPS网的平面与高程部分进行分别处理。以大地坐标作为未知参数时,虽然在大地坐标系中两网的基准转换模型比较复杂,但是便于将GPS网的平面与高程部分分开处理。下面分别讨论在空间直角坐标系和大地坐标系中的三维平差问题。

二、在空间直角坐标系中的三维约束平差

设$\boldsymbol{x} = (\boldsymbol{x}_T \quad \boldsymbol{x}_S)^{\mathrm{T}}$为两网单独平差后的坐标向量;$\boldsymbol{x}_S = (x \quad y \quad z)_S^{\mathrm{T}}$为GPS网三维平差后的坐标向量;$\boldsymbol{x}_T = (x \quad y \quad z)^{\mathrm{T}}$为地面网单独平差后的坐标向量;$\boldsymbol{D}_x$为单独平差后网点坐标的方差与协方差阵;$\hat{\boldsymbol{X}}$为三维平差后网点的坐标向量;$\boldsymbol{\delta}\hat{\boldsymbol{x}}$为三维平差后网点坐标的改正数向量。

(一)以网点坐标作为相关观测量的三维约束平差

当以两网单独平差后的公共网点坐标作为相关观测量时,可写出误差方程为

$$\left.\begin{aligned} \boldsymbol{V}_T &= \boldsymbol{\delta}\hat{\boldsymbol{x}}_T \\ \boldsymbol{V}_S &= \boldsymbol{\delta}\hat{\boldsymbol{x}}_S \end{aligned}\right\} \tag{7-89}$$

由本章第四节所述坐标转换模型，可建立公共网点处的坐标关系式，作为三维平差时的约束条件。

$$\boldsymbol{\delta\hat{x}}_S = \boldsymbol{\delta\hat{x}}_T + \boldsymbol{BZ} + \boldsymbol{L} \tag{7-90}$$

式中 $\underset{(3n\times7)}{\boldsymbol{B}} = (b_1 \quad b_2 \quad \cdots \quad b_n)^{\mathrm{T}}$；

$$\underset{(3\times7)}{\boldsymbol{b}_i} = \begin{bmatrix} 1 & 0 & 0 & 0 & -z & y & z \\ 0 & 1 & 0 & z & 0 & -x & y \\ 0 & 0 & 1 & -y & x & 0 & z \end{bmatrix};$$

$\underset{(7\times1)}{\boldsymbol{Z}}$ ——坐标转换参数向量，$\underset{(7\times1)}{\boldsymbol{Z}} = (\Delta\boldsymbol{x}_0 \quad \boldsymbol{\omega} \quad \boldsymbol{k})^{\mathrm{T}}$；

$\Delta\boldsymbol{x}_0$ ——平移参数向量，$\Delta\boldsymbol{x}_0 = (\Delta x_0 \quad \Delta y_0 \quad \Delta z_0)^{\mathrm{T}}$；

$\boldsymbol{\omega}$——旋转参数向量，$\omega = (\omega_x \quad \omega_y \quad \omega_z)^{\mathrm{T}}$；

$\underset{(3n\times1)}{\boldsymbol{L}} = \boldsymbol{x}_T - \boldsymbol{x}_S$。

将式(7-90)代入式(7-89)，即可组成法方程：

$$\begin{bmatrix} (\boldsymbol{P}_{X_S} + \boldsymbol{P}_{X_T}) & \boldsymbol{P}_{X_S}\boldsymbol{B} \\ \boldsymbol{B}^{\mathrm{T}}\boldsymbol{P}_{X_S} & \boldsymbol{B}^{T}\boldsymbol{P}_{X_S}\boldsymbol{B} \end{bmatrix} \begin{bmatrix} \boldsymbol{\delta}_{X_T} \\ z \end{bmatrix} + \begin{bmatrix} \boldsymbol{P}_{X_S}\boldsymbol{L} \\ \boldsymbol{B}^{T}\boldsymbol{P}_{X_S}\boldsymbol{L} \end{bmatrix} = O \tag{7-91}$$

式中 $\boldsymbol{P}_{X_T}$——地面网坐标的权阵，$\boldsymbol{P}_{X_T} = m_{0_T}^2\boldsymbol{D}_{X_T}^{-1}$；

$\boldsymbol{P}_{X_S}$——GPS 网坐标的权阵，$\boldsymbol{P}_{X_S} = m_{0_S}^2\boldsymbol{D}_{X_S}^{-1}$。

网点坐标的协方差阵 $\boldsymbol{D}_{X_T}$ 和 $\boldsymbol{D}_{X_S}$ 分别由两网单独平差时求得，如果地面网是在大地坐标系中平差的，其网点坐标协方差阵为 $\boldsymbol{D}_{BT}$，则有

$$\boldsymbol{D}_{X_T} = \boldsymbol{F}\boldsymbol{D}_{BT}\boldsymbol{F}^{\mathrm{T}} \tag{7-92}$$

式中
$$\underset{(3n\times3n)}{\boldsymbol{F}} = \begin{bmatrix} f_1 & 0 & \cdots & 0 \\ 0 & f_2 & \cdots & 0 \\ \vdots & \vdots & & \vdots \\ 0 & 0 & \cdots & f_n \end{bmatrix};$$

$$\underset{(3\times3)}{\boldsymbol{f}_i} = \begin{bmatrix} -M\sin B\cos L & -N\cos B\sin L & \cos B\cos L \\ -M\sin B\sin L & N\cos B\cos L & \cos B\sin L \\ M\cos B & 0 & \sin B \end{bmatrix}。$$

由式(7-91)可解得

$$\begin{pmatrix} \delta\hat{x}_T \\ z \end{pmatrix} = -\begin{bmatrix} (\boldsymbol{P}_{X_T} + \boldsymbol{P}_{X_S}) & \boldsymbol{P}_{X_S}\boldsymbol{B} \\ \boldsymbol{B}^{\mathrm{T}}\boldsymbol{P}_{X_S} & \boldsymbol{B}^{\mathrm{T}}\boldsymbol{P}_{X_S}\boldsymbol{B} \end{bmatrix}^{-1} \begin{bmatrix} \boldsymbol{P}_{X_S} & \boldsymbol{L} \\ \boldsymbol{B}^{\mathrm{T}}\boldsymbol{P}_{X_S} & \boldsymbol{L} \end{bmatrix} \tag{7-93}$$

单位权中误差估值可按下式计算

$$m_0 = \sqrt{\frac{\boldsymbol{V}^{\mathrm{T}}\boldsymbol{PV}}{3n - 7}} \tag{7-94}$$

式中 n——两网公共点个数。

平差后未知参数的协因数阵为

$$\boldsymbol{Q}_{\hat{X}} = \begin{bmatrix} (\boldsymbol{P}_{X_T} + \boldsymbol{P}_{X_S}) & \boldsymbol{P}_{X_S}\boldsymbol{B} \\ \boldsymbol{B}^{\mathrm{T}}\boldsymbol{P}_{X_S} & \boldsymbol{B}^{\mathrm{T}}\boldsymbol{P}_{X_S}\boldsymbol{B} \end{bmatrix}^{-1} \tag{7-95}$$

平差后网点坐标的中误差估值为

$$m_{\hat{X}} = m_0\sqrt{q_{XX}} \tag{7-96}$$

式中　q_{XX}——平差后未知参数协因数阵 $\boldsymbol{Q}_{\hat{X}}$ 的主对角线的相应元素。

上述各式即为在空间直角坐标系中,以两网单独平差后的坐标值为相关观测量的三维约束平差模型。

(二)以基线向量作为相关观测量的三维约束平差

因为 GPS 相对定位的结果,通常是观测站之间的基线向量,并由此构成基线向量网。所以,两网平差时以网的空间基线向量作为相关观测量,有时更为适宜。

由于观测方程必须顾及不同坐标系统间的转换参数,WGS－84 坐标系与地面测量坐标系统的转换模型有多种形式,但对于以三维坐标差表示的 GPS 基线向量来说,其转换关系与平移参数无关。

设网中任意 i、j 两点的基线向量为:

$$\left.\begin{aligned}\Delta\boldsymbol{x}_{S_{ij}} &= x_{Si} - x_{Sj}\\ \Delta\boldsymbol{x}_{T_{ij}} &= x_{T_i} - x_{T_j}\end{aligned}\right\} \tag{7-97}$$

顾及转换参数可得

$$\Delta\boldsymbol{x}_{S_{ij}} = \boldsymbol{x}_{T_{ij}} + \boldsymbol{R}_{ij}\boldsymbol{y} \tag{7-98}$$

式中　$\boldsymbol{R}_{ij} = \boldsymbol{R}_j - \boldsymbol{R}_i = \begin{bmatrix} 0 & -\Delta z_{ij} & \Delta y_{ij} & \Delta x_{ij}\\ \Delta z_{ij} & 0 & -\Delta x_{ij} & \Delta y_{ij}\\ -\Delta y_{ij} & \Delta x_{ij} & 0 & \Delta z_{ij}\end{bmatrix}$;

$\boldsymbol{y} = (\omega_x \quad \omega_y \quad \omega_z \quad k)^{\mathrm{T}}$。

由于在空间直角坐标系中,网的基线向量与网的位置基准无关,由此可得以基线向量为相关观测量的误差方程

$$\left.\begin{aligned}\underset{(3n_1\times1)}{\boldsymbol{V}_{\Delta T}} &= \underset{(3n_1\times3n)}{\boldsymbol{C}}\ \underset{(3n\times1)}{\boldsymbol{\delta}\hat{\boldsymbol{x}}_T}\\ \underset{(3n_1\times1)}{\boldsymbol{V}_{\Delta S}} &= \underset{(3n_1\times3n)}{\boldsymbol{C}}\ \underset{(3n\times1)}{\boldsymbol{\delta}\hat{\boldsymbol{x}}_S}\end{aligned}\right\} \tag{7-99}$$

由式(7-98)可得约束条件

$$\boldsymbol{C\delta}\hat{\boldsymbol{x}}_S = \boldsymbol{C\delta}\hat{\boldsymbol{x}}_T + \boldsymbol{CRy} + \boldsymbol{L}_\Delta \tag{7-100}$$

式中　$\underset{(3\times4)}{\boldsymbol{R}_i} = \begin{pmatrix} 0 & -z & y & x\\ z & 0 & -x & y\\ -y & x & 0 & z\end{pmatrix}$;

$\underset{(4\times1)}{\boldsymbol{y}} = (\omega_x \quad \omega_y \quad \omega_z \quad k)^{\mathrm{T}}$;

$\underset{(3n_1\times1)}{\boldsymbol{L}_\Delta} = \Delta\boldsymbol{x}_T - \Delta\boldsymbol{x}_S$。

n_1——网中基线向量个数;

$\boldsymbol{C}$——组成基线向量的系数矩阵,其元素由 +1、－1 和 0 组成。

由此可组成法方程:

$$\begin{pmatrix}\boldsymbol{C}^{\mathrm{T}}(\boldsymbol{P}_{\Delta T} + \boldsymbol{P}_{\Delta S})\boldsymbol{C} & \boldsymbol{C}^{\mathrm{T}}\boldsymbol{P}_{\Delta S}\boldsymbol{CR}\\ \boldsymbol{R}^{\mathrm{T}}\boldsymbol{C}^{\mathrm{T}}\boldsymbol{P}_{\Delta S}\boldsymbol{C} & \boldsymbol{R}^{\mathrm{T}}\boldsymbol{C}^{\mathrm{T}}\boldsymbol{P}_{\Delta S}\boldsymbol{CR}\end{pmatrix}\begin{pmatrix}\boldsymbol{\delta}\hat{\boldsymbol{X}}_T\\ y\end{pmatrix} + \begin{pmatrix}\boldsymbol{C}^{\mathrm{T}}\boldsymbol{P}_{\Delta S}\boldsymbol{L}_\Delta\\ \boldsymbol{R}^{\mathrm{T}}\boldsymbol{C}^{\mathrm{T}}\boldsymbol{P}_{\Delta S}\boldsymbol{L}_\Delta\end{pmatrix} = 0 \tag{7-101}$$

式中　$\boldsymbol{P}_{\Delta T}^{-1} = \boldsymbol{C}\boldsymbol{D}_{x_T}\boldsymbol{C}^{\mathrm{T}}$；

$\boldsymbol{P}_{\Delta S}^{-1} = \boldsymbol{C}\boldsymbol{D}_{x_S}\boldsymbol{C}^{\mathrm{T}}$。

由式(7-98)可解得地面网点坐标改正数及转换参数。

$$\begin{pmatrix} \boldsymbol{\delta}\hat{\boldsymbol{x}}_T \\ \boldsymbol{y} \end{pmatrix} = -\boldsymbol{Q}_{\Delta x}\begin{pmatrix} \boldsymbol{C}^{\mathrm{T}}\boldsymbol{P}_{\Delta S}\boldsymbol{L}_{\Delta} \\ \boldsymbol{R}^{\mathrm{T}}\boldsymbol{C}^{\mathrm{T}}\boldsymbol{P}_{\Delta S}\boldsymbol{L}_{\Delta} \end{pmatrix} \tag{7-102}$$

式中　$\boldsymbol{Q}_{\Delta x}$——未知数平面值的协因数阵，$\boldsymbol{Q}_{\Delta x} = \begin{pmatrix} \boldsymbol{C}^{\mathrm{T}}(\boldsymbol{P}_{\Delta \mathrm{T}} + \boldsymbol{P}_{\Delta S})\boldsymbol{C} & \boldsymbol{C}^{\mathrm{T}}\boldsymbol{P}_{\Delta S}\boldsymbol{C}\boldsymbol{R} \\ \boldsymbol{R}^{\mathrm{T}}\boldsymbol{C}^{\mathrm{T}}\boldsymbol{P}_{\Delta S}\boldsymbol{C} & \boldsymbol{R}^{\mathrm{T}}\boldsymbol{C}^{\mathrm{T}}\boldsymbol{P}_{\Delta S}\boldsymbol{C}\boldsymbol{R} \end{pmatrix}^{-1}$。

则基线向量平差值的中误差估值为

$$m_{\Delta\hat{x}} = m_0\sqrt{q_{\Delta x\Delta x}} \tag{7-103}$$

式中　m_0——单位权总误差估值，可按式(7-94)计算；

$q_{\Delta x\Delta x}$——协因数阵 $\boldsymbol{Q}_{\Delta x}$ 主对角线的相应元素。

三、在大地坐标系统中的三维约束平差

当 GPS 基线向量网的三维约束平差在大地坐标系中进行时，约束条件是属于大地坐标系中的地面网点坐标，固定大地方位角和固定边长。因此，为将 GPS 网观测值与约束条件联系起来，同样应考虑 WGS－84 坐标系与大地坐标系之间的坐标转换问题。当以 GPS 基线向量作为相关观测量时，则无须考虑三个平移参数。

（一）误差方程

在地面网所属参考坐标系中，可列出三维 GPS 基线向量 Δx_{ij} 观测值的误差方程为：

$$\begin{pmatrix} V_{\Delta x_{ij}} \\ V_{\Delta y_{ij}} \\ V_{\Delta z_{ij}} \end{pmatrix} = -\begin{pmatrix} \delta\hat{x}_i \\ \delta\hat{y}_i \\ \delta\hat{z}_i \end{pmatrix} + \begin{pmatrix} \delta\hat{x}_j \\ \delta\hat{y}_j \\ \delta\hat{z}_j \end{pmatrix} + \begin{pmatrix} 0 & -\Delta z_{ij} & -\Delta y_{ij} & \Delta x_{ij} \\ \Delta z_{ij} & 0 & -\Delta x_{ij} & \Delta y_{ij} \\ -\Delta y_{ij} & \Delta x_{ij} & 0 & \Delta z_{ij} \end{pmatrix}\begin{pmatrix} \omega_x \\ \omega_y \\ \omega_z \\ k \end{pmatrix} - \begin{pmatrix} \Delta x_{ij} - \Delta x_{ij}^0 \\ \Delta y_{ij} - \Delta y_{ij}^0 \\ \Delta z_{ij} - \Delta z_{ij}^0 \end{pmatrix} \tag{7-104}$$

式中　$\Delta x_{ij}^0 = x_j^0 - x_i^0, \Delta y_{ij}^0 = y_j^0 - y_i^0, \Delta z_{ij}^0 = z_j^0 - z_i^0$。

设以待定点的大地坐标改正数 δB_i 为平差未知数

$$\boldsymbol{\delta}\hat{\boldsymbol{B}}_i = \begin{pmatrix} \delta\hat{B}_i \\ \delta\hat{L}_i \\ \delta\hat{H}_i \end{pmatrix} \tag{7-105}$$

由于空间直角坐标 $(x_i \quad y_i \quad z_i)^{\mathrm{T}}$ 与大地坐标 $(B_i \quad L_i \quad H_i)^{\mathrm{T}}$ 之间有如下微分关系：

$$\begin{pmatrix} \delta x_i \\ \delta y_i \\ \delta z_i \end{pmatrix} = \boldsymbol{A}_i\begin{pmatrix} \delta B_i \\ \delta L_i \\ \delta H_i \end{pmatrix} \tag{7-106}$$

式中

$$A_i = \begin{pmatrix} -\frac{1}{\rho}(M_i + H_i)\sin B_i \cos L_i & -\frac{1}{\rho}(N_i + H_i)\cos B_i \sin L_i & \cos B_i \cos L_i \\ -\frac{1}{\rho}(M_i + H_i)\sin B_i \sin L_i & \frac{1}{\rho}(N_i + H_i)\cos B_i \cos L_i & \cos B_i \sin L_i \\ \frac{1}{\rho}(M_i + H_i)\cos B_i & 0 & \sin B_i \end{pmatrix}$$

则式(7-104)可写成

$$\begin{pmatrix} V_{\Delta x_{ij}} \\ V_{\Delta y_{ij}} \\ V_{\Delta z_{ij}} \end{pmatrix} = -A_i \begin{pmatrix} \delta\hat{B}_i \\ \delta\hat{L}_i \\ \delta\hat{H}_i \end{pmatrix} + A_j \begin{pmatrix} \delta\hat{B}_j \\ \delta\hat{L}_j \\ \delta\hat{H}_j \end{pmatrix} + \begin{pmatrix} 0 & -\Delta z_{ij} & \Delta y_{ij} & \Delta x_{ij} \\ \Delta z_{ij} & 0 & -\Delta x_{ij} & \Delta y_{ij} \\ -\Delta y_{ij} & \Delta x_{ij} & 0 & \Delta z_{ij} \end{pmatrix} \begin{pmatrix} \omega_x \\ \omega_y \\ \omega_z \\ k \end{pmatrix} - \begin{pmatrix} \Delta x_{ij} - \Delta x_{ij}^0 \\ \Delta y_{ij} - \Delta y_{ij}^0 \\ \Delta z_{ij} - \Delta z_{ij}^0 \end{pmatrix} \tag{7-107}$$

写成矩阵形式有

$$\boldsymbol{V}_{ij} = -\boldsymbol{A}_i \boldsymbol{\delta}\hat{\boldsymbol{B}}_i + \boldsymbol{A}_j \boldsymbol{\delta}\hat{\boldsymbol{B}}_j + \boldsymbol{R}_{ij}\boldsymbol{Y} - \boldsymbol{L}_{ij} \tag{7-108}$$

式中 $\boldsymbol{L}_{ij} = \begin{pmatrix} \Delta x_{ij} - \Delta x_{ij}^0 \\ \Delta y_{ij} - \Delta y_{ij}^0 \\ \Delta z_{ij} - \Delta z_{ij}^0 \end{pmatrix}$。

(二)约束条件方程

1. 固定点坐标约束条件方程

设第 k 点为固定点(已知点),则有坐标约束条件:

$$\begin{pmatrix} \delta\hat{B}_k \\ \delta L_k \\ \delta H_k \end{pmatrix} = \begin{pmatrix} 0 \\ 0 \\ 0 \end{pmatrix} \tag{7-109}$$

实际处理时,该点的近似坐标应换成固定坐标。当式(7-108)中的某一基线端点为固定点时,应消去该点坐标改正数项。

2. 固定空间弦长的约束条件方程

设 D_{ik} 为地面网中高精度空间弦长值,平差时当作已知值以作为 GPS 基线向量网的尺度基准,则有约束条件:

$$-\boldsymbol{C}_{ik}\boldsymbol{A}_i \boldsymbol{\delta}\hat{\boldsymbol{B}}_i + \boldsymbol{C}_{ik}\boldsymbol{A}_k \boldsymbol{\delta}\hat{\boldsymbol{B}}_k + \boldsymbol{W}_{D_{ik}} = 0 \tag{7-110}$$

式中 $\boldsymbol{C}_{ik} = \left(\frac{\Delta x_{ik}}{D_{ik}} \quad \frac{\Delta y_{ik}}{D_{ik}} \quad \frac{\Delta z_{ik}}{D_{ik}} \right)^{\mathrm{T}}$;

$\boldsymbol{W}_{D_{ik}} = \sqrt{(\Delta x_{ik}^2 + \Delta y_{ik}^2 + \Delta z_{ik}^2)} - D_{ik}$。

3. 固定大地方位角的约束条件方程

设 α_{kj} 为地面网中已知的大地方位角,以此作为 GPS 基线向量平差时的定向基准,则有条件方程

$$-\boldsymbol{F}_{kj}\boldsymbol{A}_k \boldsymbol{\delta}\hat{\boldsymbol{B}}_k + \boldsymbol{F}_{kj}\boldsymbol{A}_j \boldsymbol{\delta}\hat{\boldsymbol{B}}_j + \boldsymbol{W}_{\alpha_{kj}} = 0 \tag{7-111}$$

式中 $$F_{kj}=\begin{pmatrix}\dfrac{\sin\alpha_{kj}\sin B_k^0\sin L_k^0-\cos\alpha_{kj}\sin L_k^0}{D_{kj}^0\sin z_{kj}^0}\\ \dfrac{\sin\alpha_{kj}\sin B_k^0\sin L_k^0+\cos\alpha_{kj}\cos L_k^0}{D_{kj}^0\sin z_{kj}^0}\\ \dfrac{-\sin\alpha_{kj}\cos B_k^0}{D_{kj}^0\sin z_{kj}^0}\end{pmatrix}^{\mathrm{T}};$$

$$W_{\alpha_{kj}}=\arctan\left(\frac{(N_j^0+H_j^0)\cos B_j^0\sin(L_j^0-L_k^0)}{x_{kj}^0}\right)-\alpha_{kj}^0;$$

$$x_{kj}^0=[\cos B_k^0\sin B_j^0-\sin B_k^0\cos B_j^0\cos(L_j^0-L_k^0)](N_j^0+H_j^0)+(N_k^0\sin B_k^0-N_j^0\sin B_j^0)e^2\cos B_k^0;$$

α_{kj}——观测值；

z_{kj}^0——k 点至 j 点的天顶距近似值。

（三）法方程的组成及解算

约束平差实际上就是附有条件的相关间接平差。若将误差方程写为

$$\boldsymbol{V}=\boldsymbol{B}_B\mathrm{d}\boldsymbol{B}-\boldsymbol{L}\tag{7-112}$$

约束条件方程写为

$$\boldsymbol{C}\mathrm{d}\boldsymbol{B}+\boldsymbol{W}=0\tag{7-113}$$

则可组成法方程

$$\begin{pmatrix}\boldsymbol{N}&\boldsymbol{C}^{\mathrm{T}}\\ \boldsymbol{C}&0\end{pmatrix}\begin{pmatrix}\mathrm{d}\boldsymbol{B}\\ \boldsymbol{k}\end{pmatrix}+\begin{pmatrix}-\boldsymbol{U}\\ \boldsymbol{W}\end{pmatrix}=0\tag{7-114}$$

式中 $\boldsymbol{N}=\boldsymbol{B}_B^{\mathrm{T}}\boldsymbol{P}\boldsymbol{B}_B$；

$\boldsymbol{U}=\boldsymbol{B}_B^{\mathrm{T}}\boldsymbol{P}\boldsymbol{L}$；

$\mathrm{d}\boldsymbol{B}=(\delta\hat{\boldsymbol{B}}_1^{\mathrm{T}}\quad\delta\hat{\boldsymbol{B}}_2^{\mathrm{T}}\quad\cdots\quad\delta\hat{\boldsymbol{B}}_n^{\mathrm{T}}\quad\boldsymbol{\omega}_x\quad\boldsymbol{\omega}_y\quad\boldsymbol{\omega}_z\quad\boldsymbol{k})^{\mathrm{T}}$；

k——联系数。

由式(7-114)可解得

$$\left.\begin{aligned}\boldsymbol{k}&=(\boldsymbol{C}\boldsymbol{N}^{-1}\boldsymbol{C}^{\mathrm{T}})^{-1}(\boldsymbol{W}+\boldsymbol{C}\boldsymbol{N}^{-1}\boldsymbol{U})\\ \mathrm{d}\boldsymbol{B}&=\boldsymbol{N}^{-1}(\boldsymbol{U}-\boldsymbol{C}^{\mathrm{T}}\boldsymbol{K})\end{aligned}\right\}\tag{7-115}$$

平差后未知数的协因数阵为

$$\left.\begin{aligned}\boldsymbol{Q}_{\hat{B}}&=\boldsymbol{N}^{-1}+\boldsymbol{N}^{-1}\boldsymbol{C}^{\mathrm{T}}\boldsymbol{Q}_{KK}\boldsymbol{C}\boldsymbol{N}^{-1}\\ \boldsymbol{Q}_{KK}&=-(\boldsymbol{C}\boldsymbol{N}^{-1}\boldsymbol{C}^{\mathrm{T}})-1\end{aligned}\right\}\tag{7-116}$$

单位权中误差估值为

$$m_0=\sqrt{\frac{\boldsymbol{V}^{\mathrm{T}}\boldsymbol{P}\boldsymbol{V}}{3m-t+r}}\tag{7-117}$$

式中 m——GPS 基线向量个数；

t——未知数个数；

r——条件方程个数。

于是平差后未知数中误差估值为

$$m_{\hat{B}} = m_0\sqrt{q_{BB}} \tag{7-118}$$

式中 q_{BB}——协因数阵 $\boldsymbol{Q}_{\hat{B}}$ 中主对角线的相应元素。

四、三维联合平差

当同时顾及约束平差中的各类数据和地面网中的常规观测值如方向、边长时，其平差就是三维联合平差。

对于三维联合平差，除前述 GPS 基线向量观测值的误差方程和作为基准的各种约束条件外，还需列出地面网观测值的误差方程。

（一）方向观测值的误差方程

$$V_{\beta_{ij}} = -\mathrm{d}z_i - F_{ij}A_i\begin{pmatrix}\delta\hat{B}_i\\ \delta\hat{L}_i\\ \delta\hat{H}_i\end{pmatrix} + F_{ij}A_j\begin{pmatrix}\delta\hat{B}_j\\ \delta\hat{L}_j\\ \delta\hat{H}_j\end{pmatrix} - L_{\beta_{ij}} \tag{7-119}$$

式中 $L_{\beta_{ij}} = \beta_{ij} + z_i^0 - \alpha_{ij}^0$；

z_i^0——i 点定向角未知数近似值；

$\mathrm{d}z_i$——i 点定向角未知数的改正数；

β_{ij}——方向观测值；

α_{ij}^0——大地方位角近似值。

（二）方位观测值的误差方程

$$V_{\alpha_{kj}} = -F_{kj}A_k\begin{pmatrix}\delta\hat{B}_k\\ \delta\hat{L}_k\\ \delta\hat{H}_k\end{pmatrix} + F_{kj}A_j\begin{pmatrix}\delta\hat{B}_j\\ \delta\hat{L}_j\\ \delta\hat{H}_j\end{pmatrix} - L\alpha_{kj} \tag{7-120}$$

式中 $L_{\alpha_{kj}} = \alpha_{kj} - \alpha_{kj}^0$。

（三）距离观测值的误差方程

$$V_{D_{ij}} = -C_{ij}A_i\begin{pmatrix}\delta\hat{B}_i\\ \delta\hat{L}_i\\ \delta\hat{H}_i\end{pmatrix} + C_{ij}A_j\begin{pmatrix}\delta\hat{B}_j\\ \delta\hat{L}_j\\ \delta\hat{H}_j\end{pmatrix} - L_{D_{ij}} \tag{7-121}$$

式中 $L_{D_{ij}} = D_{ij} - D_{ij}^0$。

（四）水准测量高差观测值的误差方程

$$V_{h_{ij}} = -\delta\hat{H}_i + \delta\hat{H}_j - \Delta N_{ij} - L_{h_{ij}} \tag{7-122}$$

式中 $L_{h_{ij}} = h_{ij} - h_{ij}^0$。

ΔN_{ij}——i,j 两点的大地水准面的差距之差。

三维联合平差时，法方程的组成与解算以及精度评定公式与三维约束平差时相同，只是求单位权中误差估值时自由度计算中应加上地面网观测值的个数。

五、GPS 网三维平差的若干问题

(一)GPS 网三维平差的适用性

由于地面网通常都是在大地坐标或高斯平面坐标系中表示的,为了计算网点的大地高程,必须以相应的精度确定点的高程异常。目前在我国地势平缓的东南沿海地区,高程异常的精度一般为 ±1 m,而在西北高山地区,只能保持数米的精度。当高程异常的精度较差时,其误差将直接影响所求地面网点大地高的精度,从而影响据此计算的空间直角坐标的精度。这样便会对两网的联合平差造成不利的影响。

(二)三维平差的转换参数的检验与选取

在 GPS 网的约束平差和联合平差中,转换参数实际上是作为附加参数引入平差的。因此,必须经过统计假设检验,以确定其是否在一定的置信水平下显著存在。如果不显著,则应予剔除,以免破坏平差方程的性状。检验一般按 t 检验进行。

(三)验后单位权方差估值 m_0^2 的检验

假定验前单位权方差 $\sigma_0^2 = 1$,则有如下 χ^2 检验量:

$$\chi^2 = \boldsymbol{V}^{\mathrm{T}}\boldsymbol{PV} \sim \chi^2(f) \tag{7-123}$$

零假设 $H_0: m_0^2 = 1$。

备选假设 $H_1: m_0^2 \neq 1$。

选择置信水平 $1 - \alpha$,如果

$$\chi^2_{1-\frac{\alpha}{2}} \leqslant \boldsymbol{V}^{\mathrm{T}}\boldsymbol{PV} \leqslant \chi^2_{\frac{\alpha}{2}} \quad \text{或} \quad \frac{\boldsymbol{V}^{\mathrm{T}}\boldsymbol{PV}}{\chi^2_{1-\frac{\alpha}{2}}} \leqslant m_0^2 \frac{\boldsymbol{V}^{\mathrm{T}}\boldsymbol{PV}}{\chi^2_{\frac{\alpha}{2}}} \tag{7-124}$$

式中 $\chi^2_{1-\frac{\alpha}{2}}$、$\chi^2_{\frac{\alpha}{2}}$ 可由 χ^2 分布表查得。

通常拒绝零假设是由以下原因引起的:

(1)函数模型的误差。即包括 GPS 基线向量观测值或地面网观测值中有个别粗差或某些未被模型化(参数化)的系统误差。

(2)起算数据的误差。当作为平差基准的坐标、边长和方位的误差过大时,也会造成 m_0^2 与理论值相差甚远。这时应检查哪些起算数据可能有较大误差而不予采用。

(3)随机模型的误差。即 GPS 基线向量的先验方差因子与地面网观测值的先验方差因子比例不恰当。这一问题可通过方差分量估计来改善随机模型。

(四)多个固定位置基准相互兼容性的检验与固定位置基准的选取

在约束平差中,多个位置基准之间的兼容性是必须保证的,否则由于起算数据本身的误差太大互不兼容而导致平差后的 GPS 网严重变形。当经过 GPS 网无约束平差各种检验证明 GPS 基线向量观测值本身不含粗差和协方差估值也是合理的前提下,约束平差中 m_0^2 的 χ^2 检验和基线向量改正数分布检验,可以发现多个位置基准之间是否保证兼容一致。这时应淘汰不相兼容的起始点重新进行平差。

第六节　GPS 网与地面网的二维平差

GPS 基线向量网的二维平差可以在二维大地坐标系中进行,也可以在高斯平面坐标系中进行。本节仅讨论在高斯平面坐标系中的二维平差。

一、二维无约束平差

（一）误差方程

设网中的固定点点号为1，以待定点坐标改正数

$$\boldsymbol{\delta x}_i = \begin{bmatrix} \delta\hat{x}_i \\ \delta\hat{y}_i \end{bmatrix} \quad (i = 2,3,\cdots,n) \tag{7-125}$$

为平差未知数，以基线向量 $\Delta\boldsymbol{X}_{ij}$ 及其协方差阵 D_{ij} 的逆阵 $\boldsymbol{D}_{ij}^{-1}$ 为观测值和权阵。

$$\Delta\boldsymbol{X}_{ij} = \begin{bmatrix} \Delta x_{ij} \\ \Delta y_{ij} \end{bmatrix}, \boldsymbol{P}_{ij} = \boldsymbol{D}_{ij}^{-1} = \begin{bmatrix} \delta_{\Delta x_{ij}} & \delta_{\Delta x_{ij}\Delta y_{ij}} \\ \delta_{\Delta x_{ij}\Delta y_{ij}} & \delta_{\Delta y_{ij}} \end{bmatrix}^{-1}$$

$$(i,j = 1,2,\cdots,n)$$

设固定点坐标和待定点近似坐标为

$$\boldsymbol{X}_1 = \begin{bmatrix} x_1 \\ y_1 \end{bmatrix}, \boldsymbol{X}_i^0 = \begin{bmatrix} x_i^0 \\ y_i^0 \end{bmatrix} \quad (i = 2,3,\cdots,n)$$

以上各式中 n 为网点个数。

这样就可组成误差方程：

含固定点的基线向量观测值 Δx_{1i} 的误差方程

$$\begin{bmatrix} V_{\Delta x_{1i}} \\ V_{\Delta y_{1i}} \end{bmatrix} = \begin{bmatrix} \delta\hat{x}_i \\ \delta\hat{y}_i \end{bmatrix} - \begin{bmatrix} \Delta x_{1i} + x_1 - x_i^0 \\ \Delta y_{1i} + y_1 - y_i^0 \end{bmatrix} \tag{7-126}$$

不含固定点的基线向量观测值 Δx_{1i} 的误差方程

$$\begin{bmatrix} V_{\Delta x_{ij}} \\ V_{\Delta y_{ij}} \end{bmatrix} = - \begin{bmatrix} \delta\hat{x}_i \\ \delta\hat{y}_i \end{bmatrix} + \begin{bmatrix} \delta\hat{x}_j \\ \delta\hat{y}_j \end{bmatrix} - \begin{bmatrix} \Delta x_{ij} + x_i^0 - x_j^0 \\ \Delta y_{ij} + y_i^0 - y_j^0 \end{bmatrix} \tag{7-127}$$

合并式(7-126)和式(7-127)，写成统一的矩阵形式，得误差方程为

$$\boldsymbol{V} = \boldsymbol{B}\boldsymbol{\delta}\hat{\boldsymbol{x}} - \boldsymbol{L} \tag{7-128}$$

（二）法方程组成及解算

由式(7-128)组成法方程

$$\boldsymbol{N}\boldsymbol{\delta}\hat{\boldsymbol{x}} - \boldsymbol{U} = 0 \tag{7-129}$$

式中 $\boldsymbol{N} = \boldsymbol{B}^{\mathrm{T}}\boldsymbol{P}\boldsymbol{B}$；

$\boldsymbol{U} = \boldsymbol{B}^{\mathrm{T}}\boldsymbol{P}\boldsymbol{L}$；

$\boldsymbol{\delta}\hat{\boldsymbol{x}} = (\boldsymbol{\delta}\hat{\boldsymbol{x}}_2^{\mathrm{T}} \quad \boldsymbol{\delta}\hat{\boldsymbol{x}}_3^{\mathrm{T}} \quad \cdots \quad \boldsymbol{\delta}\hat{\boldsymbol{x}}_n^{\mathrm{T}})^{\mathrm{T}}$。

于是可解得平差未知数 $\boldsymbol{\delta}\hat{\boldsymbol{x}}$ 为

$$\boldsymbol{\delta}\hat{\boldsymbol{x}} = \boldsymbol{N}^{-1}\boldsymbol{U} \tag{7-130}$$

各待定点坐标平差值为

$$\hat{x}_i = x_i + \delta\hat{x}_i \quad (i = 2,3,\cdots,n) \tag{7-131}$$

（三）精度评定

单位权中误差估值为

$$m_0 = \sqrt{\frac{\boldsymbol{V}^{\mathrm{T}}\boldsymbol{P}\boldsymbol{V}}{2m - 2(n-1)}} \tag{7-132}$$

式中　m——基线向量个数。

平差未知数的方差估值为

$$D_{\hat{x}} = m_0^2 N^{-1} \tag{7-133}$$

二、二维约束平差

(一)以两网单独平差后的坐标值为相关观测量

以转换参数 T 和公共点的地面网坐标 x_T 为未知数,以公共点坐标作为相关观测量,则可列出误差方程

$$\left.\begin{aligned} \boldsymbol{V}_T &= \boldsymbol{\delta}\hat{\boldsymbol{x}}_T \quad & \text{权为 } \boldsymbol{P}_T \\ \boldsymbol{V}_S &= \boldsymbol{\delta}\hat{\boldsymbol{x}}_S \quad & \text{权为 } \boldsymbol{P}_S \end{aligned}\right\} \tag{7-134}$$

应用相似变换,可得两网的转换模型:

$$\begin{pmatrix} x \\ y \end{pmatrix}_S = \begin{pmatrix} x \\ y \end{pmatrix}_T + \begin{bmatrix} 1 & 0 & x_T & -y_T \\ 0 & 1 & y_T & x_T \end{bmatrix} \begin{bmatrix} \Delta x_0 \\ \Delta y_0 \\ k \\ \omega \end{bmatrix} \tag{7-135}$$

式中　Δx_0、Δy_0——平移参数;

k——尺度因子;

ω——旋转参数。

写成矩阵形式

$$\boldsymbol{x}_S = \boldsymbol{x}_T + \boldsymbol{C}\boldsymbol{T} \tag{7-136}$$

由上式可得

$$\boldsymbol{\delta x}_S = \boldsymbol{\delta}\hat{\boldsymbol{x}}_T + \boldsymbol{C}\boldsymbol{\delta T} + \boldsymbol{L} \tag{7-137}$$

式中　$\boldsymbol{C} = (\boldsymbol{C}_1 \quad \boldsymbol{C}_2 \quad \cdots \quad \boldsymbol{C}_n)^{\mathrm{T}}$;

$\boldsymbol{C}_i = \begin{bmatrix} 1 & 0 & x_{iT}^0 & -y_{iT}^0 \\ 0 & 1 & y_{iT}^0 & x_{iT}^0 \end{bmatrix}$;

$\boldsymbol{L} = \boldsymbol{x}_T^0 - \boldsymbol{x}_S^0$。

将式(7-137)代入式(7-134),即可得到相应的法方程

$$\begin{bmatrix} \boldsymbol{P}_S + \boldsymbol{P}_T & \boldsymbol{P}_S\boldsymbol{C} \\ \boldsymbol{C}^{\mathrm{T}}\boldsymbol{P}_S & \boldsymbol{C}^{\mathrm{T}}\boldsymbol{P}_S\boldsymbol{C} \end{bmatrix} \begin{pmatrix} \boldsymbol{\delta}\hat{\boldsymbol{x}}_T \\ \boldsymbol{\delta T} \end{pmatrix} + \begin{bmatrix} \boldsymbol{P}_S\boldsymbol{L} \\ \boldsymbol{C}^{\mathrm{T}}\boldsymbol{P}_S\boldsymbol{L} \end{bmatrix} = 0 \tag{7-138}$$

式中　$\boldsymbol{P}_T$——地面网坐标的权阵,$\boldsymbol{P}_T = m_{0T}^2 \boldsymbol{D}_{x_T}^{-1}$;

$\boldsymbol{P}_S$——GPS 网坐标的权阵,$\boldsymbol{P}_S = m_{0S}^2 \boldsymbol{D}_{x_s}^{-1}$。

由式(7-138)可解得

$$\begin{bmatrix} \boldsymbol{\delta}\hat{\boldsymbol{x}}_T \\ \boldsymbol{\delta}_T \end{bmatrix} = -\begin{bmatrix} \boldsymbol{P}_S + \boldsymbol{P}_{\mathrm{T}} & \boldsymbol{P}_S\boldsymbol{C} \\ \boldsymbol{C}^{\mathrm{T}}\boldsymbol{P}_S & \boldsymbol{C}^{\mathrm{T}}\boldsymbol{P}_S\boldsymbol{C} \end{bmatrix}^{-1} \begin{bmatrix} \boldsymbol{P}_S\boldsymbol{L} \\ \boldsymbol{C}^{\mathrm{T}}\boldsymbol{P}_S\boldsymbol{L} \end{bmatrix} \tag{7-139}$$

单位权中误差估值为

$$m_0 = \sqrt{\frac{\boldsymbol{V}^{\mathrm{T}}\boldsymbol{P}\boldsymbol{V}}{2n - m}} \tag{7-140}$$

式中　m——转换参数个数；

n——公共点个数；

$V^{\mathrm{T}}PV=\sum(V_{iT}^{\mathrm{T}}P_{iT}V_{iT}+V_{iS}^{\mathrm{T}}P_{iS}V_{iS})$。

未知参数平差值的中误差估值为

$$m_x=m_0\sqrt{q_{xx}} \tag{7-141}$$

式中　q_{xx}——协因数 Q_{xx} 主对角线的相应元素，而

$$Q_{xx}=\begin{bmatrix}P_S+P_T & P_SC\\ C^{\mathrm{T}}P_S & C^{\mathrm{T}}P_SC\end{bmatrix}^{-1}$$

（二）以 GPS 基线向量作为相关观测量

设有二维基线向量观测值 $\Delta x_{ij}=(\Delta x_{ij}\quad \Delta y_{ij})^{\mathrm{T}}$，以待定点的坐标改正数 $\delta\hat{x}_i=(\delta\hat{x}_i\quad \delta\hat{y}_i)^{\mathrm{T}}$ 和尺度因子 k 以及旋转参数 ω 作为未知参数。

对于网中任意 i、j 两点有

$$\Delta x_{S_{ij}}=x_{S_j}-x_{S_i}$$

$$\Delta x_{T_{ij}}=\Delta x_{T_j}-x_{T_i}$$

将式(7-136)代入上式即得

$$\Delta x_{S_{ij}}=\Delta x_{T_{ij}}+(C_j-C_i)^{\mathrm{T}} \tag{7-142}$$

式中　$C_j-C_i=\begin{pmatrix}0 & 0 & \Delta x_{T_{ij}} & \Delta y_{T_{ij}}\\ 0 & 0 & \Delta y_{T_{ij}} & \Delta x_{T_{ij}}\end{pmatrix}$。

由此可见，在高斯平面坐标中，网的基线向量与网的位置基准没有关系。由此可得基线向量的误差方程

$$\begin{aligned}V_{\Delta T}&=B\delta x_T\\ V_{\Delta S}&=B\delta x_S\end{aligned} \tag{7-143}$$

其约束条件为

$$B\delta\hat{x}_S=B\delta\hat{x}_T+BC\delta T+L_\Delta \tag{7-144}$$

而

$$C=(C_1^{\mathrm{T}}\quad C_2^{\mathrm{T}}\quad \cdots\quad C_n^{\mathrm{T}})$$

$$C_i=\begin{pmatrix}x_T & -y_T\\ y_T & x_T\end{pmatrix}_i$$

$$T=(k\quad \omega)^{\mathrm{T}}$$

$$L_\Delta=\Delta x_T-\Delta x_s$$

由此可得相应的法方程

$$\begin{pmatrix}B^{\mathrm{T}}(P_{\Delta T}+P_{\Delta S})B & B^{\mathrm{T}}P_{\Delta S}BC\\ C^{\mathrm{T}}B^{\mathrm{T}}P_{\Delta S}B & C^{\mathrm{T}}B^{\mathrm{T}}P_{\Delta S}BC\end{pmatrix}\begin{pmatrix}\delta\hat{x}^{\mathrm{T}}\\ \delta T\end{pmatrix}+\begin{pmatrix}B^{T}P_{\Delta S}L_\Delta\\ C^{\mathrm{T}}B^{\mathrm{T}}P_{\Delta S}L_\Delta\end{pmatrix}=0 \tag{7-145}$$

式中　$P_{\Delta T}^{-1}=BD_{x_T}B^{\mathrm{T}}$；

$P_{\Delta S}^{-1}=BD_{x_S}B^{\mathrm{T}}$。

由式(7-145)即可解得地面网点坐标改正数及转换参数。

$$\begin{pmatrix} \boldsymbol{\delta\hat{x}}_T \\ \boldsymbol{\delta T} \end{pmatrix} = -\boldsymbol{Q}_{\Delta x}\begin{pmatrix} \boldsymbol{B}^{\mathrm{T}}\boldsymbol{P}_{\Delta S}\boldsymbol{L}_0 \\ \boldsymbol{C}^{\mathrm{T}}\boldsymbol{B}^{\mathrm{T}}\boldsymbol{P}_{\Delta S}\boldsymbol{L}_{\Delta} \end{pmatrix} \tag{7-146}$$

式中 $\boldsymbol{Q}_{\Delta x} = \begin{pmatrix} \boldsymbol{B}^{\mathrm{T}}(\boldsymbol{P}_{\Delta \mathrm{T}} + \boldsymbol{P}_{\Delta S})\boldsymbol{B} & \boldsymbol{B}^{\mathrm{T}}\boldsymbol{P}_{\Delta S}\boldsymbol{BC} \\ \boldsymbol{C}^{\mathrm{T}}\boldsymbol{B}^{\mathrm{T}}\boldsymbol{P}_{\Delta S}\boldsymbol{B} & \boldsymbol{C}^{\mathrm{T}}\boldsymbol{B}^{\mathrm{T}}\boldsymbol{P}_{\Delta S}\boldsymbol{BC} \end{pmatrix}^{-1}$。

则基线向量平差值的中误差估值为

$$m_{\Delta x} = m_0\sqrt{q_{\Delta x \Delta x}} \tag{7-147}$$

式中 m_0——单位权中误差估值；

$q_{\Delta x\Delta x}$——协因数阵 $\boldsymbol{Q}_{\Delta x}$ 主对角线的相应元素。

三、二维联合平差

(一)GPS 基线向量观测值的误差方程

基线向量观测值的误差方程的矩阵形式

$$\boldsymbol{V}_{ij} = -\boldsymbol{\delta\hat{x}}_i + \boldsymbol{\delta\hat{x}}_j + \boldsymbol{CT} - \boldsymbol{L}_{ij} \tag{7-148}$$

记为

$$\boldsymbol{V}_G = \boldsymbol{B}_G\boldsymbol{\delta\hat{x}} + \boldsymbol{CT} - \boldsymbol{L}_G \qquad \text{权为 } \boldsymbol{P}_G \tag{7-149}$$

根据厂家提供的标称精度可以确定基线向量观测值的权 $\boldsymbol{P}_G$。

GPS 网测边误差可表示为

$$m_S^2 = a^2 + (b \cdot S)^2 \tag{7-150}$$

水平方向观测误差表示为

$$m_d^2 = C^2 + d^2/S^2 \tag{7-151}$$

因为

$$\Delta x = S\cos\alpha$$

$$\Delta y = S\sin\alpha$$

则有微分关系式

$$\begin{pmatrix} \mathrm{d}\Delta x \\ \mathrm{d}\Delta y \end{pmatrix} = \begin{pmatrix} \cos\alpha & -S\sin\alpha \\ \sin\alpha & S\cos\alpha \end{pmatrix}\begin{pmatrix} d_S \\ d_\alpha \end{pmatrix} \tag{7-152}$$

根据协方差传播率，可求出基线向量观测值的协方差阵

$$D_{\Delta\Delta} = \begin{pmatrix} \cos^2\alpha m_S^2 + S^2\sin^2\alpha m_\alpha^2 & \sin\alpha\cos\alpha m_S^2 - S^2\cos\alpha\sin\alpha m_\alpha^2 \\ \sin\alpha\cos\alpha m_S^2 - S^2\cos\alpha\sin\alpha m_\alpha^2 & \sin^2\alpha m_S^2 + S^2\cos^2\alpha m_\alpha^0 \end{pmatrix} \tag{7-153}$$

则 $\boldsymbol{P}_G = m_0^2\boldsymbol{D}_{\Delta\Delta}^{-1}$。

(二)地面网观测值的误差方程

将地面网常规观测值化算至高斯平面上，组成误差方程。

(1)方向观测值误差方程

$$V_{\alpha_{ij}} = -\mathrm{d}z_i + a_{ij}\delta\hat{x}_i + b_{ij}\delta\hat{y}_i - a_{ij}\delta\hat{x}_j - b_{ij}\delta\hat{y}_j - L_{ij} \tag{7-154}$$

式中 $a_{ij} = \dfrac{\rho''\sin\alpha_{ij}^0}{S_{ij}^0}$；

$b_{ij} = \dfrac{\rho\cos\alpha_{ij}^0}{S_{ij}^0}$；

$L_{ij}=z_i^0+l_{ij}-\alpha_{ij}^0$;

$\alpha_{ij}^0=\arctan\dfrac{(y_j^0-y_i^0)}{(x_j^0-x_i^0)}$;

dz_i——i 点上的定向角未知数改正数，其近似值为 z_i^0；

l_{ij}——方向观测值；

α_{ij}^0——近似方位角。

写成矩阵形式

$$\boldsymbol{V}_\alpha=\boldsymbol{B}_\alpha\boldsymbol{\delta}\hat{\boldsymbol{x}}-\boldsymbol{L}_\alpha \qquad 权为\ \boldsymbol{P}_\alpha \tag{7-155}$$

(2)边长观测值误差方程

$$V_{S_{ij}}=-\cos\alpha_{ij}^0\delta\hat{x}_i-\sin\alpha_{ij}^0\delta\hat{y}_i+\cos\alpha_{ij}\delta\hat{x}_j+\sin\alpha_{ij}\delta\hat{y}_i+W_{S_j^i}=0 \tag{7-156}$$

式中 $L_{S_{ij}}=S_{ij}^0-S_{ij}$;

$S_{ij}^0=\sqrt{(x_j^0-x_i^0)^2+(y_j^0-y_i^0)^2}$。

写成矩阵形式

$$\boldsymbol{V}_S=\boldsymbol{B}_S\boldsymbol{\delta}\hat{\boldsymbol{x}}-\boldsymbol{L}_S \qquad 权为\ \boldsymbol{P}_S \tag{7-157}$$

(三)约束条件方程

(1)坐标约束条件。

设 i 点为固定点，则约束条件为

$$\delta\hat{x}_i=0,\delta\hat{y}_i=0 \tag{7-158}$$

(2)边长约束条件。

设 S_{ij} 为固定边，则其约束条件方程为

$$-\cos\alpha_{ij}^0\delta\hat{x}_i-\sin\alpha_{ij}^0\delta\hat{y}_i+\cos\alpha_{ij}^0\delta\hat{x}_j+\sin\alpha_{ij}\delta\hat{y}_i+W_{S_{ij}}=0 \tag{7-159}$$

式中 $W_{S_{ij}}=S_{ij}^0-S_{ij}$。

写成矩阵形式为

$$\boldsymbol{A}_S\boldsymbol{\delta x}+\boldsymbol{W}=0 \tag{7-160}$$

(3)坐标方位角约束条件。

设有固定坐标方位角 α_{ij}，则其约束条件方程为

$$a_{ij}\delta\hat{x}+b_{ij}\delta\hat{y}_i-a_{ij}\delta\hat{x}_j-b_{ij}\delta\hat{y}_j+W_{\alpha_{ij}}=0 \tag{7-161}$$

式中 $W_{\alpha_{ij}}=\alpha_{ij}^0-\alpha_{ij}$。

写成矩阵形式为

$$A_\alpha\delta\hat{x}+W_\alpha=0 \tag{7-162}$$

(四)基础方程及其解

将式(7-153)、式(7-155)、式(7-157)综合，可组成总误差方程

$$\begin{pmatrix}V_G\\V_\alpha\\V_S\end{pmatrix}=\begin{pmatrix}B_G & C\\B_\alpha & 0\\B_S & 0\end{pmatrix}\begin{pmatrix}\delta\hat{x}\\T\end{pmatrix}-\begin{pmatrix}L_G\\L_\alpha\\L_S\end{pmatrix} \tag{7-163}$$

权阵为

$$\boldsymbol{P}=\begin{pmatrix}P_G & & \\ & P_\alpha & \\ & & P_S\end{pmatrix}$$

记为

$$V = BX - L \tag{7-164}$$

总条件方程为

$$\begin{pmatrix} A_S \\ A_\alpha \end{pmatrix}\delta\hat{x} + \begin{pmatrix} W_S \\ W_\alpha \end{pmatrix} = 0 \tag{7-165}$$

记为

$$\boldsymbol{A}\boldsymbol{\delta}\hat{\boldsymbol{x}} + \boldsymbol{W} = 0 \tag{7-166}$$

则可得法方程为

$$\begin{pmatrix} \boldsymbol{N} & \boldsymbol{A}^{\mathrm{T}} \\ \boldsymbol{A} & 0 \end{pmatrix}\begin{pmatrix} \hat{x} \\ k \end{pmatrix} + \begin{pmatrix} -\boldsymbol{U} \\ \boldsymbol{W} \end{pmatrix} = 0 \tag{7-167}$$

式中 $\boldsymbol{N} = \boldsymbol{B}^{\mathrm{T}}\boldsymbol{P}\boldsymbol{B}$;

$\boldsymbol{U} = \boldsymbol{B}^{\mathrm{T}}\boldsymbol{P}\boldsymbol{L}$;

$\hat{x} = (\delta\hat{x}_1\ \delta\hat{y}_1\ \delta\hat{x}_2\ \delta\hat{y}_2 \cdots\ \delta\hat{x}_n\delta\hat{y}_n\quad k\quad \omega)^{\mathrm{T}}$;

k——联系数。

由式(7-167)可解得联系数和未知数

$$\left.\begin{aligned} k &= (AN^{-1}A^{\mathrm{T}})^{-1}(W + AN^{-1}U) \\ \hat{x} &= N^{-1}(U - A^{\mathrm{T}}k) \end{aligned}\right\} \tag{7-168}$$

单位权中误差估值为:

$$m_0 = \sqrt{\frac{\boldsymbol{V}^{\mathrm{T}}\boldsymbol{P}\boldsymbol{V}}{2n - t + r + d}} \tag{7-169}$$

式中 m——基线个数;

t——未知数个数;

r——条件方程个数;

d——地面网观测值个数。

平差后未知数的协因数阵为

$$\boldsymbol{Q}\hat{x} = \boldsymbol{N}^{-1} + \boldsymbol{N}^{-1}\boldsymbol{A}^{\mathrm{T}}\boldsymbol{Q}_{KK}\boldsymbol{A}\boldsymbol{N}^{-1}$$

$$\boldsymbol{Q}_{KK} = -(\boldsymbol{A}\boldsymbol{N}^{-1}\boldsymbol{A}^{\mathrm{T}})^{-1}$$

平差后未知数的方差估值为

$$\boldsymbol{D}_{\hat{x}} = m_0^2\boldsymbol{Q}_{\hat{x}} \tag{7-170}$$

第七节　GPS 的高程计算

一、概述

由 GPS 测得 P 点的大地高 H 是以椭球面(WGS-84)起算的,其相对定位得到的基线向量,通过 GPS 网平差,可以得到高精度的大地高差 H。但在实际应用中,由于大地水准面起算的正高无法精确算出,故地面点的高程常采用正常高系统。其正常高 H_r 是以似大地水准面起算的,如图 7-4 所示。似大地水准面与大地水准面十分接近,其中 ξ 表示似大地水准面至椭球面的高差，叫做高程异常；N 表示大地水准面差距。二者在海平面处重合，在平原地区相差甚微，在高山、深海地区最大相差也不超过 4 m。

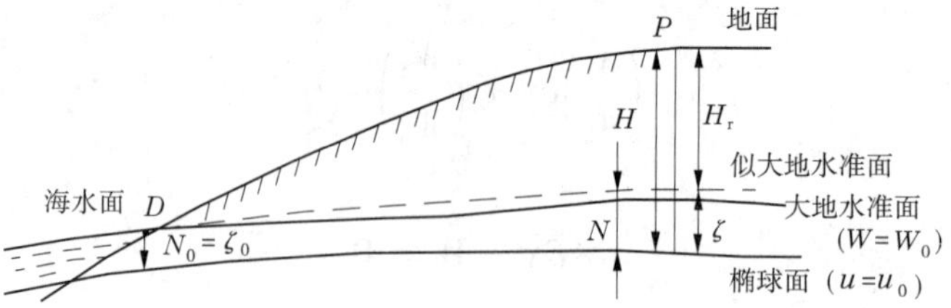

图 7-4　大地高与正常高的关系

(一)大地高系统

大地高系统是以参考椭球面为基准面的高程系统。某点的大地高是该点到通过该点的参考椭球的法线与参考椭球面的交点间的距离。大地高也称为椭球高，大地高一般用符号 H 表示。GPS 观测所得到的是大地高。大地高是一个纯几何量，不具有物理意义，同一个点，在不同的基准下，具有不同的大地高。

(二)正高系统

正高系统是以大地水准面为基准面的高程系统。某点的正高是该点到通过该点的铅垂线与大地水准面的交点之间的距离，正高用符号 H_g 表示。

(三)正常高

正常高系统是以似大地水准面为基准的高程系统。某点的正常高是该点到通过该点的铅垂线与似大地水准面的交点之间的距离，正常高用 H_r 表示。

地面点 P 处的大地高 H、正常高 H_r 和高程异常 ξ 间有如下关系式

$$H = H_r + \xi \tag{7-171}$$

当测区中有一部分点已用 GPS 定位技术和常规高程测量方法求得其大地高和正常高，可按式(7-171)计算出该点处的高程异常，若测区内测量点的数量足够多，且分布较为均匀，则可拟合测区的似大地水准面形状，进而推算测区中其余未进行水准联测的 GPS 点的高程异常和求定未测点的正常高，这种方法可称为“几何法”GPS 水准，可见，GPS 水准有两个作用：一是精确解算 GPS 点的正常高，二是求定高精度的似大地水准面。

目前，可用于 GPS 水准计算的方法主要有：

(1)解析内插，直线内插，曲线内插，样条函数，Akima……

(2)曲面拟合，平面拟合，多项式曲面拟合，多面函数拟合……

(3)绘等值线图。

上述方法大部分已在 GPS 水准计算中得到应用。当测区地形变化较大时，计算中还应顾及估计量与高程间的相关性。

下面介绍根据测区内的部分 GPS 点，利用多项式拟合确定各求定点的高程异常值，进而推算各求定点正常高程的方法。

二、拟合法确定正常高程

设 GPS 基线向量网经三维无约束平差后，求得各点的大地高平差值为 H_i，已知网中有 m 个点(网内总点数为 n)为 GPS 点，即具有正常高程 H_{ri}。为便于讨论，设该点的点号 $i \leqslant$

m,则可确定这些点的高程异常 ξ_i 为

$$\xi_i = H_i - H_{ri} \quad (i = 1,2,\cdots,m) \tag{7-172}$$

设测区内的高程异常值 ξ_i 可用一多项式来拟合,即

$$\xi_i = a_0 + a_1\Delta B_i + a_2\Delta L_i + a_3\Delta B_i^2 + a_4\Delta L_i^2 + a_5\Delta B\Delta L \tag{7-173}$$

式中 B——大地纬度;

L——大地经度;

$$\left.\begin{aligned} \Delta B_i &= B_i - \overline{B}_i \\ \Delta L_i &= L_i - \overline{L}_i \end{aligned}\right\} \tag{7-174}$$

$$\left.\begin{aligned} \overline{B}_i &= \sum_{i=1}^{n} B_i/n \\ \overline{L}_i &= \sum_{i=1}^{n} L_i/n \end{aligned}\right\} \tag{7-175}$$

则根据 m 个 GPS 点的 ξ_i 值可拟合确定多项式(7-173)中的系数。当 $m \geqslant 6$ 时,可确定所有系数;当 $m \geqslant 3$ 且 $m < 6$ 时,可拟合确定 a_0、a_1 和 a_2 三个系数;当 $m < 3$ 时,只能确定 a_0 一个系数。所以,这种方法应至少具有 3 个已知高程点。当已知高程点分布均匀且测区内地形平坦时,这种方法拟合确定的高程异常 ξ_i 精度可望达到 10 ~ 20 cm,甚至优于 5 cm。当测区内地形复杂或高程变化较大时,应加上地形改正(地形改正量级可达数十厘米)。

在确定了多项式(7-173)中的系数后,即可应用该式求定其余测站点的高程异常值,然后由

$$H_{r_j} = H_j - \xi_j \quad (j = m+1, m+2, \cdots, n) \tag{7-176}$$

计算出各测站点的正常高程值。

这种多项式拟合法确定 GPS 点的正常高程值是近似的、粗略的,其精度在比较理想的情况下可达到或优于三角高程的精度。目前,GPS 大地高程转换的方法还有待于进一步研究分析。

三、GPS 水准应用

随着 GPS 相对定位技术的不断发展和定位精度的不断提高,GPS 精密测高对传统的水准测高提出了挑战。GPS 测高与水准测高相比,最大的优点表现在一个测站跨越距离上。目前 GPS 高差的精度在 5 ~ 10 km 以上的距离上已达到三等水准测量的精度,在大范围内可接近二等水准测量的精度。GPS 相对定位具有速度快、精度高、全天候、全自动化的特点,使 GPS 水准得到愈来愈多的应用。预计今后 GPS 水准可望在以下几个方面得到广泛应用。

(一)GPS 作三四等水准加密

在山区或丘陵地区进行水准测量,工作量大,因此可利用 GPS 测量进行三四等水准加密。

(二)GPS 过河水准测量

近年来,在跨越宽水域的水准测量时,人们常用三角高程测量的方法。其实,三角高程测量受到折光、垂线偏差或大地水准面起伏的误差影响。

利用 GPS 相对定位,跨越距离大、精度高,如果利用一岸已有的国家水准点,选取合理

的图形构成 GPS 水准网(一般 3 ~5 点),这样,利用曲线或曲面拟合方法,即可把 GPS 大地高差转化为正常高差,其精度是完全可以保证的,而三角高程则难以实现。

(三)GPS 用于变形监测

经典变形监测网,通常是分开测设水平形变和高程变化,因受到各种因素的限制,未能建立高精度三维监测网。考虑误差传播和通视条件等原因,监测网布设范围不可能很大,常设在变形区内。这就使得在形变分析时难以找到稳定的基准,影响形变分析的质量。

GPS 技术以其速度快、精度高和不受通视条件、边长限制等优点,将会广泛地应用于地壳变形、海洋面变化等监测,它可以直接测定三维形变,布设范围可扩大至相对稳定区域,以便建立可靠的形变分析稳定基准。

四、提高 GPS 水准精度的措施

从理论研究和实践经验可知,提高 GPS 水准精度应注意以下几个方面。

(一)提高大地高(差)测定的精度

大地高(差)测定的精度是影响 GPS 水准精度的主要因素之一。因此,要提高 GPS 水准的精度,必须有效地提高大地高(差)测定的精度,其措施主要有:

(1)提高局部 GPS 网基线解算的起算点坐标的精度。尽量采用国家 A、B 级 GPS 网点为局部 GPS 网的起算点。研究表明,当起算点坐标有 10 m 误差时,对其他 GPS 点的高程会产生 10 mm 的误差。

(2)尽量采用精密星历。采用精密星历比用广播星历可提高精度 34%。

(3)选用双频 GPS 接收机。

(4)观测时应选择最佳的卫星分布。

(5)减弱多路径误差和对流层延迟误差。

(6)大于 10 km 的 GPS 网点应实测气象参数。

实践表明,当边长大于 10 km,两端点气压差为 7 mbar,气温差为 2 ℃,相对湿度差为 4% 时,用实测气象参数与取平均气象参数对基线处理的边长仅产生 1 mm 误差,对大地高差产生 0.1 m 误差。

(二)提高联测几何水准的精度

尽量采用三等几何水准来联测 GPS 点。对有特殊应用的 GPS 网,用二等精密水准来联测,以利于有效地提高 GPS 水准的精度。

(三)提高转换参数的精度

利用我国已有的 VLBI 和 SLR 站的地心坐标转换参数,或利用国家 A、B 级 GPS 网点来推算转换参数。

(四)提高拟合计算的精度

提高拟合计算精度的办法有:

(1)根据测区似大地水准面变化情况,选定足够的已知点,并合理地布设已知点。

(2)根据不同测区,选用合适的拟合模型。对高差大于 100 m 的测区,一般要加地形改正。

(3)对地形复杂的大测区,可采取分区计算的办法。

(4)计算时,坐标取到米(m)或 10 m,但高程异常应取到毫米(mm)。计算结果应由计算机绘出测区高程异常等值线图,以便分析测区高程异常变化情况,提高拟合计算精度。

从以上分析和国内外 GPS 水准实践情况看,在局部 GPS 网中,采用拟合法进行计算,GPS 水准高程的内符合精度一般可达 2×10^{-6} 左右。对于测区面积不大的平坦地区,特别是测区内高程异常的变化有规律的地区,在公共点分布均匀的情况下,多项式曲面拟合法能够达到比较理想的精度。只要用三等几何水准联测已知点,点位分布合理,点数足够,GPS 水准可代替四等几何水准;在山区,只要施加地形改正,也可达到四等几何水准的精度。

思考题与习题

7-1　GPS 控制网数据处理的目的是什么?

7-2　简述 GPS 测量数据处理的基本过程。

7-3　按每 15 s 采集一组野外观测数据计算,一台接收机连续观测 2 h 将有多少组数据?

7-4　测站信息文件包含哪几种?

7-5　在进行数据传输的同时,利用数据处理软件将原始记录中的各项观测数据进行分类整理,剔除无效观测值和冗余信息,自动生成哪几个数据文件?

7-6　怎样才能使观测时段的卫星轨道标准化?

7-7　为什么需要进行时间单位规格化?

7-8　建立钟差改正多项式的目的是什么?

7-9　GPS 基线网平差的目的是什么?

7-10　什么叫 GPS 水准?其作用是什么?

7-11　什么叫大地高?什么叫正常高?

7-12　怎样将 GPS 大地高转换成正常高?

7-13　可用于 GPS 水准计算的方法主要有哪几种?

7-14　提高 GPS 水准精度应注意哪几个方面?

第八章 GPS 实时动态定位原理

GPS 定位过程中,存在着三部分误差。第一部分是对每一个用户接收机所共有的,如卫星钟误差、星历误差、电离层误差、对流层误差等;第二部分是由用户测量或由校正模型来计算的传播延迟误差;第三部分为用户接收机所固有的误差,如内部噪声、通道延迟、多路径效应等。

第一节 RTK 概述

一、差分 GPS

差分 GPS(DGPS,Difference Global Positioning System)技术,除第三部分误差无法消除外,第一部分误差完全可以消除,第二部分误差大部分可以消除,其主要取决于基准接收机和用户接收机的距离。差分 GPS 定位能将卫星钟误差和星历误差消除,并将电离层延迟和对流层延迟误差部分消除,定位精度大大提高。

差分 GPS 就是首先利用已知精确三维坐标的差分 GPS 基准站,求得伪距修正量或位置修正量,再将这个修正量实时或事后发送给用户,对用户的测量数据进行修正,以提高 GPS 定位精度。

(一)差分 GPS(DGPS)分类

根据时效性可将差分 GPS 定位分为实时差分和事后差分;根据观测值类型分为伪距差分、载波相位差分;根据差分 GPS 基准站发送的信息方式可将差分 GPS 定位分为位置差分、伪距差分和载波相位差分;根据工作原理和差分模型分为局域差分(LADGPS,Local Area DGPS)和广域差分(WADGPS,Wide Area DGPS)。局域差分又分为单基准站差分和多基准站差分。

(二)差分 GPS(DGPS)原理

差分 GPS (DGPS)是在正常的 GPS 外附加(差分)修正信号,此改正信号改善了 GPS 的精度。位置差分法、伪距差分法和载波相位差分法都是由基准站发送改正数,由用户站接收并对其测量结果进行改正,以获得精确的定位结果。所不同的是,发送改正数的具体内容不一样,其差分定位精度也不同。

1. 位置差分原理

安装在基准站上的 GPS 接收机观测 4 颗卫星后便可进行三维定位,解算出基准站的坐标。由于存在着轨道误差、时钟误差、SA 影响、大气影响、多径效应以及其他误差,解算出的坐标与基准站的已知坐标是不一样的,存在误差。参考站利用数据链将此改正数发送出去,由用户站接收,并且对其解算的用户站坐标进行改正。最后得到改正后的移动站坐标能消去参考站和移动站的共同误差,例如卫星轨道误差、SA 影响、大气影响等。位置差分法要求参考站和移动站观测同一组卫星。这种差分法能得到米级定位精度,如沿海广泛使用的无线电指向标/差分全球定位系统(RBN/DGPS)。

2. 伪距差分原理

伪距差分是目前用途最广的一种技术。几乎所有的商用差分 GPS 接收机均采用这种技术。国际海事无线电委员会推荐的 RTCM SC－104 也采用了这种技术。

在参考站上的接收机要求得它至可见卫星的距离,并将此计算出的距离与含有误差的测量值加以比较。利用一个 α－β 滤波器将此差值滤波并求出其偏差。然后将所有卫星的测距误差传输给用户,用户利用此测距误差来改正测量的伪距。最后,用户利用改正后的伪距来解出本身的位置,就可消去公共误差,提高定位精度。

与位置差分相似,伪距差分能将两站公共误差抵消,但随着用户到参考站距离的增加又出现了系统误差,这种误差用任何差分法都是不能消除的。用户和参考站之间的距离对精度有决定性影响。

3. 载波相位差分原理

测地型接收机利用 GPS 卫星载波相位进行的静态基线测量获得了很高的精度(10^{-6} ~ 10^{-8})。但为了可靠地求解出相位模糊度,要求静止观测一两个小时或更长时间。这样就限制了在工程作业中的应用。于是探求快速测量的方法应运而生。例如,采用整周模糊度快速逼近技术(FARA)使基线观测时间缩短到 5 min,采用准动态(stop and go)、往返重复设站(re－occupation)和动态(kinematic)来提高 GPS 作业效率。这些技术的应用对推动精密 GPS 测量起了促进作用。但是,上述这些作业方式都是事后进行数据处理,不能实时提交成果和实时评定成果质量,很难避免出现事后检查不合格造成的返工现象。

差分 GPS 的出现,能实时给定载体的位置,满足了引航、水下测量等工程的要求。位置差分、伪距差分、载波相位差分等技术已成功地用于各种工程作业中。而载波相位差分技术是更精密的测量技术之一。

二、GPS－RTK 的概念

RTK(Real－Time－Kinematic)技术是 GPS 实时载波相位差分的简称。这是一种将 GPS 与数传技术相结合,实时处理两个测站载波相位观测量的差分方法,经实时解算进行数据处理,在 1 ~2 s 的时间里得到高精度位置信息的技术。载波相位差分法分为两类:一类是修正法,另一类是差分法。所谓修正法,即将基准站的载波相位修正值发送给用户,改正用户接收到的载波相位,再解求坐标。所谓差分法,即是将基准站采集的载波相位发送给用户,进行求差解算坐标。故修正法属准 RTK,差分法为真正的 RTK。自 20 世纪 90 年代初这项技术一经问世,就极大地拓展了 GPS 的使用空间,使 GPS 从只能做控制测量的局面中摆脱出来,而开始广泛运用于工程测量。直到今天,如果没有 VRS 的出现,RTK 技术仍代表着高精度 GPS 的最高水平。

(一)RTK 的工作原理

RTK 的工作原理是在基准站上安置一台 GPS 接收机,另一台或几台接收机置于载体(称为流动站)上,基准站和流动站同时接收同一时间相同 GPS 卫星发射的信号,基准站所获得的观测值与已知位置信息进行比较,得到 GPS 差分改正值。然后将这个改正值及时地通过无线电数据链电台传递给共视卫星的流动站以精化其 GPS 观测值,得到经差分改正后流动站较准确的实时位置。如图 8-1 所示。

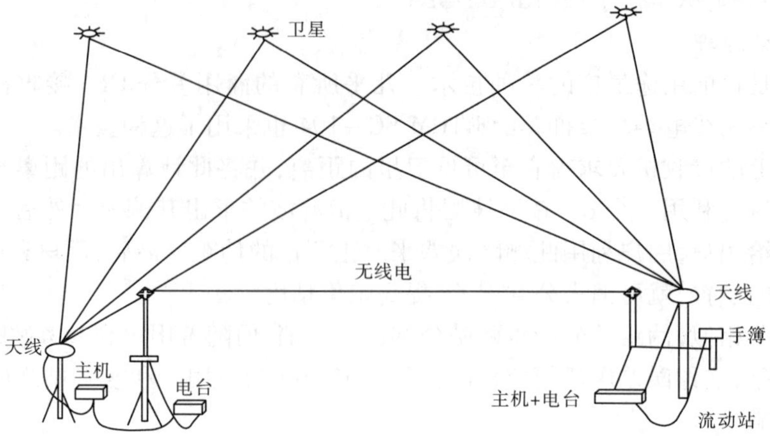

图 8-1　RTK 的工作原理

精密 GPS 定位都采用相对技术。无论是在几点间进行同步观测的后处理(RTK),还是从基准站将改正值及时地传输给流动站(DGPS)都称为相对技术。

RTK 的观测模型为:

$$\Phi = \rho + c(d_T - d_t) + \lambda N + d_{\text{trop}} - d_{\text{ion}} + d_{\text{pral}} + \varepsilon(\Phi) \tag{8-1}$$

式中　Φ——相位测量值,m;

ρ——星站间的几何距离;

c——光速;

d_T——接收机钟差;

d_t——卫星钟差;

λ——载波相位波长;

N——整周未知数;

d_{trop}——对流层折射影响;

d_{ion}——电离层折射影响;

d_{pral}——相对论效应;

$\varepsilon(\Phi)$——观测噪声参数。

因轨道误差、钟差、电离层折射及对流层折射影响难于精确模型化,所以实际的数据处理中常用双差观测值方程来解算,在定位前需先确定整周未知数,这一过程称为动态定位的"初始化"(On The Fly,OTF)。实现 OTF 的方法有很多种,美国天宝导航有限公司的做法是:采用伪距和相位相结合的方法。首先用伪距求出整周未知数的搜索范围,再用 L_1 和 L_2 相位组合和后继观测历元解算和精化。利用伪距估计初始位置和搜索空间,快速定出精确的初始位置。

(二)RTK 类型

1. 常规 RTK 动态定位技术

只设置一个参考站,并通过数据通信技术接收广播星历改正数的 RTK 测量技术。

2. 网络 RTK(Network RTK)

指在一定区域内建立多个参考站,对该地区构成网状覆盖,并进行连续跟踪观测,通过这些站点组成卫星定位观测值的网络解算,获取覆盖该地区和该时间段的RTK改正参数,用于该区域内RTK测量用户进行实时RTK改正的定位方式。其代表有虚拟参考站技术(Virtual Reference Station,VRS)、FKP技术、主辅站技术(Master Auxiliary Concept,MAC)、综合误差内插技术(Combined Bias Interpolation,CBI)四类。

(1)虚拟参考站技术。

VRS德国Terrasat公司于1999年推出,经过几年的提高完善已形成实用化、商品化的技术和软件系统。分别估计电离层、对流层模型,并对观测值进行修正,每邻近的3个参考站产生一组区域改正参数,结合用户站反馈的定位信息生成一个虚拟参考站。VRS要求CORS系统具备和用户应用系统的双向数据通信链路,用户接收机需要通过NMEA格式把它的点位信息发送给中央控制站,CORS通过正常的RTCM信息发送给用户接收机,用户无须添加额外设备。

(2)FKP技术。

FKP技术由德国Geo++公司推出。该技术采用整体的网络解,对数据用卡尔曼滤波进行非差处理。整个网络仅生成一组区域改正参数,并通过扩展协议发给流动站。采用该技术只需要单向数据传输链路,但用户需要增加相关设备以进行扩展协议的变换。

(3)主辅站技术。

主辅站技术由徕卡测量系统公司与Geo++公司一起推出。主辅站概念的基本要求就是将参考站的相位距离化为一个公共的整周未知数水平。如果相对于某一个卫星与接收机而言,相位距离的整周未知数就被消除了,此时,就可以说两个参考站具有一个公共的整周未知数水平。网络处理软件的主要任务就是将网络中所有参考站相位距离的整周未知数归算到一个公共的水平。

(4)CBI技术。

CBI由武汉大学GPS中心于2002年推出,该技术利用卫星定位误差的相关性计算基准站上的综合误差,并内插出用户站的综合误差。在电离层变化较大的时间段和区域内,应用技术较有优势。采用CBI技术,只需要单向数据传输链路,但用户需添置设备。

三、RTK系统的基本配置

RTK系统配置包括参考站、移动站和数据链三个部分。如图8-2和图8-3所示,在RTK作业模式下,参考站通过数据链将其观测值和测站坐标信息一起传送给流动站。流动站不仅通过数据链接收来自参考站的数据,还要采集GPS观测数据,并在系统内组成差分观测值进行实时处理。流动站可处于静止状态,也可处于运动状态。RTK技术的关键在于数据处理技术和数据传输技术。

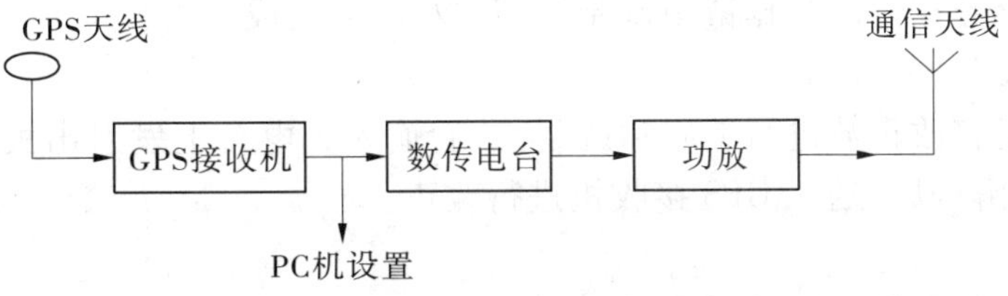

图8-2　参考站结构图

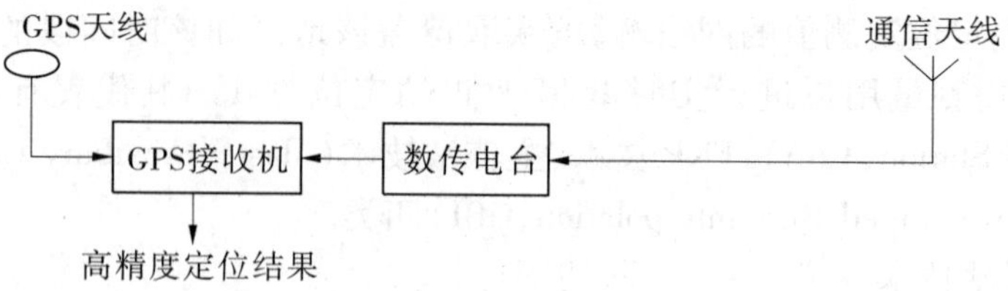

图 8-3　流动站结构图

（一）参考站（Reference Station）

在一定的观测时间内，一台或几台接收机分别在一个或几个测站上，一直保持跟踪观测卫星，其余接收机在这些测站的一定范围内流动作业，这些固定测站称为参考站，也称基准站。

1. 参考站 GPS 接收机

能够接收、通过串口发射参考站观测的伪距和载波相位观测值。

2. 参考站数据链电台及电台天线

将参考站观测的伪距和载波相位观测值发射出去，因为参考站的电台天线是用来发射信号的，所以一般要比流动站的电台天线长一些。

参考站电台一般为外置的独立电台，其设置要求如下：

（1）功率要求：有 5 W、25 W、35 W 几种可供选择的频率。

（2）电池供电要足，电瓶选择 12 V/60 A 或 12 V/120 A 为宜，可保证一定的工作时间。

（3）先安装、连接天线，天线尽可能升高。

（4）电台频率设置为本地比较少用的一种，要向本地无线电技术委员会咨询或申请，调试选择也可以。

3. 电源系统

GPS 接收机和电台可使用同一电源，或采用双电源电池供电。

（二）流动站（Roving Station）

在参考站的一定范围内流动作业，并实时提供三维坐标的接收机称为流动接收机。

（1）流动站 GPS 接收机：能够观测伪距和载波相位观测值；通过串口接收参考站的坐标、伪距、载波相位观测值；能够差分处理参考站和流动站的载波相位观测值。

（2）流动站电台及天线：能够接收参考站观测的伪距和载波相位观测值、参考站坐标。

（3）手持计算机控制或数据采集器（含各种实用软件）。

（三）数据链

RTK 系统中基准站和流动站的 GPS 接收机通过数据链进行通信联系。因此，参考站与流动站系统都包括数据链。数据链由调制解调器和电台组成。

1. 调制解调器（MODEM）

调制解调器是将改正数进行编码和调制，然后输入到电台上发射出去。用户台将其接收下来，并将数据解调后，送入 GPS 接收机进行改正。

2. 电台

电台是将参考站调制后的数据变成强大的电磁波辐射出去，能在作用范围内提供足够的信号强度，使流动站接收机能可靠地接收。参考站电台因为有发射功能，所发体积较大，耗电量也较大。发射频率和辐射功率的选择是数据链的重要问题，它视作用距离而定。电台所使用的频率和电台功率必须经过国家和当地无线电管理部门批准，使用时可能会受到某些限制。例如 GDL25 电台频率范围为 450 ~ 470 MHz，DL3 数传电台频率范围为 438 ~ 470 MHz。

电台的发射功率与电源的电压有关，功率提高在一定程度上能提升作用范围，但对电池的损耗也会增加。当遇到较强干扰时，也应适当提高发射功率。

3. 数据链组成

(1)参考站数据链。参考站的数据通过电缆输出到电台，然后又从天线发射出去。

(2)流动站数据链。参考站数据链由电台和电台天线组成，参考站电台一般内置在 GPS 接收机内部，参考站天线为电台接收参考站电台发射的数据，然后输入到流动站内进行实时解算。

GPS - RTK 作业能否顺利进行，关键因素是无线电数据链的稳定性和作用距离是否满足要求。它与无线电数据链电台本身的性能、发射天线类型、参考站的选址、设备架设情况以及无线电电磁环境等有关。

第二节　RTK 仪器架设与配置

一、仪器设备的要求

(一)RTK 测量接收设备

(1)接收设备应包括双频接收机、天线和天线电缆、数据链套件(调制解调器、电台或移动通信设备)、数据采集器等；

(2)参考站接收设备应具有发送标准差分数据的功能；

(3)流动站接收设备应具有接收并处理标准差分数据功能；

(4)接收设备应操作方便、性能稳定、故障率低、可靠性高；

(5)接收机标称精度公式为

$$\delta = a + bd \tag{8-2}$$

式中　a——固定误差，mm；

b——比例误差系数，mm/km；

d——流动站至基准站的距离，km。

RTK 测量宜选用优于下列测量精度(RMS)指标的双频接收机：

平面精度：$10 + 2 \times 10^{-6} D$

高程精度：$20 + 2 \times 10^{-6} D$

华测 X90 测地型 GNSS 接收机实时动态 RTK 精度中平面精度：($10 + 1 \times 10^{-6} D$)mm，高程精度为($20 + 1 \times 10^{-6} D$)mm。

(二)接收设备的检验

1. 接收机的一般检验

(1)接收机及天线型号应与标称一致，外观应良好；

(2)各种部件及其附件应匹配、齐全和完好，紧固的部件应不得松动和脱落；

(3)设备使用手册和后处理软件操作手册及磁(光)盘应齐全;

(4)接收机的检定按 CH 8016 执行,并应在有效的使用周期内。

2. 测量前检验

RTK 测量前宜对设备进行以下的检验:

(1)基准站与流动站的数据链联通检验;

(2)数据采集器与接收机的通信联通检验。

(三)接收设备的维护

(1)接收设备应有专人保管,运输期间应有专人押送,并应采取防震、防潮、防晒、防尘、防蚀和防辐射等防护措施,软盘驱动器在运输中应插入保护片或废磁盘。

(2)接收设备的接头和连接器应保持清洁,电缆线不应扭折,不应在地面拖拉、碾砸。连接电源前,电池正负极连接应正确,观测前电压应正常。

(3)当接收设备置于楼顶、高标或其他设施顶端作业时,应采取加固措施,在大风和雷雨天气作业时,应采取防风和防雷措施。

(4)作业结束后,应及时对接收设备进行擦拭,并放入有软垫的仪器箱内;仪器箱应置放于通风、干燥阴凉处,保持箱内干燥。

(5)接收设备在室内存放时,电池应在充满状态下存放,应每隔 1 ~2 个月存放电一次。

(6)仪器发生故障,应转交专业人员维修。

二、参考站系统设置

在进行野外工作之前,要检查参考站系统的设备是否齐备,电源是否充足。下面主要介绍 RTK 参考站设置步骤。

(一)参考站点位选择

参考站的点位选择必须严格。因为参考站接收机每次卫星信号失锁将会影响网络内所有流动站的正常工作。选择参考站站点主要考虑以下几点:

(1)参考站 GPS 接收机天线与卫星之间应无或少有遮挡物,也即截止高度角应超过 15°。截止高度角(Elevation Mask Angle)是为了削弱多路径效应、对流层延迟和电离层延迟等卫星定位测量误差影响所设定的角度值,低于此角度视野域内的卫星不予跟踪。

参考站 GPS 接收机最好安置在开阔的地方,周围无信号反射物(大面积水域、大型建筑物等),以减少多路径干扰,并要尽量避开交通要道、过往行人的干扰。

(2)用电台进行数据传输时,参考站宜选择在测区相对较高的位置,以方便播发差分改正信号。用移动通信进行数据传输时,参考站必须选择在测区有移动通信接收信号的位置。

(3)参考站要远离微波塔、电视发射塔、雷达电视,手机信号发射天线等大型电磁辐射源 200 m 外,要远离高压输电线路、通信线路 50 m 外。

(4)基准站最好选在地势相对高的地方以利于电台的作用距离。

(5)地面稳固,易于点的保存。

(二)参考站架设

参考站接收机天线可安在已知坐标值点上,也可安置在未知点上,两种情况下都必须有一个实地标志点。参考站上仪器架设要严格对中、整平。接收机天线最常见的是传统的可伸缩三脚架和固定高 GPS 三脚架两种支架。固定高三脚架的优点是可免除每架一次都要量天线高。严格量取参考站接收机天线高,量取 2 次以上,符合限差要求后,记录均值。天线高(Antenna Height)是指观测时接收机相位中心到测站中心标志面的垂直高度。天线高的量测方法有直高和斜高两种量取方式。

参考站接收机的定向指北线应指向正北,偏离不得超过左右 10°。对无标志线的天线,可预先设置标志位置,在同一测区内作业期间,应每次标志指向做到基本一致。

(三)部件连接

1. 连接 GPS 接收机与 GPS 天线

GPS 天线用来接收从卫星传输来的信号,有的类型的 GPS 接收机部分与天线部分分离,这就需要连接,现在大部分的 GPS 集接收机和天线为一体。

2. 连接 GPS 接收机与电台

GPS 接收机接收卫星信号,将接收到的差分信号通过电台发射给流动站。电台数据发射的距离取决于电台天线架设的高度与电台发射功率。

3. 连接电台与电台天线

参考站电台要有天线才能传输 GPS 接收机的原始数据。因此,电台天线必须要连接到电台。

只要电缆长度足够,电台天线可架设在基准站点附近的任何位置。发射天线最好远离基准站主机 3 m 以上。一般电台天线架设在 GPS 天线三脚架上,也可将电台天线架于高杆上,以获得基准站和流动站之间的更大工作范围。

4. 连接电源与 GPS 接收机和电台

GPS 接收机和电台可使用同一电源,或采用双电源电池供电。向参考站 GPS 接收机供电的方式有两种,一种是使用内置电池,这样不需要电缆,只要把电池插入接收机就可以;如果参考站需要自动运行且时间较长,可使用外接电源,使用外接电源时可不再配置内置电池。

由于参考站电台的发射功率大,耗电量也很大,建议使用外接电源。无线电数据链电台发射功率大,其耗电量大,因而直流电源的电流应大一些,一般选择 12 V/60 A 或 12 V/120 A 为宜,也可采用电瓶供电。使用电瓶时注意正负极(红色接正极,黑色接负极)。

5. 连接掌上电脑与 GPS 接收机

由于参考站掌上电脑是为了配置 GPS 接收机而用,所以可不必配专用的掌上电脑,流动站掌上电脑需要连接到参考站。掌上电脑与 GPS 接收机可用电缆连接,也可使用蓝牙进行无线连接。

确保 GPS 接收机、GPS 天线、电台、电台天线、电源等连接正确无误后再连接电源,以防烧坏设备。

三、配置参考站

(一)配置参考站电台

(1)设置参考站电台的数据传输速率(波特率)。如果使用扩频电台,则不要求选择速率。

(2)设置参考站电台的发射功率。如果作业距离比较远的话,一般选择大一些的功率,如 20 W,如果平时作业距离在 10 km 以内,功率可设在 10 W 左右即可。

为了尽量避免参考站设备之间的干扰，在 GPS - RTK 作业时，大于 25 W 的数据链电台的发射天线，应距离 GPS 接收天线至少 2 m，最好在 6 m 以上；发射天线与电台的连接电缆必须展开，以免形成新的干扰源。

(3)设置参考站电台的发射频率。不同 GPS 接收机电台的频段是不一样的，将流动站和基准站电台设置成相同频率，即可顺利进行通信、接收数据。

(二)配置参考站 GPS 接收机

一般 GPS 接收机没有面板，要通过使用掌上电脑上的 GPS - RTK 应用软件来完成此任务。

1. 掌上电脑与 GPS 接收机连接

确保掌上电脑与 GPS 接收机连接无误，可注意观察掌上电脑的应用软件上是否显示 GPS 接收机接收到的卫星个数和 GPS 接收机电量等信息。

2. 确定坐标系统

GPS 系统采用世界大地坐标系 WGS - 84。我们常用的有 1954 年北京坐标系、1980 年国家大地坐标系或地方独立坐标系，如表 8-1 所示。要把大地坐标投影到高斯平面坐标上需要设置的参数有：

表 8-1　坐标系参数

参数名称	WGS - 84	1980 年国家大地坐标系	1954 年北京坐标系	2000 年国家大地坐标系
长半轴 a(m)	6 378 137	6 378 140	6 378 245	6 378 137
扁率 e	1/298.257 223 563	1/298.275	1/298.3	1/298.257 222 101

(1)参考椭球体参数(坐标系统)；

(2)长半轴；

(3)扁率；

(4)中央子午线，1954 年北京坐标系或是 1980 年国家大地坐标系都要根据已知点坐标计算出 3°带或 6°带的中央子午线，开封地区一般为 114°；

(5)纵、横坐标的加常数，横坐标加常数一般为 0，纵坐标加常数为 500 000 m；

(6)比例因子，一般为 1；

(7)投影高度。

3. 差分数据

基准站发送的差分数据，有两种差分模式：RTD 和 RTK。

RTD(Real Time Differential)伪距差分，RTD 与 RTK 的主要区别在于解算精度的差异，RTD 的精度只能达到亚米级，而 RTK 采用双频可以达到厘米级。

4. 差分电文与差分协议

1)差分电文算法

从 20 世纪 80 年代，国内外的学者就开始研究实时差分 GPS 中的改正数的算法问题，目前已提出多种不同的计算方法。根据使用的观测值类型区分，主要包括以下三种：

(1)伪距观测值计算差分改正数。用原始伪距观测值直接计算差分改正信息，RTCM SC - 104 DGPS Standard Version 2.1 中用到了这种算法。

(2)载波平滑伪距观测值计算差分改正数。由于载波相位观测值的噪声要比伪距观测值小得多,基于这个原因,利用载波相位观测值平滑伪距,再利用平滑后的伪距求解差分改正数,可以有效地提高改正数的精度。

(3)伪距和载波历元单差计算差分改正数。这种方法的主要特征是对载波相位观测值在历元间做差,并作为观测值,此观测值和伪距观测值在一起利用卡尔曼滤波模型求出差分改正数,最早是由 Loomis 在 1986 年提出。

2)差分协议的分类与现状

随着差分技术的发展,国际不同的组织制定了多种标准差分协议,常用的差分协议主要有下面三种:

(1)RTCM(Radio Technical Commission for Maritime service)差分协议。

国际海运事业无线电技术委员会(RTCM)于 1983 年 11 月为全球应用差分 GPS 业务成立了 SC-104 专门委员会,以便论证用于差分 GPS 业务的各种方法,并制定了 RTCM-104 差分电文标准协议。

(2)RTCA(Radio Technical Commission for Aeronautics service)差分协议。

为了满足局域差分系统(Local area dgpa-ladgps)和广域增强系统(Wide area augmentation system-waas)的技术要求,航空无线电技术委员会(RTCA)的 129 专门委员会(scs-159)制定了 RTCA SC-159 差分电文标准协议。RTCA 针对 LADGPS 的第一类专用(SCAT)电文协议于 1993 年 4 月公布,针对 WAAS 的规范草案于 1994 年公布。

(3)专门用于实时动态定位的 CMR(Compact Measure Record)差分协议。

以上几种差分协议中,目前使用最广泛的是 CMR、RTCM 标准协议。但是由于现代定位技术的不断发展,原有的差分协议并不能完全满足它们的需求。因此,出现了扩展差分协议。

5. 差分数据的发射间隔

发射间隔是指基准站向流动站发送数据的时间间隔。一般为 1 s 或 2 s。

6. 参考站 GPS 接收机类型

选择当时所用卫星天线类型,如华测 GPS 接收机天线类型有 A100、A300 或 Inside 等。

7. 设置 GPS 接收机天线高度

一般为实测的斜高。

8. 设置卫星高度截止角

一般默认为 10°,用户可以根据当时、当地的收星情况适当地改动。高度截止角可以在 0°到 89 °之间连续调节,截止角越大,则可视的卫星越少。适当设置此高度截止角的值,可以减少一定的多路径效应。

9. 开始采集的 PDOP 值

PDOP(Position Dilution of Precision)全称为空间位置精度因子,反映定位精度衰减的因子,与所测卫星的空间几何分布有关,空间分布范围越大,PDOP 值越小,定位精度越高;反之,PDOP 值越大,定位精度越低。一般要求 PDOP 值小于 6。

10. 设置参考站坐标

(1)参考站架在已知 WGS-84 坐标和对应的地方坐标的点上,在手簿 RTK 应用软件内输入相应点的 WGS-84 坐标。

(2)参考站架设在任意点上,使用接收机进行单点定位测量获取该点的 WGS-84 坐标。

(三)启动参考站

参考站接收机有自启动和手动启动两种方式,启动需要 WGS-84 坐标系下的坐标。当采用手动进行启动时分为参考站在已知点和在未知点上两种方式。

(1)当参考站架设在已知点上时,输入点的 WGS-84 坐标,进行启动。WGS-84 坐标可以通过事先布设好静态控制网,从静态处理结果中获取。

(2)参考站架设在未知点上时,使用 GPS 接收机进行单点定位测量出参考站所在位置的点的 WGS-84 坐标,使用该坐标进行参考站启动。

(四)参考站功能验证

确定基准站是否正常工作:

(1)确认基准站接收机是否正在观测卫星。这可以使用掌上电脑运行的"电子手簿应用软件"来完成。

(2)确认基准站电台是否在传输数据,这由基准站电台的发射指示灯或查看液晶显示屏即可得知。基准站电台每发送一个数据包,电台的发射指示灯就会闪烁一次。传输速率的默认值是 1 s。因此,传输数据灯每秒闪烁一次,表示基准站原始数据传输正常。

四、流动站系统设置

(一)流动站位置选择

(1)RTK 测量流动站不宜在隐蔽地带、成片水域和强电磁波干扰源附近观测。

(2)在信号受影响的点位,为提高效率,可将仪器移到开阔处或升高天线,待数据链锁定后,再小心无倾斜地移回待定点或放低天线,一般可以初始化成功。

(3)在穿越树林、灌木林时,应注意天线和电缆勿挂破、拉断,保证仪器安全。

(二)流动站架设

(1)流动站 GPS 天线安置在一根测杆上,该杆可精确地在测点上对中、整平。

(2)量测和记录 GPS 天线高,对卫星的观测是相对于 GPS 天线的中心点。利用天线高可将天线中心点位置归算到地面测点上。天线高也可固定,一般为 2 m。

(3)安置电台和电台天线,如果流动站外置电台,电台天线安置在外置电台上。一般流动站电台内置在 GPS 接收机里,流动站电台天线只用来接收信息,所以不用太长。

(4)安置掌上电脑,掌上电脑与 GPS 接收机可使用电缆进行连接,也可进行蓝牙无线连接。

五、配置流动站

(一)配置流动站电台

(1)设置流动站电台的数据传输速率(波特率)。流动站和基准站通信的波特率是 9 600,为了保证它们之间正常通信,把电台波特率限定为 9 600。

(2)设置流动站电台的接收频率。只要使流动站电台的频率和参考站电台的频率一致就能使流动站正常工作。

因流动站电台只用来接收信息,所以不需要设置电台的接收功率。

（二）配置流动站 GPS 接收机

（1）确保掌上电脑与 GPS 接收机连接，可注意观察掌上电脑的应用软件上是否显示 GPS 接收机接收到的卫星个数和 GPS 接收机电量等信息。

（2）确定坐标系统，方法参照参考站坐标系统设置。

（3）流动站广播格式一般设为标准 CMR（当然也可以设为标准 RTCA 或标准 RTCM），不论设置什么格式都应和基准站保持一致。

像 Trimble 型 GPS 接收机广播格式一般设为 CMR +，这种格式是 CMR 记录的修改类型，它改进了实时测量中低带宽无线电链路的有效性。

（4）设置流动站 GPS 接收机天线高度，一般为 2 m。

（5）PDOP 值设置，PDOP 值一般要小于 6 才能满足 RTK 工作要求。

（三）参考站功能验证

确定流动站是否正常工作：

（1）确认流动站接收机正在观测卫星。这个可以使用掌上电脑运行的 RTK 应用软件或接收机的显示面板来完成。

（2）确认流动站电台正在接收参考站的数据。可查看流动站电台的接收指示灯得知。流动站电台每接收一个数据包，数据接收指示灯就会闪烁一下。参考站的传输速率如果设置为 1 s，则电台数据传输灯每一秒闪烁一次。

第三节　RTK 作业过程

一、RTK 作业模式

（1）已知控制点 WGS - 84 坐标（一定要无约束平差的）和对应的地方坐标（一般为 1954 年北京坐标系）。外业测量时只需要在参考站上输入 WGS - 84 坐标，并输入对应的天线高。流动站上通过已知的 WGS - 84 坐标和对应的 1954 年北京坐标系来计算坐标转换参数后，直接进行测量或放样。在这种情况下，参考站可以架设在整个控制网中的任何一个有已知 WGS - 84 坐标的控制点上，流动站使用相同的转换参数。测量的结果是相同的（要求用于转换的控制点能包含整个作业区，尽量不要外推）。

（2）只有控制点的地方坐标。外业测量时参考站架设在其中的一个控制点上，在仪器中求出该点的 WGS - 84 坐标，然后用流动站去测量几个（最好是 3 个以上）控制点的 WGS - 84坐标，要求测量的控制点要能覆盖整个测区。测量完成后，将对应的地方坐标输入到接收机中，计算坐标转换参数。然后流动站可以直接进行测量放样。这种作业时，在整个区域只需在参考站上求一次 WGS - 84 坐标值，以后再架在该点时，直接调用上次存储的 WGS - 84 坐标；架在其他的点上时，必须要有点的 WGS - 84 坐标，可以是通过流动站测出后再架，或已知地方坐标和转换参数求出的，这样就直接输入到参考站的仪器中。输入天线高开始工作。

（3）若该区域不能提供任何控制点的坐标，可以假设一个点的坐标，用一步法求出这个独立坐标系的参数，建立一个独立坐标系。

测量时可以先将要测量的点的 WGS - 84 坐标采集回去，在提交最终成果之前，将坐标转换好再提交。这样可以在测量过程中测量控制点，可以节约时间。有关坐标转换的计算中，通过几个点的相互对应的 WGS－84 坐标和地方坐标，来计算出转换参数(坐标系统)。相反，也可以通过由 WGS－84 坐标，通过转换参数可以求出地方坐标；另外，已知地方坐标和转换参数，也可以求出点的 WGS－84 的坐标，即 WGS－84、转换参数(坐标系统)、地方坐标三者只需要知道其中两个就可以求出另外一个。

二、RTK 作业的基本条件

(一)RTK 观测的基本条件要求

RTK 观测卫星的状态应符合表 8-2 的基本条件要求。

表 8-2　RTK 观测卫星状态的基本要求

观测窗口状态	卫星数	卫星高度角	*PDOP* 值
良好窗口	≥5	20°以上	≤5
勉强可用的窗口	4	15°以上	≤8
避免观测的窗口	4	15°以上	≥8
不能观测的窗口	≤3		

RTK 作业应尽量在天气良好的状况下作业，要尽量避免雷雨天气。夜间作业精度一般优于白天。

(二)卫星预报

RTK 作业前要进行严格的卫星预报，选取 $PDOP<6$、卫星数 >6 的时间窗口。编制预报表时应包括可见卫星号、卫星高度角和方位角、最佳观测卫星组、最佳观测时间、点位图形几何图形强度因子等内容。卫星预报表的有效期以 20 d 为宜，当超过 20 d 时，应重新采集一组新的概略星历进行预报。卫星预报时应采用测区中心的经纬度。当测区较大时，应分区进行卫星预报。

(三)RTK 作业时设备启动状况基本要求

(1)开机后经检验有关指示灯与仪表显示正常后，方可进行自测试并输入测站号(测点号)、仪器高等信息。

(2)接收机启动后，观测员可使用专用功能键盘和选择菜单，查看测站信息接收卫星数、卫星号、卫星健康状况、各卫星信噪比、相位测量残差实时定位的结果及收敛值、存储介质记录和电源情况，如发现异常情况或未预料情况，应及时做出相应处理。

(四)RTK 观测期间的作业要求

(1)不得在天线附近 50 m 内使用电台、10 m 内使用对讲机。

(2)天气太冷时，接收机应适当保暖；天气太热时，接收机应避免阳光直接照晒，确保接收机正常工作。

(3)RTK 作业期间，参考站不允许下列操作：

①关机又重新启动；

②进行自测试；

③改变卫星截止高度角或仪器高度值、测站名等；

④改变天线位置；

⑤关闭文件或删除文件等。

（4）RTK 工作时，参考站可记录静态观测数据，当 RTK 无法作业时，流动站转化为快速静态或后处理动态作业模式观测，以利后处理。

（5）在流动站作业时，接收机天线姿态要尽量保持垂直（流动杆放稳、放直）。一定的斜倾度，将会产生很大的点位偏移误差。如当天线高 2 m、倾斜 10°时，定位精度可影响 3.47 cm（$\Delta S = 20 \times \sin 10 = 3.47$（cm））。

（6）RTK 观测时要保持坐标收敛值小于 5 cm。

三、RTK 流动站初始化

流动站进行任何测量工作之前，首先必须进行初始化工作。初始化是接收机在定位前确定整周未知数的过程。这一初始化过程也被称做 RTK 初始化、整周模糊度解算、OTF（On The Fly）初始化等。

在初始化之前，流动站系统只能在较高的精度下计算位置坐标，其精度在 0.15 m 到一两米之间。初始化就是要求解整周模糊度的过程，这对于流动站系统是必不可少的工作。一旦初始化成功，流动站将以预定的精度（厘米级）工作，除非整周模糊度丢失。初始化状态与当前的精度水平均可在掌上电脑上的 RTK 应用软件上获取。

有的类型接收机的初始化过程是自动进行，像 Ashtech 接收机；也有的类型接收机的初始化过程要手动来启动，像华测 GPS 接收机、Trimble GPS 接收机。初始化所需时间与当时流动站周围是否有遮挡物、当时接收机是否观测到足够卫星数、距参考站的距离有关。如果测站点没有遮挡物影响，且能观测到至少 5 颗卫星，通常可在 5 s 内完成初始化。

测量点的类型有单点解（Single）、差分解（DGPS）、浮点解（Float）和固定解（Fixed）。浮点解是指整周模糊度已被解出，测量还未被初始化。固定解是指整周模糊度已被解出，测量已被初始化。只有当流动站获取到了固定解后初始化过程才完成。

比率是初始化过程中，接收机确定每颗卫星与 GPS 天线相位中心之间的波长整数。对于特定的一组整数，可算出其正确组的概率。然后，计算机计算当前最好一组整数的正确性概率与下一组最好的整数的正确性概率之比。高比率说明最好的一组整数远远优于其他任何组。对于新点 OTF 初始化，比率必须大于 5。

RMS 是均方根（Root Mean Square），用来表示点的测量精度。它是在大约 70% 的位置固定点内的误差圆半径。它可用距离单位或波长周数表示。RTK 的定位精度一般要求为：平面精度是 $10\ mm + 2 \times 10^{-6}$，高程精度是 $20\ mm + 2 \times 10^{-6}$；只有流动站的定位精度满足作业要求后，才能进行 RTK 测量工作，一般 RMS 数值可在手簿 RTK 应用软件中获取。

四、点校正

GPS 卫星定位系统采集到的数据是 WGS－84 坐标系数据，目前测量成果普遍使用的是 1954 年北京坐标系、1980 年国家坐标系地方或是（任意）独立坐标系为基础的坐标数据。因此，必须将 WGS－84 坐标转换到 BJ－54 坐标系或地方（任意）独立坐标系。

点校正的目的是为现有坐标系统加改正值转换。这使得一个特定区域（或点）上，可以最好地与数据相符。由于坐标系统被应用于很大的区域，则必须有改正值转换。但不允许在地方坐标系内转化。

（一）基准转换方法

1. 七参数法

如图 8-4 所示，两个空间直角坐标系分别为 $O—XYZ$ 和 $O—X'Y'Z'$，其坐标系原点不同则存在 3 个平移参数 ΔX_0、ΔY_0 和 ΔZ_0，它们表示 $O—X'Y'Z'$ 坐标系原点 O' 相对于 $O—XYZ$ 坐标系原点 O 在 3 个坐标轴上的分量；又当各坐标轴相互不平行时，即存在 3 个旋转参数 ε_x、ε_y、ε_z。相应的坐标变换公式为：

$$\begin{bmatrix} X_2 \\ Y_2 \\ Z_2 \end{bmatrix} = (1+m)\begin{bmatrix} X_1 \\ Y_1 \\ Z_1 \end{bmatrix} + \begin{bmatrix} 0 & \varepsilon_z & -\varepsilon_y \\ -\varepsilon_z & 0 & \varepsilon_x \\ \varepsilon_y & -\varepsilon_x & 0 \end{bmatrix}\begin{bmatrix} X_1 \\ Y_1 \\ Z_1 \end{bmatrix} + \begin{bmatrix} \Delta X_0 \\ \Delta Y_0 \\ \Delta Z_0 \end{bmatrix} \tag{8-3}$$

式中有 3 个平移参数、3 个旋转参数和一个尺度变化参数 m，共计有 7 个参数，简称此公式为布尔莎七参数变换公式，是坐标变换中一个非常重要的公式。七参数变换公式，除布尔莎公式外，还有莫洛琴斯基公式和范氏公式。

2. 三参数法

当式(8-3)中 $\varepsilon_x=\varepsilon_y=\varepsilon_z=m=0$，参数只有 3 个平移参数 ΔX_0、ΔY_0 和 ΔZ_0，称之为三参数公式。三参数公式表明两个空间直角坐标系尺度一致，且两个坐标轴相互平行。

3. 平面四参数法

平面四参数坐标转换方法是一种降维的坐标转换方法，即由三维空间的坐标转换转化为二维平面的坐标转换，避免了由于已知点高程系统不一致而引起的误差。

四参数变化公式为：

$$\begin{cases} \Delta XX_2 - X = m[(X_2 - X_1)\cos\alpha - (Y_2 - Y_1)\sin\alpha] \\ \Delta YY_2 - Y_1 = m[(X_2 - X_1)\sin\alpha + (Y_2 - Y_1)\cos\alpha] \end{cases} \tag{8-4}$$

式中 ΔX——坐标 x 的平移分量；

ΔY——坐标 y 的平移分量；

m——尺度因子；

α——旋转量。

（二）校正方法

1. 前提要求

做点校正前应至少有 3 个控制点的三维已知地方平面坐标和相对独立的 WGS－84 坐标。公共控制点就均匀分布在测区范围内。

（1）已知点最好要分布在整个作业区域的边缘，能控制整个区域，例如，如果用 4 个点做点校正的话，那么测量作业的区域最好在这 4 个点连成的四边形内部。

（2）一定要避免已知点的线形分布，例如，如果用 3 个已知点进行点校正，这 3 个点组成的三角形要尽量接近正三角形，如果是 4 个点，就要尽量接近正方形，一定要避免所有的已知点的分布接近一条直线，这样会严重地影响测量的精度，特别是高程精度。

（3）如果在测量任务里只需要水平的坐标，不需要高程，建议用户至少要用两个点进行校正，但如果要检核已知点的水平残差，那么至少要用 3 个点。

（4）如果既需要水平坐标又需要高程，建议用户至少用 3 个点进行点校正，但如果要检核已知点的水平残差和垂直残差,那么至少需要4个点进行校正。

(5)已知点之间的匹配程度也很重要,比如GPS观测的已知点和国家的三角已知点,如果同时使用的话,检核的时候水平残差有可能会很大。

2. 内业校正

内业校正时必须有校正点的地方坐标和其对应的WGS-84坐标,WGS-84坐标之间相对矢量关系是准的,WGS-84坐标可由一个静态网平差得到,公共点的WGS-84坐标和地方坐标输入到计算软件中进行校正。

3. 外业校正

当地地方坐标输入到计算软件中,WGS-84坐标可等流动站获得初始化后,到公共点上实测得到,测量完毕后计算进行校正。

(三)校正检核

点校正作完后,检查水平残差和垂直残差的数值,看其是否满足用户的测量精度要求,一般水平残差和垂直残差都不应超过2 cm,如果超过2 cm,则说明参与点校正的已知点不在同一系统下或者有粗差(最大可能就是残差最大的那个点)。先检查已知点输入是否有误或输错,如果无误的话,就是已知点的匹配有问题,要更换已知点了。

五、RTK的工作范围

移动站离开基准站的最大距离称作RTK的作业半径,它的大小取决于基准站电台信号的传输距离,且对RTK测量的速度和精度有着直接影响。随着GPS技术的不断完善,仪器制造商采用先进技术,有效地扩大了RTK的作业范围。如果在建筑物或树木比较多的地区作业,移动站接收电台信号会比较弱且容易失锁,而且高程精度较差。因此,RTK的作业半径控制在10 km以内为宜。当信号受影响严重时,还应进一步缩短作业半径,以提高RTK测量的精度和速度。

(1)RTK作用距离与参考站GPS接收机架设的高度的关系如表8-3所示。

表8-3 RTK作用距离与参考站接收机架设的高度的关系

高度(m)	典型距离(km)	理想距离(km)
>30	9~11	10~12
20	7~9	8~10
10	5~7	6~8
2	3~5	4~6

注:典型距离指一般的电磁条件下的作用距离。

RTK流动站系统要和参考站系统保持通信畅通,才能做到精确定位。当流动站接近电台的最大作用域时,通信会变得不稳。达到或超过电台的作用域,由于不能接收来自基准站的数据,也就不可能实现精确定位。

(2)发射距离与电台天线的高度也有关系。由于参考站电台天线发射UHF波段差分信号电波,天线的高度对RTK测量距离影响很大,天线高与作用距离服从于下列公式:

$$D = 4.24 \times (\sqrt{H_1} + \sqrt{H_2}) \tag{8-5}$$

式中 D——数据链的覆盖范围的半径，km；

H_1——电台的天线高；

H_2——流动站的天线高。

例：天宝 4800GPS 接收机使用的 TRIMMRKⅡ无线电数据链电台发射功率为 25 W，电台天线高为 9 m，流动站的天线高为 2 m，试计算流动站工作的最远距离。

解：已知 $H_1 = 9$ m，$H_2 = 2$ m，根据公式可计算出流动站在开阔地带工作的最远距离为：

$$发射距离(半径) = 4.24 \times (\sqrt{9} + \sqrt{2}) = 18.71(km)$$

注：该距离是在无任何遮挡物的空旷地带的理论值，实际上要根据实地情况来确定，要留有余量，根据经验，在城市要将电台天线架设在高楼顶上，才可能达到 10 km 左右的距离。

(3)通信问题。RTK 流动站系统要和参考站系统保持通信畅通，才能做到精确定位。当流动站接近电台的最大作用域时，通信会变得时断时续。达到或超过电台的作用域时，由于不能接收来自基准站的数据，也就不可能实现精确定位。掌上电脑上的 RTK 应用软件可随时提供通信链接状态信息，用户向远离基准站的方向行进时，可随时监测通信质量。

参考站和流动站之间的可允许距离在很大程度上取决于选用的电台系统和测点的环境状况。树林、山岭和建筑物会缩小电台系统的作用域。在良好状况下，UHF/VHF 电台系统的作用域可达 20 km 左右。在最佳状况下，扩频电台系统的作用域只有 2 ~ 3 km。目前，常用的单、双频 RTK 系统的数据链电台多为 35 W(参考站)和 2W(移动站)电台。试验表明，当两山顶之间能够通视时，移动站距基准站 47 km 时，也可收到差分信号。但是，在城镇作业时，如果两点之间有较高的房屋遮挡，即使相距 1 km 也很难进行 RTK 测量。

(4)精确度问题。随着参考站和流动站之间距离的增大，流动站定位的精确度会降低。流动站的精确度以参考站至流动站距离的百万分之一或百万分之二($(1 \sim 2) \times 10^{-6}$)的比率折减。由此增加的额外定位误差为每千米 0.001 ~ 0.002 m。所以，在参考站至流动站距离为 10 km 时，流动站精确度会额外降低 0.01 ~ 0.02 m。

六、RTK 定位的精度与可靠性

不同类型的 GPS 接收机 RTK 定位都有各自的出厂精度，可据此估算 RTK 定位的精度。如华测 X90RTK 定位的水平精度为 $\pm(10 + 1 \times 10^{-6} \times D)$ mm，垂直精度为 $\pm(20 + 1 \times 10^{-6} \times D)$ mm，D 为参考站 GPS 接收机至流动站 GPS 接收机的水平距离。

为了保证流动站的测量精度和可靠性，应在整个测区选择高精度的控制点进行检测校对，选择的控制点应有代表性，均匀地分布在整个测区，如图 8-4 所示。

RTK 定位测量的精度与测区内已知控制点的等级和个数有关。

(1)测区内仅有 1 个已知控制点的情况。定位测量时，仅已知点上的精度最高，以本点为圆心，离此点越远，精度越低。理论上讲，在半径为 10 km 的范围内，可达到 2 ~ 5 cm 精度。其坐标转换的方法是 WGS-84 和 BJ54 的坐标相减而得 ΔX、ΔY、ΔZ。

(2)测区附近有 2 个已知控制点的情况(必须为整体平差结果)。定位测量时，仅两已知控制点和两点的连线上的精度最高，远离此直线则精度越低。

(3)测区附近有 3 个已知控制点的情况(必须为整体平差结果)。定位测量时，仅 3 个已知控制点和三角形内部的精度最高，远离此三角形则精度越低。

(4)测区附近有 4 个已知点的情况(必须为整体平差结果)。定位测量时，若 4 个已知

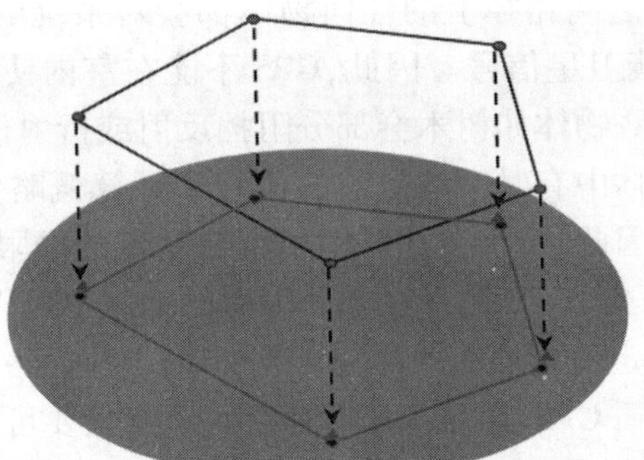

图 8-4　RTK 定位的控制点分布要求

点均匀分布在测区四周，仅 4 个已知控制点和四边形内部的精度最高，远离四边形则精度越低，如图 8-5 所示。

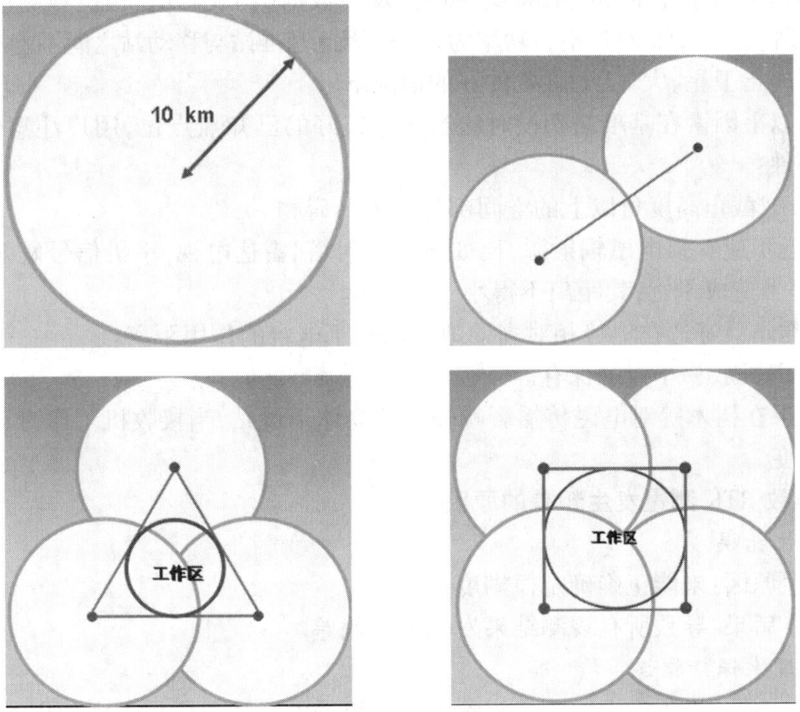

图 8-5　测区已知点分布对 RTK 定位的影响

当然还有多于 4 个已知控制点的情况，可根据以上内容进行分析。

七、RTK 测量的质量控制

（一）影响 RTK 测量的因素

RTK 的作业需要避免一些不利因素的影响，而造成这些影响的主要原因是源于整个 GPS 系统的局限性。

GPS 依靠的是接收从地面以上约 2 万 km 的卫星发射来的无线电信号。相对而言，这些信号频率高、功率低，不易穿透可能阻挡卫星和 GPS 接收机之间视线的障碍物。事实上，存在于 GPS 接收机和卫星之间路径上的任何物体都会对系统的操作产生不利的影响。有些物体如房屋,会完全屏蔽卫星信号。因此,GPS 不能在室内使用。同样原因,GPS 也不能在隧道内或水下使用。有些物体如树木会部分阻挡反射或折射信号。GPS 信号的接收在树林茂密的地区会很差。树林中有时会有足够的信号来计算概略位置,但信号清晰度难以达到厘米水平的精确定位。因此,GPS 在林区使用也有一定的局限性。但并不意味着 GPS 只能用于四周相对开阔的地区。GPS 测量在部分障碍的地区也可以是有效而精确的。这是因为 GPS 要实现精确可靠的定位必须有 5 颗适当分布的卫星,而一般情况下在任何时间、任何地区都可能会有 7 ~ 10 颗 GPS 卫星。有障碍物的地点只要可以观测到至少 5 颗卫星,就有可能进行 GPS 测量。在树林或大楼四周作测量时,只要该地留有足够的开放空间,使 GPS 系统可观测到至少 5 颗卫星,GPS 测量就能完成。

RTK 作业的另一个不利因素来源于 RTK 传输数据链本身。RTK 数据链的工作与周围的电磁环境以及作用距离都有较大关系。

RTK 定位时要求基准站接收机实时地把观测数据(伪观测值、相位观测值)及已知数据传输给流动站接收机,而 RTK 电台功率为 25 W,因此基准站与移动站之间不能有大的障碍物。

理想距离指卫星、大气、电磁条件好的情况下。

考虑到以上因素在基准站架设时应当选择较好的已知点点位,用户注意使观测站位置具有以下条件:

(1)在 10°截止高度角以上的空间部分应无障碍物。

(2)邻近不应有强电磁辐射源,比如电视发射塔、雷达电视、手机信号发射天线等,以免对 RTK 电信号造成干扰,其距离不得小于 200 m。

(3)基准站最好选在地势相对高的地方以利于电台的作用距离。

(4)地面稳固,易于点的保存。

用户如果在树木等对电磁传播影响较大的物体下设站,当接收机工作时,接收的卫星信号将产生畸变。

(二)导致 RTK 测量发生粗差的原因

1. 初始化错误

(1)发生原因:未能正确确定模糊度。

(2)产生后果:导致所有观测结果发生较大偏差。

2. 模糊度未保持错误

(1)发生原因:未正确探测或修复参考站及流动站载波相位数据中的周跳。

(2)产生后果:导致保持失败后的所有观测成果发生较大偏差。

(三)RTK 质量控制的方法

RTK 在野外需要通过初始化过程实时计算出整周未知数。由于初始化过程中存在各种误差,实际观测中有可能会导致解算出来的整周未知数结果不可靠或不正确,致使观测的整个 RTK 测量全部偏离正确的位置。实际工作中必须通过对 RTK 测量成果进行质量控制,才能确保实际观测的 RTK 成果正确可靠,一旦发现问题,可以及时采取相应的措施进行处理。

1. 快速静态比较法

这种方法是在进行 RTK 观测的同时,对某些 RTK 点再做一次快速静态观测,事后对这些点的 RTK 成果和快速静态成果进行比较分析，从而检查 RTK 成果是否有质量问题。采用这种方法作快速静态时，需要流动站和参考站约定好同时记录原始观测数据，因为在正常的 RTK 观测时，参考站通常并不记录原始观测数据。快速静态的采样间隔可以采用 RTK 的采样间隔，观测时间视基线的长短可以为 5 ~ 10 min 或更长的时间。

内业处理时，对 RTK 的成果和快速静态的成果进行比较分析，并按 X、Y、H 坐标的差值、平面位移、空间位移等要素进行报表和图形输出，作为 RTK 测量成果质量控制的资料。

实际操作中，可以每天测 3 ~ 6 个快速静态点，也可以每条测量链观测 1 ~ 2 个快速静态点。

2. 重测比较法

重测比较法要求在每次重新初始化成功后，先重测附近已测过的 RTK 点 1 ~ 3 个，并现场比较其成果，从而判断这次的初始化是否正确可靠。确认初始化没有问题以后，再进行新的 RTK 观测。由于这种方法要求在已测的 RTK 点上进行重测比较，所以对第一条 RTK 测量链，应该测 1 ~ 2 个快速静态点进行质量控制。如果附近有其他已知点，重测比较法也可以在这些点上进行重测比较，以判断本次初始化是否正确可靠。

重测比较法虽然外业时已经实时地对 RTK 成果进行了比较，内业处理时还需要做进一步的分析，并将比较分析的结果进行报表和图示输出，这些和快速静态比较法是基本相同的。

3. 穿线比较法

这种方法和重测比较法略有不同，是在某一部分测区的 RTK 基本完成后，重新布测一条 RTK 测量链，用于对整个这部分测区内的 RTK 成果进行质量控制。该测区内每一条 RTK 测量链上取一个 RTK 点，组成新的一条 RTK 测量链，即新布测的这条 RTK 测量链穿过整个测区。通过比较这条测量链的 RTK 成果，来判断该测区内全部的 RTK 测量链是否有质量问题。

这种方法进行质量控制的实时性不如重测比较法，但可以一次检查多条 RTK 测量链的成果质量，所以一般适用于主管部门对 RTK 测量成果进行质量检查和成果验收。

和重测比较法类似，穿线比较法也需要内业将比较分析的结果进行报表和图示输出，作为 RTK 测量成果质量控制的资料上交。

4. 电台变频法

这种方法是在测区内建立两个或两个以上的参考站，每个参考站都用各自不同的频率发射差分改正数据；流动站做 RTK 观测时，其电台配有变频开关，可以选择接收不同的参考站发射的差分改正数据，从而在每个 RTK 点上实时地接收某一个参考站的差分改正数据，即可获得一个 RTK 成果；此后电台切换为另一个频率，又可接收到另一个参考站的差分改正数据，得到同一点的另一个 RTK 成果。实时地比较多个 RTK 成果的数据，就可以判断这次观测有无质量问题。

这种方法的最大优点是可以完全实时地对某个 RTK 点进行质量控制，但需要有两个或两个以上的参考站，流动站的电台则需要改装变频开关，或者是流动站携带多个不同频率的电台备用。

(四) RTK 成果检验

由于 RTK 技术目前正处于推广应用阶段，外业工作应加强对 RTK 成果的检验。对 RTK 成果的外业检查可以采用下列方法：

(1)与已知点成果的比对检验；

(2)重测同一点的检验；

(3)已知基线长度测量检验；

(4)不同参考站对同一测点的检验。

第四节 RTK 控制测量

一、RTK 控制测量技术一般要求

RTK 控制测量前，应根据任务需要，收集测区高等级控制点的地心坐标、参心坐标、坐标系统转换参数和高程成果等，进行技术设计。RTK 平面控制点按精度划分等级为：一级控制点、二级控制点、三级控制点。RTK 高程控制点按精度划分等级为五等高程点。平面控制点可以逐级布设、越级布设或一次性全面布设，每个控制点宜保证有一个以上的等级点与之通视。

RTK 测量可采用单参考站 RTK 测量和网络 RTK 测量两种方法进行。在通信条件困难时，也可以采用后处理动态测量模式进行测量。已建立 CORS 网的地区，宜优先采用网络 RTK 技术测量。RTK 测量卫星的状态应符合表 8-4 的规定。

表 8-4 RTK 测量卫星状态的基本要求

观测窗口状态	截止高度角 15°以上的卫星个数	*PDOP* 值
良好	≥6	<4
可用	5	≤6
不可用	<5	>6

全球定位系统实时动态(RTK)测量采用地心坐标系，即 2000 国家大地坐标系，当 RTK 测量成果要求提供其他参心坐标系(如 1954 年北京坐标系、1980 年国家大地坐标系或地方独立坐标系)时，应进行坐标转换。国家测绘局提供了新坐标系的技术参数。2000 国家大地坐标系是全球地心坐标系在我国的具体体现，其原点为包括海洋和大气的整个地球的质量中心。

RTK 控制测量高程系统采用正常高系统，按照 1985 年国家高程基准起算。

当采用经纬度记录格式时，记录精确至 0.00001″，平面坐标和高程记录精确至 0.001 m，天线高量取精确至 0.001 m。

二、RTK 平面控制点测量

(一)点位选择

RTK 平面控制点的点位选择要求参照《全球定位系统(GPS)测量规范》(GB/T 18314—2009)执行。

(二)RTK 平面控制点的埋石

(1)二级平面控制点地面标石规格及埋设结构如图 8-6 所示。

(2)三级平面控制点标石规格及埋设结构如图 8-7 所示。

(3)建筑物上标石规格及埋设结构如图 8-8 所示。

(4)岩层标石规格及埋设结构如图 8-9 所示。

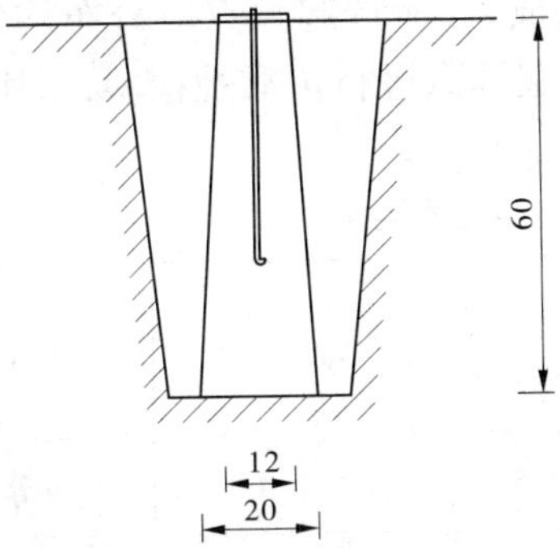

图 8-6　一、二级平面控制点标石规格（单位:cm）

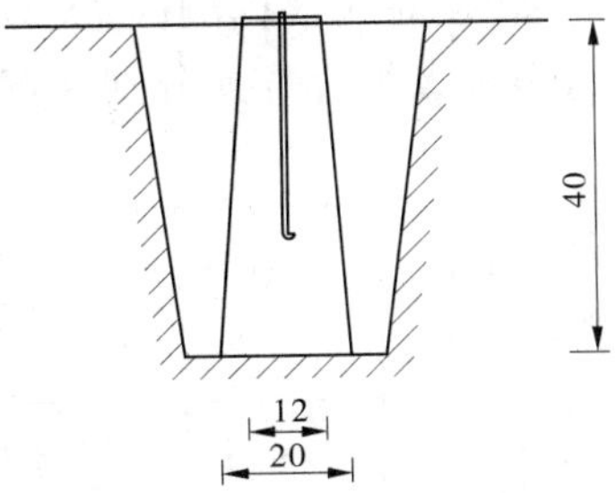

图 8-7　三级平面控制点标石规格（单位:cm）

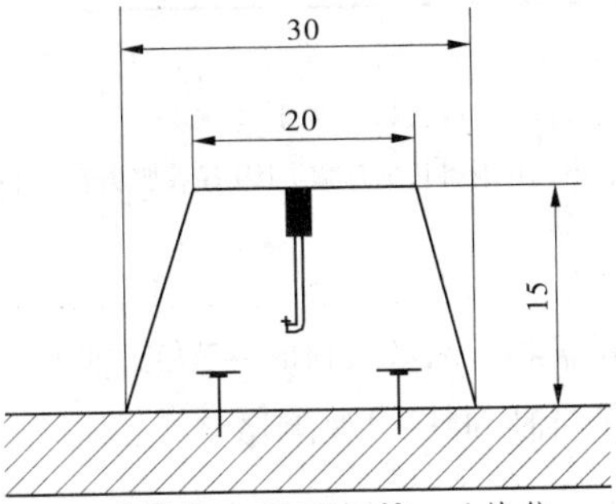

图 8-8　建筑物上标石规格　（单位:cm）

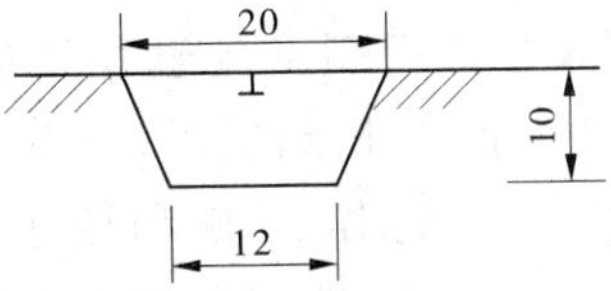

图 8-9　岩层标石规格　（单位:cm）

(5)公路标石规格及埋设结构如图 8-10 所示。

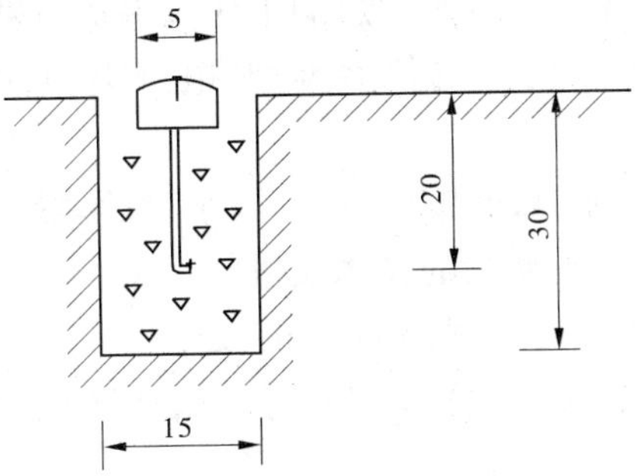

图 8-10　公路标石规格　（单位:cm）

(三)技术要求

RTK 平面控制点测量主要技术要求应符合表 8-5 规定。

三、RTK 平面控制点坐标的测定

RTK 控制点平面坐标测量时,流动站采集卫星观测数据,并通过数据链接收来自参考站的数据,在系统内组成差分观测值进行实时处理,通过坐标转换方法将观测得到的地心坐标转换为指定坐标系中的平面坐标。在获取测区坐标系统转换参数时,可以直接利用已知的参数。在没有已知转换参数时,可以自己求解。地心坐标系(2000 国家大地坐标系)与参心坐标系(如 1954 年北京坐标系、1980 年国家大地坐标系或地方独立坐标系)转换参数的求解,应采用不少于 3 点的高等级起算点两套坐标系成果,所选起算点应分布均匀,且能控制整个测区。转换时应根据测区范围及具体情况,对起算点进行可靠性检验,采用合理的数学模型,进行多种点组合方式分别计算和优选。

表 8-5 RTK 平面控制点测量主要技术要求

等级	相邻点间距离(m)	点位中误差(cm)	边长相对中误差	与参考站的距离(km)	观测次数	起算点等级
一级	≥500	≤ ±5	≤1/20 000	≤5	≥4	四等及以上
二级	≥300	≤ ±5	≤1/10 000	≤5	≥3	一级及以上
三级	≥200	≤ ±5	≤1/6 000	≤5	≥2	二级及以上

注:1. 点位中误差指控制点相对于起算点的误差。
2. 采用单参考站 RTK 测量一级控制点需更换参考站进行观测,每站观测次数不少于 2 次。
3. 采用网络 RTK 测量各级平面控制点可不受流动站到参考站距离的限制,但应在网络有效服务范围内。

(一)RTK 平面控制点测量参考站的技术要求

(1)采用网络 RTK 测量时,CORS 网点的设立要求按 CH/T 2008—2005 执行。

(2)自设参考站如需长期和经常使用,宜埋设有强制对中的观测墩。

(3)自设参考站应选择在高一级控制点上。

(4)用电台进行数据传输时,参考站宜选择在测区相对较高的位置。用移动通信进行数据传输时,参考站必须选择在测区有移动通信接收信号的位置。

(5)选择无线电台通信方法时,应按约定的工作频率进行数据链设置,以避免串频。

(6)应正确设置随机软件中对应的仪器类型、电台类型、电台频率、天线类型、数据端口、蓝牙端口等。

(7)应正确设置参考站坐标、数据单位、尺度因子、投影参数和接收机天线高等参数。

(二)RTK 平面控制点测量流动站的技术要求

(1)网络 RTK 测量的流动站获得系统服务的授权。

(2)网络 RTK 测量流动站应在 CORS 网的有效服务区域内进行,并实现数据与服务控制中心的通信。

(3)用测量手簿设置流动站与当地坐标的转换参数、平面和高程的收敛精度,设置与参考站的通信。

(4)RTK 测量流动站不宜在隐蔽地带、成片水域和强电磁波干扰源附近观测。

(5)观测开始前应对仪器进行初始化,并得到固定解,当长时间不能获得固定解时,宜断开通信链路,再次进行初始化操作。

(6)每次观测之间流动站应重新初始化。作业过程中,如出现卫星信号失锁,应重新初始化,并经重合点测量检测合格后,方能继续作业。

(7)每次作业开始与结束前，均应进行一个以上已知点的检核。

(8)RTK 平面控制点测量平面坐标转换残差应≤ ±2 cm。

(9)测量手簿设置控制点的单次观测的平面收敛精度应≤ ±2 cm。

(10)RTK 平面控制点测量流动站观测时应采用三角架对中、整平，每次观测历元数应大于 20 个，各次测量的平面坐标较差应满足≤ ±4 cm 要求后取中数作为最终结果。

(11)进行后处理动态测量时，流动站应先在静止状态下观测 10 ~ 15 min，然后在不丢失初始化状态的前提下进行动态测量。

四、RTK 高程控制点测量

RTK 高程控制点的埋设一般与 RTK 平面控制点同步进行，标石可以重合。RTK 高程点控制测量主要技术要求应符合表 8-6 规定。

表 8-6　RTK 高程控制点测量主要技术要求

等级	高程中误差	与基准站的距离(km)	观测次数	起算点等级
五等	≤ ±3 cm	≤5	≥3	四等水准及以上

注：1. 高程中误差指控制点高程相对于起算点的误差。

2. 网络 RTK 高程控制测量可不受流动站到参考站距离的限制，但应在网络有效服务范围内。

RTK 控制点高程的测定，是将流动站测得的大地高减去流动站的高程异常获得。流动站的高程异常可以采用数学拟合方法、似大地水准面精化模型内插等获取。当采用数学拟合方法时，拟合的起算点平原地区一般不少于 6 点，拟合的起算点点位应均匀分布于测区四周及中间，间距一般不宜超过 5 km，地形起伏较大时，应按测区地形特征适当增加拟合的起算点数。当测区面积较大时，宜采用分区拟合的方法。

RTK 高程控制点测量高程异常拟合残差应≤ ±3 cm。RTK 高程控制点测量设置高程收敛精度应≤ ±3 cm。RTK 高程控制点测量流动站观测时应采用三角架对中、整平，每次观测历元数应大于 20 个，各次测量的高程较差应满足≤ ±4 cm 要求后取中数作为最终结果。当采用似大地水准面精化模型内插测定高程时，似大地水准面模型内符合精度应小于 ±2 cm。如果当地某些区域高程异常变化不均匀，拟合精度和似大地水准面模型精度无法满足高程精度要求，可对 RTK 测量大地高数据进行后处理或用几何水准测量方法进行补充。

五、成果数据处理与检查

RTK 控制测量外业采集的数据应及时进行备份和内外业检查。RTK 控制测量外业观测记录采用仪器自带内存卡或测量手簿，记录项目及成果输出包括下列内容：

(1)参考点的点名(号)、残差、转换参数；

(2)参考站点名(号)、流动站点名(号)；

(3)参考站、流动站的天线高、观测时间；

(4)参考站发送给流动站的参考站地心坐标、地心坐标的增量；

(5)流动站的平面、高程收敛精度；

(6)流动站的地心坐标、平面和高程成果；

(7)测区转换参考点、观测点网图。

用 RTK 技术施测的平面控制点成果应进行 100% 的内业检查和不少于总点数 10% 的外业检测，外业检测可采用相应等级的卫星定位静态(快速静态)技术测定坐标，全站仪测量边长和角度等方法，检测点应均匀分布于测区内。检测结果应满足表 8-7 的要求。

表 8-7　RTK 平面控制点检测精度要求

等级	边长校核		角度校核		坐标校核
	测距中误差(mm)	边长较差的相对误差	测角中误差(″)	角度较差限差(″)	坐标较差中误差(cm)
一级	≤ ±15	≤1/14 000	≤ ±5	14	≤ ±5
二级	≤ ±15	≤1/7 000	≤ ±8	22	≤ ±5
三级	≤ ±15	≤1/4 500	≤ ±12	34	≤ ±5

用 RTK 技术实测的高程控制点成果应进行 100% 的内业检查和不少于总点数 10% 的外业检测。外业检测可采用相应等级的三角高程、几何水准测量等方法，检测点应均匀分布于测区内。检测结果应满足表 8-8 的要求。

表 8-8　RTK 高程控制点检测精度要求

等级	检核高差(mm)
五等	$\leqslant 40\sqrt{D}$

注：D 为检测线路长度，以 km 为单位。

第五节　RTK 地形测量

一、RTK 地形测量一般要求

RTK 地形测量内容分为图根点测量和碎部点测量。地形测量主要技术要求应符合表 8-9 的规定。

表 8-9　RTK 地形测量主要技术要求

等 级	点位中误差(mm)	高程中误差	与基准站的距离(km)	观测次数	起算点等级
图根点	≤ ±0.1	1/10 等高距	≤7	2	平面三级、高程五等以上
碎部点	≤ ±0.3	相应比例尺成图要求	≤10	1	平面图根、高程五等以上

注：1. 点位中误差指控制点相对于起算点的误差。

2. 采用网络 RTK 测量可不受流动站到参考站间距离的限制，但宜在网络覆盖的有效服务范围内。

二、RTK 图根点测量

图根点标志宜采用木桩、铁桩或其他临时标志，必要时可埋设一定数量的标石。

RTK 图根点测量时，地心坐标系与地方坐标系的转换关系的获取方法参照第三节，也可以在测区现场通过点校正的方法获取。RTK 平面控制点测量流动站观测时应采用三角架对中、整平，每次观测历元数应大于 10 个。RTK 图根点测量平面坐标转换残差应不大于图上 ±0.07 mm。RTK 图根点测量高程拟合残差应不大于 1/12 等高距。RTK 图根点测量平面测量两次测量点位较差应小于图上 ±0.1 mm，高程测量两次测量高程较差应小于 1/10 等高距，两次结果取中数作为最后成果。

三、RTK 碎部点测量

RTK 碎部点测量时，地心坐标系与地方坐标系的转换关系的获取方法参照第七章，也可以在测区现场通过点校正的方法获取。当测区面积较大，采用分区求解转换参数时，相邻分区应不少于 2 个重合点。

RTK 碎部点测量平面坐标转换残差应不大于图上 ±0.1 mm。RTK 碎部点测量高程拟合残差应不大于 1/10 等高距。RTK 碎部点测量流动站观测时可采用固定高度对中杆对中、整平，每次观测历元数应大于 5 个。连续采集一组地形碎部点数据超过 50 点，应重新进行初始化，并检核一个重合点。当检核点位坐标较差不大于图上 0.30 mm 时，方可继续测量。

四、成果数据处理与检查

RTK 地形测量外业采集的数据应及时从数据记录器中导出，并进行数据备份，同时对数据记录器内存进行整理。

RTK 地形测量外业观测记录采用仪器自带内存卡和测量手簿，记录项目及成果输出包括下列内容：

(1)转换参考点的点名(号)、残差、转换参数；

(2)参考站、流动站的天线高、观测时间；

(3)流动站的平面、高程收敛精度；流动站的 2000 国家大地坐标、平面和高程成果数据。

导出的成果数据在计算机中用相应的成图软件编辑成图。

用 RTK 技术施测的图根点平面成果应进行 100% 的内业检查和不少于总点数 10% 的外业检测，外业检测采用相应等级的全站仪测量边长和角度等方法进行，其检测点应均匀分布于测区内。检测结果应满足表 8-10 的要求。

表 8-10　RTK 图根点平面检测精度要求

等级	边长校核		角度校核		坐标校核
	测距中误差(mm)	边长较差的相对误差	测角中误差(″)	角度较差限差(″)	平面坐标较差(mm)
图根	≤ ±20	≤1/3 000	≤ ±20	60	≤ ±图上 0.1

用RTK技术施测的图根点高程成果应进行100%的内业检查和不少于总点数10%的外业检测,外业检测采用相应等级的三角高程、几何水准测量等方法进行,其检测点应均匀分布于测区内。检测结果应满足表8-11的要求。

表8-11　RTK图根点高差检测精度要求

等级	高程检核高差(mm)
图根	$\leqslant 50\sqrt{D}$

注:D为检测线路长度,km。

第六节　RTK工程放样

一、利用RTK进行点放样

建筑物、构筑物的形状和大小是通过其特征点在实地上表示出来的。如建筑物的中心、四个角点、转折点等。因此,点放样是建筑物和构筑物放样的基础。用RTK进行点位放样前要进行点校正,把WGS-84坐标转换成待放样点所用坐标系统。传统的方法是通过距离或方向来放样定点,而RTK是在电磁波通视的条件下进行点位的放样。

在进行放样之前,根据需要把待放样的点坐标导入RTK流动站手簿内,一般可以直接输入到手簿建立的任务内,如果放样点数量大,可采用台式电脑将待放样数据文件直接导入手簿内。

当初始化完成后,在主菜单上选择"测量"图标打开,测量方式选择"RTK",再选择"放样"选项,即可进行放样测量作业。在作业时,在手簿控制器上显示箭头及目前位置到放样点在东、西、南、北四个方向上的水平距离,观测值只需根据箭头的指示放样。当流动站距离放样点距离小于设定值时,手簿上显示同心圆和十字丝分别表示放样点位置和天线中心位置。当流动站天线整平后,十字丝与同心圆圆心重合时,这时可以按"测量"键对该放样点进行实测,并保存观测值。

根据《工程测量规范》点位误差小于5 cm,RTK测量结果的点位精度完全可以满足。需要指出的是,各点位之间不存在误差累计,克服了传统测量技术的弊端。

放样的点误差,有可能是RTK系统自身的误差,也可能是测量环境对RTK的影响产生的误差,或许也是我们自身操作的不正确造成的,但通常情况下是放样时存在测量环境影响中的"多路径误差"或"信号干扰误差"造成的。

在放样过程中如果点位误差超限,可以根据误差的原因,采取措施来消除或减小误差,如:改变基准站的位置,选择地形开阔的地点,远离无线电发射源、雷达装置、高压电线等,或采用有削弱多路径误差的各种技术的天线等。对于误差较大RTK又难以削弱其误差的点可以采用其他的测设方法。

二、利用RTK进行曲线放样

公路、铁路、渠道、输电线以及其他管道工程都属于线形工程,线形工程的中线通称为线路。线路实际上是由空间的直线段和曲线段组合而成的。在线路方向发生变化的地段，连接转向处的曲线称为平曲线。平曲线有圆曲线和缓和曲线两种。圆曲线是有一定曲率半径的圆弧。

一般曲线放样方法是首先放样曲线主要点，即 *ZY*(直圆点)、*QZ*(曲中点)、*YZ*(圆直点)。再根据线路偏角 α、圆曲线半径等要素计算出切线长、曲线长、外矢距及切曲差四项曲线要素。根据曲线要素放样出曲线主点，再用已放样出的主点放样出其他点，由于放样时是依据已放样的主点，容易造成误差的累积。

(一)RTK 曲线放样过程

用 RTK 放样时，曲线的准备工作与 RTK 的点的放样一样，如果曲线各点的坐标是已知数据，则可按放样点的方法进行曲线放样。但是如果不知道曲线坐标，也可以将曲线要素输入手簿，由手簿解算主点和细部点的坐标进行放样。如南方 RTK 所提供的解算软件是按一定的里程进行解算坐标的，待坐标解算完毕后就可按点的放样方法进行放样。

(二)曲线放样精度分析

用 RTK 进行测设，曲线的点位误差、横向和纵向偏差完全可以满足工程的要求，由于 RTK 放样不存在误差累积，所以比常规仪器测设的精度高。

如有误差超限的点，可以根据测量的条件，判断出误差的来源，对于放样点在市区的工程，误差多为"信号干扰误差"，对于接近水域的地区，则为"多路径误差"。

第七节　GPS 网络 RTK 技术

一、概述

GPS 实时差分定位 RTK 技术是目前广泛使用的测量技术之一，但它的应用受到电离层延迟和对流层延迟的影响，使原始数据产生了系统误差并导致以下缺点：

(1)用户需要架设本地参考站；

(2)覆盖区域有限，受流动站和参考站的距离限制，一般小于 15 km；

(3)精度不均匀，可靠性随距离增大而降低；

(4)测量速度慢，主要由初始化时间决定，取决因素有接收机的解算技术、流动站接收到的卫星的数量和信号质量、差分数据的数据质量和 RTK 数据链传输质量。

GPS 网络 RTK 技术的出现，弥补了 GPS 实时差分定位 RTK 技术的缺点，它代表了未来 GPS 发展的方向，由此可带来巨大的社会效益和经济效益。

(一)网络 RTK 定位

在某一区域内建立多个(一般为 3 个或 3 个以上)GPS 基准站，对该地区构成网状覆盖，并以这些基准站中的一个或多个为基准，计算和发播 GPS 改正信息，对该地区内的 GPS 用户进行实时改正的定位方式，称为 GPS 网络 RTK，又称为多基准站 RTK。如图 8-11 所示。

(二)网络 RTK 的优点

与常规 RTK 相比，网络 RTK 的优点如下：

(1)覆盖范围更广；

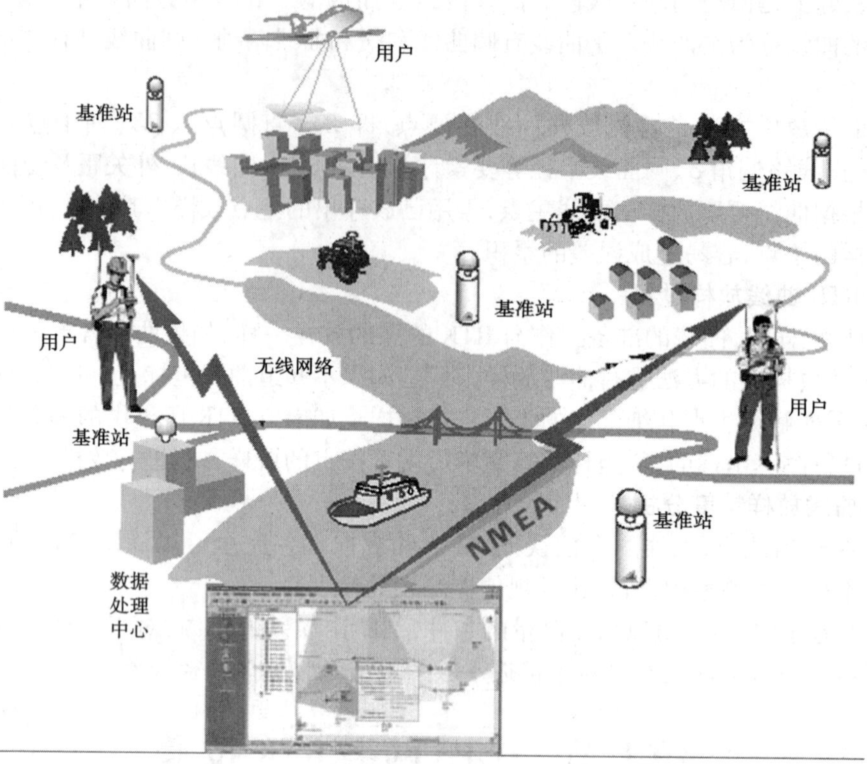

图 8-11　网络 RTK 系统示意图

(2)成本更低;

(3)精度和可靠性更高;

(4)应用范围更广;

(5)改进了 OTF 初始化时间。

(三)网络 RTK 的作用

(1)提供 GPS 基准站原始数据服务;

(2)分米级实时定位可以满足城市和市政测图、资源管理、精细农业、环境监测、水利测量、车辆自动定位导航系统、GIS、资产和市政管理等;

(3)厘米级高精度定位可以满足地籍测量、建筑放样和施工控制、港口和受限制水道的精密导航、线路道路测量、高精度资产管理、地形测量和工程测量、油气勘探等。

二、网络 RTK 系统组成与作业模式

(一)网络 RTK 系统组成

网络 RTK 由基准站网、数据通信链路数据处理(监控)中心、用户数据中心、用户部分四部分组成。数据通信链路数据处理(监控)中心包括基准站与数据处理中心数据通信和数据处理中心与用户部分的数据通信。网络 RTK 系统组成定义与功能见表 8-12。

(二)网络 RTK 作业模式

网络 RTK 系统根据通信方式不同,分为单向数据通信和双向数据通信。单向数据通信

中,数据处理中心直接通过数据发播设备把误差参数广播出去,用户收到这些误差改正参数后,根据自己的位置和相应的误差改正模型计算出误差改正数,然后进行高精度定位。双向数据通信中,数据处理中心实时侦听流动站的服务请求和接收流动站发过来的近似坐标,根据流动站的近似坐标和误差模型,求出流动站处的误差后,直接播发改正数或者虚拟观测值给用户。基准站与数据处理中心间的数据通信可采用数据网 DDN 或无线通信等方法进行。流动站和数据处理中心间的双向数据通信则可通过 GPRS、CDMA 等方式进行。

表 8-12 网络 RTK 系统组成定义与功能

系统名称	主要工作内容	设备构成	技术实现
基准站网子系统（RSS）	卫星信号的捕获、跟踪、采集与传输;设备完好性监测	单个基准站	3 个或 3 个以上基准站
系统控制中心（SMC）	数据分流与处理;系统管理与维护;服务生成与用户管理	计算机、网络设备、数据通信设备、电源设备	一个中心
数据通信子系统（DCS）	把基准站 GPS 观测数据传输至系统控制中心	有线网络	SDH
用户数据中心（UDC）	向用户提供数据服务	Internet、GSM	因特网、GSM
用户应用子系统（UAS）	按照用户需求进行不同精度定位	GPS 接收设备、数据通信终端、软件系统	适于 DGPS、RTK 软件系统

第八节　连续运行参考站

基于 GNSS（全球卫星定位导航系统）的 CORS 是实时、快速、高精度获取空间数据和地理特征的现代信息基础设施之一。与移动通信运作方式类似,CORS 技术的核心是由若干个永久性的 GNSS 接收机构成导航卫星数据通信网络联结成一个网络系统（目前标准为方圆四五十千米建立一个基站）,将来基准站会覆盖全国乃至全球基准站联网,既可对区域乃至全球地壳运动变化、气象状态变化的瞬态和长期变化进行监测,又可实现与无线通信网络的连接,根据用户实时需要,提供各种高精度空间定位服务和多元化信息服务。CORS 是可以提供位置和时间的基础设施,其本身可以构成区域和国家新的坐标系的实现载体,成为国家坐标系的地心三维框架。连续运行参考站系统是网络 RTK 系统的基础设施,在此基础上就可以建立起各种类型的网络 RTK 系统。

一、国外 CORS 发展概况

国际大地测量发展的一个特点是建立全天候、全球覆盖、高精度、动态、实时定位的卫星导航系统。在地面则建立相应的永久性连续运行的 GNSS 参考站。目前,世界上较发达的国家都建立或正在建立连续运行参考站系统（CORS）。

美国的 GNSS 连续运行参考站系统（CORS）的当前目标是:①使全部美国领域内的用户能更方便地利用该系统来达到厘米级水平的定位和导航;②促进用户利用 CORS 来发展

GIS；③监测地壳形变；④支持遥感的应用；⑤求定大气中水汽分布；⑥监测电离层中自由电子浓度和分布。CORS 的数据和信息包括接收的伪距和相位信息、站坐标、站移动速率矢量、GNSS 星历、站四周的气象数据等，用户可以通过信息网络，如 Internet 很容易下载而得到。

英国的连续运行 GNSS 参考站系统（COGRS）的功能和目标类似于上述 CORS，但结合英国本土情况，多了一项监测英伦三岛周围海平面的相对和绝对变化的任务。目前已有近 60 个 GNSS 连续运行站。

德国的全国卫星定位网由 100 多个永久性 GNSS 跟踪站组成。它也提供 4 个不同层次的服务：①米级实时 DGNSS（精度为 ±（1 ~3） m）；②厘米级实时差分 GNSS（精度为 1 ~5 cm）；③精度为 1 cm 的准实时定位；④高精度大地定位（精度优于 1 cm）。

其他欧洲国家如瑞士、芬兰等也已建成具有类似功能的永久性 GNSS 跟踪网，作为国家地理信息系统的基准，为 GNSS 差分定位、导航、地球动力学和大气提供科学数据。

二、国内 CORS 发展概况

国家测绘地理信息局于 2005 年 12 月 7 日发布了《全球导航卫星系统连续运行参考站网建设规范》（CH/T 2008—2005），2006 年 1 月 1 日实施。

随着国家信息化程度的提高及计算机网络和通信技术的飞速发展，电子政务、电子商务、数字城市、数字省区和数字地球的工程化与现实化，需要采集多种实时地理空间数据，因此中国发展 CORS 系统的紧迫性和必要性越来越突出。几年来，国内不同行业已经陆续建立了一些专业性的卫星定位连续运行网络（见图 8-12），目前，为满足国民经济建设信息化的需要，一大批城市、省区和行业正在筹划建立类似的连续运行网络系统，一个连续运行参考站网络系统的建设高潮正在到来。

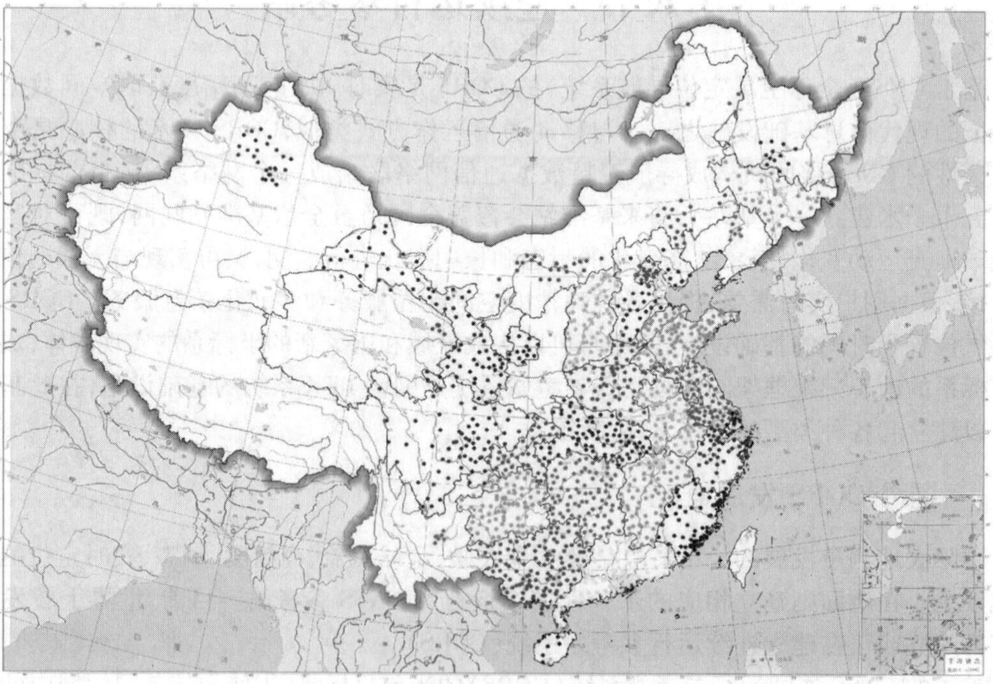

图 8-12　陆续建设的国内城市 CORS 网

目前国内 CORS 系统的建设情况如表 8-13 所示。

表 8-13　国内 CORS 系统的建设情况

序号	地区	已建站点数	序号	地区	已建站点数
1	北京	14	17	甘肃	36
2	天津	11	18	云南	8
3	上海	14	19	辽宁	14
4	重庆	11	20	黑龙江	9
5	山东	113	21	内蒙古	36
6	江苏	80	22	广西	70
7	浙江	62	23	四川	50
8	福建	81	24	青海	41
9	广东	95	25	新疆	126
10	江西	72	26	西藏	70
11	湖南	90	27	海南	25
12	安徽	86	28	吉林	45
13	湖北	80	29	宁夏	27
14	河南	56	30	贵州	89
15	河北	20	31	陕西	60
16	山西	50			

三、连续运行参考站构成

（一）连续运行参考站

连续运行参考站（以下简称参考站）是由卫星定位系统接收机（含天线）、计算机、气象设备、通信设备及电源设备、观测墩等构成的观测系统（见图 8-13）。它长期连续跟踪观测卫星信号，通过数据通信网络定时、实时或按数据中心的要求将观测数据传输到数据中心。它可独立或组网提供实时、快速或事后的数据服务。

（二）数据通信网络

数据通信网络是利用通信链路实现参考站与数据中心、数据中心与用户数据交换的系统。它完成数据传输、数据产品分发等任务。

（三）数据中心

数据中心是汇集、存储、处理和分析参考站数据资源，远程监控参考站运行状态，并形成产品和开展服务的系统。

用户只需一台 GPS 接收机，进行野外作业时，即可进行毫米（mm）级、厘米（cm）级、分米（dm）级、米（m）级的，准实时、实时的快速定位、事后定位或导航定位。

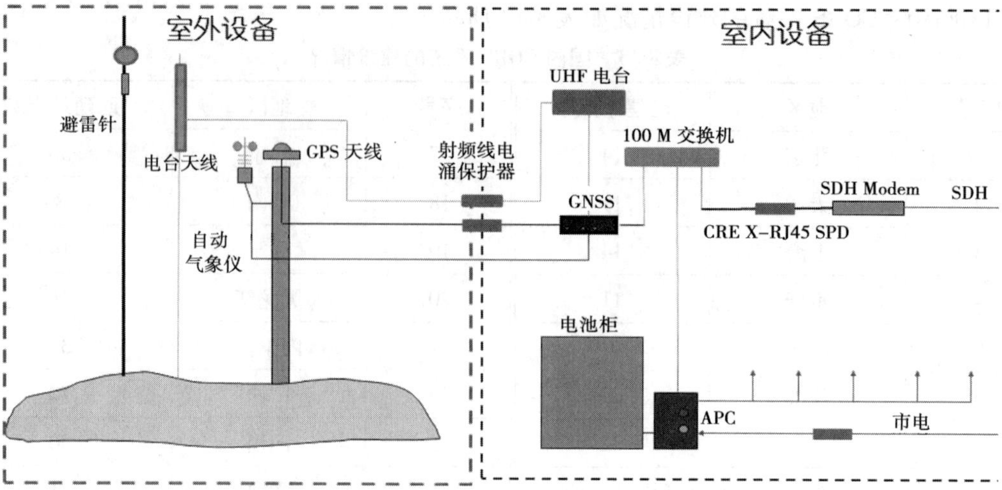

图 8-13　GNSS 连续运行基准站室外及室内设备

四、分类与布设原则

(一)分类

依据管理形式、任务要求的应用范围,连续运行参考站网可划分为国家参考站网、区域参考站网、专业应用站网(见图 8-14)。国家参考站网可作为区域参考站网、专业应用站网建设和应用的参考基准。

图 8-14　国家 GNSS 连续运行基准站

（二）国家参考站网

国家参考站网是用于维持和更新国家地心坐标参考框架的参考站网，是国家地理空间信息的基础框架之一，也是国家经济建设、国防建设的基础设施，用于开展全国范围内高精度定位、导航、工程建设和科学研究服务。

国家参考站网的布设应顾及社会发展、经济建设和自然条件等因素，参考站间距离 300 km 左右，并满足事后厘米级精度定位服务的要求。

国家级 GNSS CORS 系统应由国家 GNSS CORS 网络和国家 GNSS CORS 管理服务中心两大部分组成。GNSS CORS 网络应全面和均匀覆盖中国国土，可考虑分为两个等级建设，其中一级网是基于当前需求和财力，原则上以每省、自治区和直辖市有一个左右来考虑，因此一级 GNSS CORS 平均站距考虑在 500 km 左右，这样覆盖我国陆海国土约需 50 个 GNSS CORS，这些站作为国家 CORS 网络的主框架。二级 CORS 网的建设，应结合地区经济发展的需要，尽量利用改造合乎国家 CORS 要求的已建成的（地区或行业的）CORS，如图 8-15 所示。

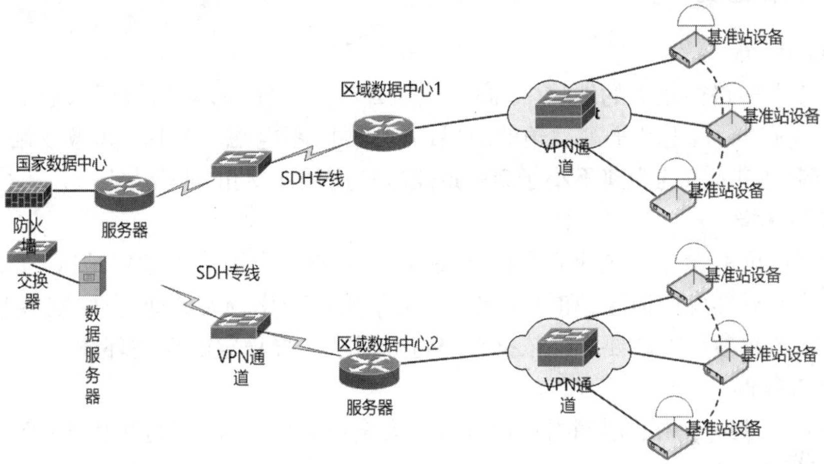

图 8-15　国家和区域两级 CORS 结构

国家 CORS 管理服务中心的功能是对国家 CORS 的数据和信息的采集、处理、监控、数据交换、数据共享、传输和服务。其中还包括数据存储备份、数据质量评估等。

（三）区域参考站网

区域参考站网是在省、市地区建立的参考站网，用于构成高精度、连续运行的区域坐标参考框架，开展区域内不同精度的位置服务和相关信息服务，满足局部地区地质灾害监测等需求。

区域参考站网的布设按实时定位服务精度的不同选择参考站间距离，具体要求按表 8-14 规定。

表 8-14　参考站间距离

实时定位精度	分米级	厘米级
参考站间距离（km）	50～150	20～50

广东省连续运行卫星服务系统（简称 GDCORS）是全国第一个建成的省级连续运行卫星定位服务系统。GDCORS 分为两期建设，建成后整网基准站数量达到 78 个，是目前全国基准站数量最多的省级 CORS。实践证明，在节约成本、提高效率、控制质量等方面，GDCORS 提供的各项服务具有明显的优势。

（四）专业应用站网

专业应用站网是由专业部门或机构根据专业需求建立的参考站网，用于开展专业信息服务。专业应用站网的布设根据专业服务目标进行设计，满足位置服务要求的参考站间距离按表 8-14 执行。

2003 年深圳 CORS 通过了专家组验收，成为我国建成的第一个实用化的实时动态 CORS 系统。深圳 CORS 由参考站、监测分析中心、数据传输系统、数据发播系统、用户应用系统五个部分组成，各参考站与监控分析中心间通过数据传输系统连接成一体，形成专用网络。

五、参考站建设

（一）观测环境

应距易产生多路径效应的地物（如高大建筑、树木、水体、海滩和易积水地带等）的距离不小于 200 m；应有 10°以上地平高度角的卫星通视条件；距电磁干扰区（如微波站、无线电发射台、高压线穿越地带等）的距离不小于 200 m；避开易产生振动的地带。

（二）地质环境

国家参考站网的参考站应建立在稳定块体上，避开地质构造不稳定地区（如断裂带、易发生滑坡与沉陷等局部变形地区）和易受水淹或地下水位变化较大的地区；区域参考站网和专业应用站网的参考站参照上款要求或依据自身特殊需求选择稳定的建站环境。

（三）维持条件

便于接入公共或专用通信网络；具有稳定、安全可靠的电源；交通便利，便于人员往来和车辆运输；便于长期保存。

（四）实施步骤

（1）根据技术设计进行踏勘，确认基岩、土壤类型及其承重能力等，在实地按要求选定点位；

（2）实地绘点之记；

（3）实地绘制概略地图，供参考站设计使用；

（4）实地进行卫星定位观测，以 15 s 采样间隔记录不少于连续 4 h 的观测数据，当载波相位数据利用率低于 80% 时，应变更站址。

（五）提交成果

（1）所属行政区划、自然地理、地震地质概况、交通、通信、物资、水电、治安等情况；

（2）点位的远近景照片；

（3）选址点之记；

（4）实地测试数据和结果分析；

（5）收集的其他资料。

CORS 系统旨在建立一个高精度、高时空分辨率、高效率、高覆盖率的全球导航卫星系统（GNSS）信息服务网，把 GNSS 这一高新科技综合应用于地籍测量、工程测量、气象检测、地面沉降检测以及城市信息化等领域，同时兼顾社会公共定位服务，以满足日益增长的城市综合管理与城市化建设的需求。它是卫星导航定位技术、测绘学科、气象学科、地理信息系统、计算机技术与现代通信技术等的有机结合，可为经济持续、健康发展提供基础信息。CORS 系统将在数字城市的建设和城市规划、建设、管理中发挥巨大的作用。CORS 系统在行业中的应用如表 8-15 所示。

表 8-15　CORS 系统在行业中的应用

精度	应用领域	主要用途	精度需求	实时性需求
厘米级	地表及建筑物变形监测	安全监测	±(0.001～0.005) m	准实时或事后
	测绘工程	测图、施工控制	±(0.01～0.1) m	准实时或事后
	工程施工	施工、放样、管理	±(0.01～0.1) m	准实时
分米级	农业管理	精细农业、土地平整	±(0.1～0.3) m	延时≤5 s
	海、空、港管理	船只、车辆、飞机进港后调试	±(0.5～1) m	延时≤3 s
	地理信息更新	城市规划、管理	±(0.1～5.0) m	准实时
	线路施工及其测绘	通信、电力、石油、化工、沟渠、施工及竣工测绘	±(0.1～5.0) m	准实时
米级	空中交通监控	飞机进近与着陆	±(0.5～6) m	延时≤1 s
	地面交通监控	车、船行程管理、自主导航	±(1～10) m	延时≤3 s
	公共安全	特种车辆监控事态应急	±(1～10) m	延时≤3 s

六、申请使用连续运行参考站网程序

（一）提出申请

目前各省的连续运行参考站均由各省或市的相应部分负责。如果相关部门想使用当地的连续运行参考站，而用户又具备了使用网络 RTK 的条件，例如用户有 GNSS 接收机，或是具有测绘资质，或是使用 GPRS 或 CDMA 等无线网络通信等方面。向连续运行参考站的负责单位提出申请，并填写用户注册申请表。如××省 CORS 的网络 RTK 用户注册申请表如表 8-16 所示。

（二）签订协议

为推进测绘信息化体系建设和测绘基础框架体系，扩展 CORS 系统的服务及应用，提高测绘生产效率，满足测绘单位基于 CORS 系统的应用要求，CORS 管理中心会面向测绘单位提供 CORS 系统的数据服务工作，为用户提供技术支持与数据服务。为了能更好地发挥 CORS 的功能，就 CORS 技术支持服务的事情达成协议。一般协议文件包括合作背景、合作条件，技术支持服务内容，用户约定，特殊情况的责任承担，资费标准及结算方式，协议的变更、转让与终止，其他约定。

（三）获取账号和密码

手续办理完成后，连续运行参考站管理使用期间仅限一台仪器及一张 SIM 卡捆绑使用。所有用户不得泄漏、出借注册用户名和密码。

表 8-16　××省 CORS 网络 RTK 用户注册申请表

编号：

<table>
<tr><td rowspan="14">申请信息
（本栏由
用户填写
并加盖
单位公章）</td><td>单位名称</td><td colspan="4"></td></tr>
<tr><td>单位地址</td><td colspan="2"></td><td>邮编</td><td></td></tr>
<tr><td>法人代表</td><td></td><td>法人电话</td><td colspan="2"></td></tr>
<tr><td>联系人</td><td></td><td>联系人手机</td><td colspan="2"></td></tr>
<tr><td>联系人电话</td><td></td><td>联系人 E-mail</td><td colspan="2"></td></tr>
<tr><td>设备型号 1</td><td></td><td>SIM 卡电话号码 1</td><td colspan="2"></td></tr>
<tr><td>用户名 1</td><td></td><td>用 户 密 码 1</td><td colspan="2"></td></tr>
<tr><td>设备型号 2</td><td></td><td>SIM 卡电话号码 2</td><td colspan="2"></td></tr>
<tr><td>用户名 2</td><td></td><td>用 户 密 码 2</td><td colspan="2"></td></tr>
<tr><td>设备型号 3</td><td></td><td>SIM 卡电话号码 3</td><td colspan="2"></td></tr>
<tr><td>用户名 3</td><td></td><td>用 户 密 码 3</td><td colspan="2"></td></tr>
<tr><td>设备型号 4</td><td></td><td>SIM 卡电话号码 4</td><td colspan="2"></td></tr>
<tr><td>用户名 4</td><td></td><td>用 户 密 码 4</td><td colspan="2"></td></tr>
<tr><td>申请类型
（限选一种）</td><td colspan="4">☐ RTK　　☐ RTD</td></tr>
<tr><td colspan="2">其他需说明内容</td><td colspan="4"></td></tr>
<tr><td>注册开通</td><td>经办人</td><td></td><td>日　　期</td><td colspan="2"></td></tr>
</table>

注：1. 本表按申请用户名分别填写，一式二份，用户与系统服务方各执一份。

2. 每个用户对应一份申请表。

思考题与习题

8-1　什么是 RTK 技术？

8-2　RTK 的系统由哪几部分组成？

8-3　RTK 定位测量实施的具体方法是什么？

8-4　RTK 采用的电台频率和电台功率都必须经过哪些部门批准？

8-5　已知 $H_1 = 6$ m，$H_2 = 2$ m，则流动站在开阔地带工作的最远距离为多少？

8-6　基准站启动方法有几种？

8-7　点位的精确 WGS－84 坐标如何获取？

8-8　点校正方法有几种？

8-9　RTK 定位测量时，测区内的已知控制点有什么作用？

8-10　应用于 GPS 网络 RTK 数据处理的方法有哪几种？

第九章　GPS 接收机的选择和使用

GPS 信号接收机是一种能够接收、跟踪、变换和测量 GPS 卫星导航定位信号的无线电接收设备，它既具有常用无线电接收设备的共性，又具有捕获、跟踪和处理 GPS 卫星微弱信号的特性。

利用 GPS 定位技术布测测量控制网，必然面临 GPS 接收机的选择问题。接收机的最佳选择应该综合考虑一系列因素，例如结构性能、可靠程度、操作难易、供应渠道等。在本章的最后，将介绍导航型接收机的特点及应用。

第一节　测地型接收机的类型选择

一、单频接收机的选择

单频接收机只能接收经调制的 L_1 信号。它虽然可以利用导航电文提供的参数，对观测量进行电离层影响的改正，但由于改正模型的不完善，误差较大，所以单频接收机主要用于基线较短（例如 < 10 km ）的精密定位工作，如图 9-1、图 9-2 所示。

图 9-1　Trimble 4600LS **单频接收机**

图 9-2　Ashtech Locus **单频接收机**

但是，单频接收机的优点是工艺成熟，所用的电子元件较少，对微处理器的要求较低，不需要昂贵的互相关器，不受 P 码保密的限制，产量大，价格比双频接收机便宜得多，只有双频接收机售价的 40% 左右。一般情况下，若生产作业的最远站间距离 < 20 km 左右，只需购买单频接收机；若超过 20 km，则应购买双频接收机，以确保 GPS 定位测量的精度要求。

目前单频接收机已经历经三代。其中第三代的窄距相关接收机，使 C/A 码达到了 P 码精度，加之第三代的先进软件，即使基线在 30 ~ 300 km 范围内，精度也能达到 $7\ \text{cm} + 2 \times 10^{-6}D$。所以，在我国工矿地区，测区范围有限，从单位的实情出发，为完成一般控制测量和工程测量任务，采用第三代单频接收机的硬、软件是可取的。近年来，由于制造技术和微电子技术的飞速发展，单频接收机已很少采用。

二、双频接收机的选择

双频接收机可以同时接收 L_1 和 L_2 信号，利用双频技术可以消除或减弱电离层折射对观测量的影响，所以定位精度较高，基线长度不受限制。同时，解算整周未知数的时间较短，约为单频接收机的一半，所以作业效率较高，如图 9-3、图 9-4 所示。

图 9-3　Trimble 5700 双频接收机

图 9-4　Ashtech Z－X 双频接收机

三、信号通道类型的选择

接收机的通道类型有三种：多通道接收机、序贯通道接收机、多路复用通道接收机。

（一）多通道接收机

多通道接收机具有多个卫星信号通道，一个通道仅连续跟踪一个卫星信号，所以也称为连续跟踪型接收机。它可以将来自不同卫星的信号，分离开来进行处理，实现对各卫星信号的跟踪、处理和测量。由于实现了对不同卫星信号的隔离，所以其观测比较可靠，并且具有良好的信噪比，能够接收较弱的信号，但可能产生通道间的干扰。

（二）序贯通道接收机

序贯通道接收机通常只有 1～2 个通道。为了跟踪多个卫星信号，在其软件控制下，按时序依次轮换（切换）跟踪不同的卫星，一次跟踪和量测时间大于 20 ms，所以它对卫星的跟踪是不连续的。这样，序贯通道在对一个卫星信号测量时，必将丢失其他一些卫星信号的信息，无法获得一个卫星完整的导航电文，这就需要另备额外通道来获取卫星电文。这种接收机的优点是结构简单，利于减小接收机的体积和重量；其缺点是难以保持载波信号的跟踪，其通道控制软件比较复杂。

（三）多路复用通道接收机

多路复用通道接收机与序贯通道接收机相似，一般也只有 1～2 个通道。但是，它在相应软件控制下，对其跟踪的卫星信号量测一个循环时间较短（≤20 ms），实现了在不同的卫星信号之间以及两个频率 L_1 和 L_2 信号之间的高速转换，而且转换的速率与导航电文的比特率（20 ms）同步，所以这种通道不仅能获得所跟踪卫星的完整导航电文，还可以连续地跟踪载波信号，对载波相位进行连续测量。多路复用通道接收机的主要缺点是信噪比较低，通道的控制软件比较复杂。

(四)码相关型和码相位型的选择

根据接收机信号通道的工作原理,接收机可以分为码相关型接收机、平方型接收机和混合型接收机。

1. 码相关型接收机

码相关型接收机的特点是采用了码相关技术。所以它能够产生与卫星发射的测距码结构完全相同的复制码,在相关器中对接收到的卫星测距码和接收机产生的复制码进行相关分析,当两码达到最大相关时,便可测定出两信号间的时间延迟。码相关型接收机可利用 C/A 码,也可利用 P 码,其要求是必须掌握测距码的结构,所以又称其为有码接收机。

码相关型接收机的优点是,既可进行伪距测量,又可进行载波相位测量,并能获得导航电文。它的主要缺点是要求用户必须掌握测距码的结构,由于美国政府对 P 码的保密政策,所以一般用户无法采用码相关技术获得 L_2载波的相位观测值。

2. 平方型接收机

平方型接收机是利用载波信号的平方技术,将接收的卫星信号进行自乘,去掉载波上的调制码,得到一个载波的二次谐波,以便进行载波相位测量。这种接收机只利用卫星信号,无须解码,所以不必掌握测距码的结构,故也称为无码接收机。

平方型接收机的主要优点是无须掌握测距码(C/A 码、P 码)的结构便能获得 L_1、L_2载波信号,这就可以通过双频技术,减弱电离层折射的影响,提高定位的精度。它的缺点是卫星信号经平方后,完全消掉了其中的测距码和数据码,无法获得卫星的导航电文和时间信息,必须通过其他方法获取卫星星历和时间信息。

3. 混合型接收机

所谓混合型接收机,是综合利用相关技术和平方技术的优点,可以同时获得码相位和载波相位观测量,可以提供多种导航和定位信息,如导航电文和时间信息等。目前在测量工作中广泛使用的多属这种类型的接收机。

四、最佳 GPS 接收机具备的条件

(1)可靠性高。接收机本身产生的周跳、半周跳和 1/4 周跳极少。

(2)耐用性强。耐用性强表现在平均无故障工作时间上。平均无故障时间(MTBF, Mean Time Been without Failure)表征 GPS 信号接收机的耐用性。美国军用标准定为 MTBF≥13 000 h。而现行 GPS 信号接收机的平均无故障时间为 5 000 ~60 000 h。

(3)测量精度高。现行 GPS 信号接收机的 C/A 码测距精度最高可达 ±20 cm,最低仅为几米。单频机的出厂精度达到 $5\ \mathrm{mm}+2\times10^{-6}D$,双频机达到 $5\ \mathrm{mm}+1\times10^{-6}D$。

(4)具有同时跟踪和测量 100 颗以上 GNSS 卫星的能力。

(5)作业适应性强。一台较理想的 GPS 信号接收机,既能作静态定位,又能作快速静态和动态测量,亦即,既能在高低动态环境条件下作七维状态参数测量,又具有极微弱信号的探测能力和抗客体干扰能力。例如,能够在森林或街区正常作业,又能担任 DGPS 和 GIS 任务。

(6)具有双频甚至三频的接收能力。单频接收机的制作成本和售价虽较低,但它们不适宜用于过长距离和厘米级精度的 DGPS 测量。一台理想的 GPS 信号接收机,应具有双频甚至三频(对于 GPS IIF 卫星而言)的接收能力,见图 9-5。在海、陆、空应用时,都能跟踪全

部可见卫星。

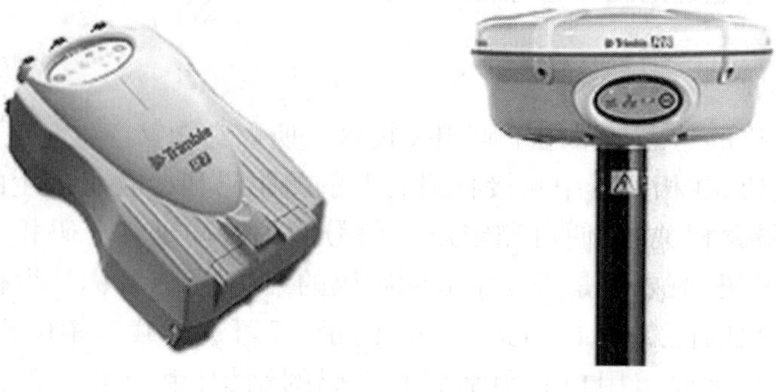

图 9-5　Trimble R7、R8 三频接收机

(7)较低的 C/A 码测距噪声(≤10 cm)和载波相位噪声(<1 mm)。

(8)具有削弱多路径误差的功能。

(9)较高的原始数据率。原始数据率最好是 20 次/s,以便在高动态条件下应用。

(10)较大的存储器。测地型 GPS 信号接收机,其内存容量一般为 0.5 ~ 80 Mbit,它们的存储时间的长短,既取决于 GPS 定位数据的更新率,又取决于被测 GPS 卫星的多少。例如,当内存容量为 1 Mbit,被测卫星为 5 颗,采用 15 s 数据更新率,可存储 14 h 的 GPS 数据。若其他条件不变,仅改用 1 s 数据更新率,则只能存储 56 min 的 GPS 数据。新近问世的 Trimble 5700 GPS 信号接收机,采用内置小型的 48 MB Flash 存储器,可以存储对 6 颗卫星以 15 s 更新率作双频(L_1/L_2)观测的 1 080 h(45 d)的 GPS 数据。若连续运行的基准站(CORS),采用 Trimble 5700 GPS 信号接收机,则可选用能够存储 2 750 h 观测数据的 Flash 存储器,其所存储的数据仍为对 6 颗卫星以 15 s 更新率作双频(L_1/L_2)观测的 GPS 数据。以便用于动态测量。

(11)数据处理软件功能强。GPS 信号接收机的内置软件,既能解算用户的位置、速度和时间,又能作数据编辑、数据压缩、数据管理、周跳探测及其注记、仪器自诊断及其控制。

GPS 信号接收机的测后数据处理软件,能够作观测数据的初加工、预处理、基线向量解、网平差计算、坐标变换(包括从通用横轴墨卡托平面坐标变换成高斯平面坐标)等。

(12)体积小、功耗低。非手持式的 GPS 信号接收机,应具有交直流电的适应能力,而且对供电电源的电压范围不作过高要求。最好在 GPS 信号接收机内部安设有锂电池,可供 GPS 信号接收机在野外作业 10 h 以上。而且整机的功耗小、重量轻,以便野外作业使用。重量<2 kg,功耗<1 ~ 3 W。

(13)工作温度。在 −40 ~ +65 ℃,以便在炎热和酷寒地区均能工作。

第二节　测地型 GPS 信号接收机简介

一、Trimble R8 GNSS 型 GPS

(一)概况

美国天宝(Trimble)导航有限公司,是 1978 年成立的专门从事生产和销售 GPS 接收机的股份公司。该公司迄今已生产有测地型、导航型和授时型三大类 20 多种型号的 GPS 接收机。

测地型接收机均称为 4000 系列，其型号经历了 A/AX、S/SX、SL/SD、ST/SST、SE/SSE、4600、4700、4800 的发展过程。2000 年以来，5000 系列的 5700、5800 接收机也已相继问世，R7、R8 和更新的 R10 三星接收机也已推向市场（见图 9-5、见图 9-6）。我国前些年多引进的主要是 ST/SST 型，其中单频机（4600）标称精度为 $5\ \text{mm}+1\times10^{-6}D$，双频机（4800）标称精度为 $5\ \text{mm}+1\times10^{-6}D$。

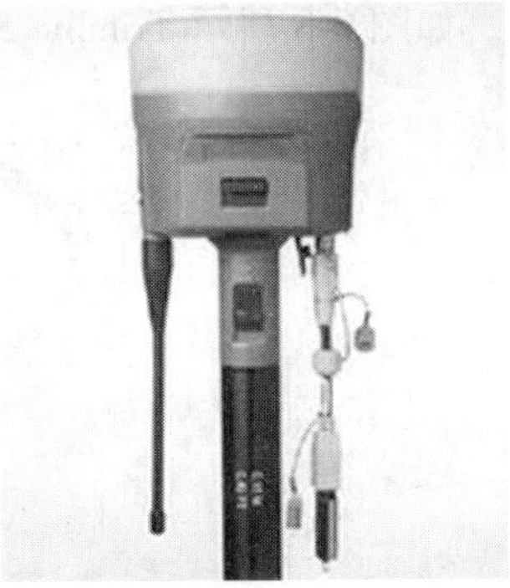

图 9-6　Trimble R10 三星接收机

如图 9-7 所示，Trimble R8 GNSS 是一款多通道、多频带的集接收机、天线和数传电台于一体的 GNSS（Global Navigation Satellite System）系统。R8 接收机可以内置 GSM 模块，提供 24 个通道的 L_1/L_2 卫星跟踪，增强的 R – Track 技术，支持 L_2C、L_5 和 GLONASS，并支持把 GPS 原始观测值记录到手持控制器或接收机内部，从而进行后处理。

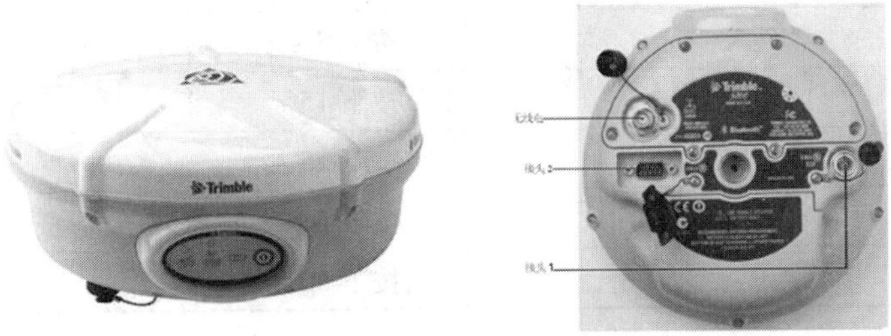

图 9-7　Trimble R8 GNSS 接收机面板

R8 接收机具有以下特点：

（1）Trimble R – track 技术，可以跟踪 L_2C；

（2）厘米级的精度实时定位，RTK/OTF 数据更新率可达 10 Hz；

（3）亚米级精度的伪距改正实时定位；

（4）适应型双频 RTK 引擎；

（5）WAAS/EGNOS 性能；

（6）运动过程中的自动 OTF（运动中）初始化；

（7）单锂充电电池；

（8）与 Trimble Attachable Control Unit（ACU）或带 Bluecap 模块的 TSCe 进行无电缆蓝牙通信；

（9）两个 RS – 232 串口，用于 NMEA 输出、RTCM SC – 104 输入和输出、Trimble Format（CMR & CMR Plus）输入和输出；

（10）与无线电天线连接的一个 TNC 端口；

（11）内置 450 MHz 的 Tx 电台或 GSM 模块。

(二)硬件部分

1. Trimble R8 GNSS 按键功能

如图 9-8 所示 Trimble 5800/R8/R8 GNSS/SPS882 接收机只有一个按钮,即电源按钮。

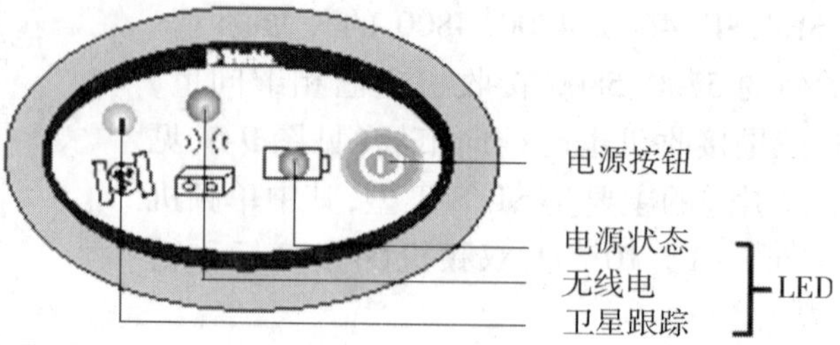

图 9-8　R8 面板示意图

如表 9-1 所示,用⊙可以打开或关闭接收机并执行其他功能。

表 9-1　R8 电源按钮功能

动作	电源按钮
打开接收机	按
关闭接收机	按下 2 s
删除星历文件	按下 15 s
把接收机重设到工厂缺省状态	按下 15 s
删除应用文件	按下 30 s
格式化内存	按下 30 s

2. Trimble R8 GNSS 指示灯现象

接收机前面板的三个 LED(发光二极管),用来指示各种操作状态。一般而言,发光或慢速闪烁的 LED 表明仪器正常操作,快速闪烁的 LED 表明需要引起注意,不发光的 LED 表明仪器没有出现操作。如表 9-2 所示。

表 9-2　R8 接收机指示灯功能

接收机模式		电源 LED 绿	无线电 LED 绿	卫星 LED 黄
接收机关		关	关	关
接收机:	电源好	开	N/A	N/A
	电源差	快闪	N/A	N/A
记录静态观测数据		间隔 2 s 闪烁	N/A	慢闪
跟踪 <4 颗卫星		开	N/A	快闪
跟踪 >4 颗卫星		开	N/A	慢闪
接收到无线电数据信号		开	慢闪	N/A
没有无线电数据信号		开	关	N/A
接收机处于监视状态		开	慢闪	开

注:标注为 N/A 的,说明发光管可能开,也可能不开。这种状态与具体模式无关。

(三)接收机的安装

1. 静态测量时接收机的安装

(1)在待观测点上安置脚架,固定基座和连接器,对中并整平脚架。

(2)在基座上安置 5800/R8/R8 GNSS/SPS882 接收机,通常我们选用一个 30 cm 的短杆将接收机和基座相连。

(3)按接收机的电源按钮启动接收机,让接收机开始跟踪并锁定卫星,用测量控制器启动基准站接收机记录数据,如图 9-9 所示。

图 9-9　R8 静态测量图

2. 动态测量流动站的安装

(1)Trimble R8 接收机固定在测杆上,接收机用内置电池供电,如图 9-10 所示;

(2)鞭状无线电天线接到接收机;

(3)如果适用,把 Trimble 锂电池固定到控制器托架中;

(4)控制器托架接到测杆上;

(5)控制器固定到控制器托架上;

(6)打开接收机电源;

(7)打开控制器电源,运行 Trimble Survey Controller 软件;

(8)用 Bluetooth 线技术连接接收机。

图 9-10　R8 动态测量流动站

(四)参数指标

Trimble R8 GNSS 型接收机有 72 个通道,可接收 GPS 的 L_1 C/A 码,L_2C、L_1/L_2/L_5 全周载波;GLONASS L_1 C/A 码,L_1 P 码,L_2 P 码,L_1/L_2 全周载波;支持 SBAS WAAS/

EGNOS1。

1. 码相位差分 GPS 定位

水平：±0.25 m + 1×10^{-6} RMS；

垂直：±0.50 m + 1×10^{-6} RMS。

WAAS 差分定位精度一般小于 5 m 3DRMS。

2. 静态和快速静态 GPS 测量

水平精度：±5 mm + 0.5×10^{-6}RMS；

垂直精度：±5 mm + 1×10^{-6}RMS。

3. 动态测量

水平精度：±10 mm + 1×10^{-6} RMS；

垂直精度：±20 mm + 1×10^{-6} RMS；

初始化时间：一般少于 10 s；

初始化可靠性：>99.9%。

二、SGS220 型双频 GPS 接收机

（一）概况

苏州一光仪器有限公司（原名苏州第一光学仪器厂）是国内最早专门从事测量仪器生产的厂家之一，也是国内光学行业中首家通过国际（挪威船级社）ISO—9001 质量管理体系认证的厂家。拥有国内著名的“一光”牌商标和激光经纬仪等专利。具有进出口企业资格证书，逐步建立了全球营销网络。

经过四十余年的发展，公司已成为提供获取地球空间信息的方法和手段（仪器系统）的专业化高新技术企业。下属有两个子公司：苏州一光镭射仪器有限公司、苏州一光杰普仪器有限公司。

主要产品为光学经纬仪、电子经纬仪系列、自动安平水准仪系列、激光扫平仪系列、GPS 系列、激光建筑仪器系列、全站型电子速测仪系列及其附件等，获得中国机械工业名牌产品称号，30% 以上出口。

苏州一光杰普仪器有限公司由苏州一光仪器有限公司和武汉大学 GPS 工程中心所属的武汉天任勘测科技有限责任公司共同投资组建，是开发、生产、销售“一光”牌 GPS 系列产品的专业公司。公司依托苏州一光仪器有限公司和武汉大学 GPS 工程中心，拥有一批年轻、高素质的 GPS 专业人才，为广大用户提供优良的 GPS 产品及其服务。

苏州一光 GPS 产品包括静态测量系统、动态 RTD 测量系统、双频 RTK 定时测量系统、利普软件、GPS 后处理软件及水上测量软件等。

（二）产品概述

SGS220 型双频 RTKGPS 测量系统采用进口 GPS 主板和核心部件，配以武汉大学 GPS 工程中心开发的适合中国国情的 GPS 后处理软件，成为目前市场上性价比最高的双频 RTK 接收机，如图 9-11、图 9-12 所示。可广泛应用于地形地籍测量、控制测量、管线测量、勘界测量、工程放样与建筑应用等领域。

（三）技术特征

并行 40 通道，C/A 码、P 码，L_1、L_2 载波相位。

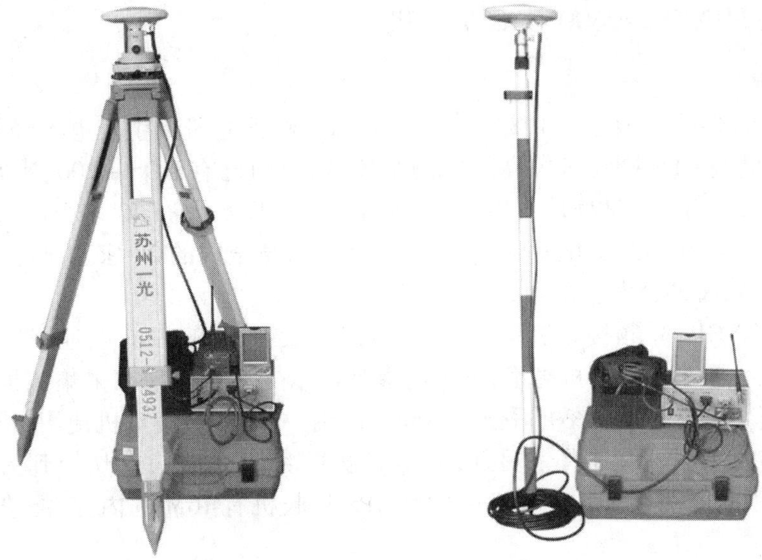

图 9-11　基准站和流动站

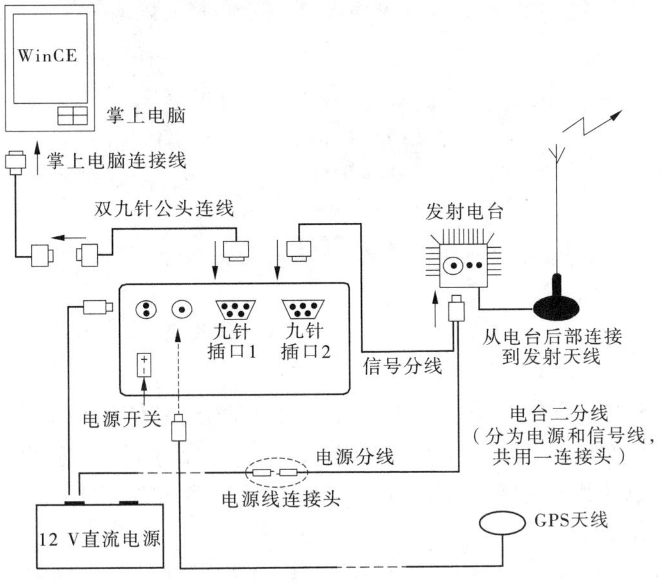

图 9-12　RTK 基准站连接图

具有动态初始化 OTF 功能，时间小于 1 min。

定位精度：静态，5 mm + 2×10^{-6} RTD，1 m；RTK，2 cm + 2×10^{-6}。

工作温度：−20 ~ +50 ℃。

接口特性：标准 RS−232 串口通信接口。

通信速率：19 200 bps。

存储容量：16 Mbyte（可扩）。

三、北极星 NGS－9600 GPS 接收机

（一）概况

南方测绘仪器公司创立于 1989 年 4 月，公司能够独立研制生产电子经纬仪、全中文内存全站仪、测量型 GPS 接收机等高精度测绘仪器，目前已有 NGS－200、NGS－100、NGS－9800、NGS－9600 GPS 测量型接收机，并大量出口到世界 6 大洲 40 多个国家和地区。南方测绘始终坚持专业化的产业化发展战略，现已拥有遍布全国的 28 家省级分公司、近百家地市级分公司、1 家海外合资公司和 5 家生产厂。

NGS－9600 GPS 单频接收机是一体化的设计，没有电缆，没有电池，没有天线，任何东西都已内置在一个小小的主机壳里，宽大的液晶显示屏还可让您在采集数据时查看星历情况、卫星分布（见图 9-13）。该机适合于不同层次用户，既可当傻瓜机使用，也可使用内置采集器来进行 GPS 数据采集工作。另外，采用双电源系统，可以自动切换到另一块电池中供电，从而保证不间断测量工作。NGS－9600 GPS 接收机有 16M 的内存，能连续存储约 20 d 的采集数据。

图 9-13　NGS－9600 GPS 接收机

（二）系统组成

NGS－9600 GPS 测量系统可分为硬件、软件两个部分，具体组成如下：

硬件：① NGS－9600 接收机（内置测量型天线及抑制多路径板）原装进口 OEM 板和 CPU；②NGS－9600 单片机内置采集器（内置采集软件）；③可充电电池及充电器；④铝或木三脚架；⑤数据传输电缆。

软件：包括数据传输软件（计算机与 9600 主机通信软件）、GPS 数据处理系统（包含基线向量处理、闭合差自动搜索、网平差、高程拟合以及图形输出等功能）。

为达到高精度的大地测量要求，NGS－9600 GPS 测量系统采用静态相对定位模式。此时外业部分需两台或两台以上 GPS 接收机。同时，为方便野外观测，提高野外作业的效率，建议用户在条件许可下配置更多 GPS 接收机。我们所提供的标准配置为三台套，用户可视自己需要而增减。

NGS－9600 GPS 测量系统还可扩展成后差分测量系统。精度可达 ±（0.1～1）m（精度与作用距离成反比）。

后差分型测量系统，采用两台以上接收机同时作业观测，其中一台作基准站，一台作移

动站。该系统不需要实时数据链通信就可进行类似于动态的测量，作用距离能达 300 km 以上。数据经过处理可方便地进入 CAD 进行图形编辑，数据成果可导入 Mapinfo 等 GIS 系统。

后差分测量系统设备简单，操作灵活方便，可广泛应用于政府土地管理部门、测量部门、海洋调查、水利水土保持、森林详情普查、地质调查、林业资源勘查、石油、地矿勘探、航道测量、大地测量、控制测量、港口建设规划、航行标志定位设置、海上钻井定位、公路铁路测量、监测等行业。

（三）测量系统的主要技术参数

NGS－9600 GPS 单频接收机有 12 个并行的独立通道，可同时接收 12 颗卫星；采用静态相对定位测量的方法，可以适用于测量二等及二等以下的城市各类控制网。它采用 L_1 载波相位、C/A 码伪距，频率为 1 575.42 MHz；天线为扁平有源天线带内装式抑径板，可根据卫星高度及卫星运行的健康状况自动选择卫星；机内采用 flash 闪存内存 16 M（与优盘同芯片组），可连续存储约 20 d 的数据量；主机正面为 240×160 的大液晶显示屏，有"智能"、"手动"和"节电"三种数据采集模式；使用两块高性能的锂电池连续工作时间可长达 16 h 之久。该机的单点定位精度为 15 m；数据输出采用 RS－232C 接口；接收机可直接安装在对中杆上或利用基座安装在三脚架上，接收机顶部正中为其相位中心。使用环境温度为 －20～＋60 ℃，储存环境温度为 －25～＋70 ℃。电源为直流 6～10 V，功耗为 <1.8 W，接收机重量约 1.5 kg。

NGS－9600 GPS 单频接收机静态相对定位精度为：静态基线，$\pm(5\ \text{mm}+1\times10^{-6})$；高程，$\pm(10\ \text{mm}+2\times10^{-6})$；同步观测时间，45 min 左右，但同步观测时间的多少与所测距离有关，当达到 20 km 以上时观测时段长度必须有 2 h 以上；还与要求达到的精度有关，若要求精度高，则观测时间应长一些，精度要求较低则可相对缩短。另外，同步观测时间还与观测时间段及卫星图形强度等因素有关。例如，在夜间进行观测，其观测时间可比白天稍短（夜间电离层的影响较小）。

NGS－9600 GPS 接收机将天线、接收单元、数据采集单元、电源等合为一体，防水的外壳使 NGS－9600 GPS 接收机可适应各种恶劣的气候，一体化的设计使其极为坚固且电磁兼容性能优良，简便的操作很适合野外测量。

（1）天线单元。有源高增益天线内置于接收机内，中心频率为 1 575.42 MHz。

（2）接收单元。接收单元由 12 个独立的并行通道组成，采集的数据为 L_1 载波相位、C/A 码伪距及广播星历。

（3）数据采集单元。数据采集单元采用 32 位微控制器进行运算，确保在各种情况下都能迅速地进入定位状态（正常情况下仅需数秒）并选择最佳观测卫星。

（四）数据采集的方法

1. 安置及启动仪器

（1）在选好的观测站点上安放三脚架。注意观测站周围的环境必须符合上述条件，即净空条件好、远离反射源、避开电磁场干扰等。因此，安放时用户应尽量避免将接收机放在树阴、建筑物下，也不要在靠近接收机的地方使用对讲机、手提电话等无线电设备。

（2）小心打开仪器箱，取出基座及对中器，将其安放在脚架上，在测点上对中、整平基座。

（3）从仪器箱中取出接收机，将其安放在对中器上，并将其锁紧，再分别取出电池、采集器及其托盘，将它们安装在脚架上。

2. 量取天线高

安置好仪器后，用户应在各观测时段的前后，各量测天线高一次，量至毫米(mm)。

3. 操作步骤

NGS－9600 GPS 接收机只有 F1、F2、F3、F4、PWR 5 个触摸式按键，操作方法比较简单，其操作步骤如下：

(1)如图 9-14 所示，按 PWR 键打开电源，液晶显示屏显示开始界面，开始界面中显示“智能”、“手动”和“节电”三种数据采集模式。

(2)按 F1 键进入智能模式，在该状态下，液晶显示屏显示主界面，如图 9-15 所示，它自动判断并显示天空卫星分布图，锁定的卫星将变黑，只捕捉到而未锁定的可视卫星为白色显示，越是接近内圈中心的卫星高度截止角越高，越远离内圈中心的卫星高度截止角越低。并且卫星几何精度因子值 PDOP 也在该界面下显示，如图 9-15 所示，显示 PDOP 值为 2.3、当地的北京时间、记录时间和剩余容量以及机内两块电池的容量。当满足采集条件后，自动进入数据采集状态(例如：PDOP＜6，3D 状态)。液晶显示屏显示图 9-16 所示的“测量”子界面，其中左框中显示接收机状态，右框显示自动累计的采集时间。在采集数据的同时，可通过液晶显示屏查看卫星星历和卫星的分布情况。

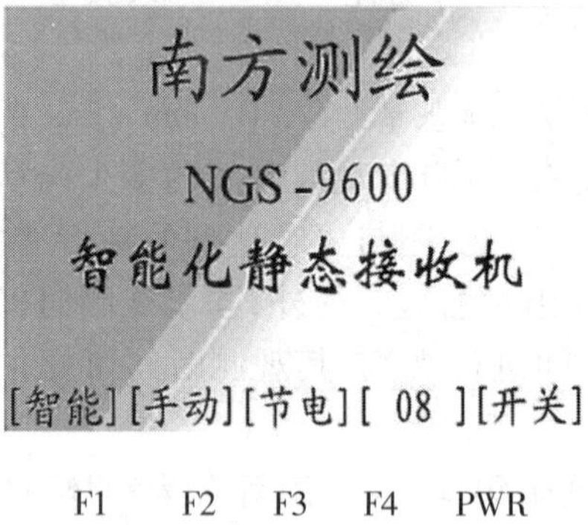

图 9-14　开始界面

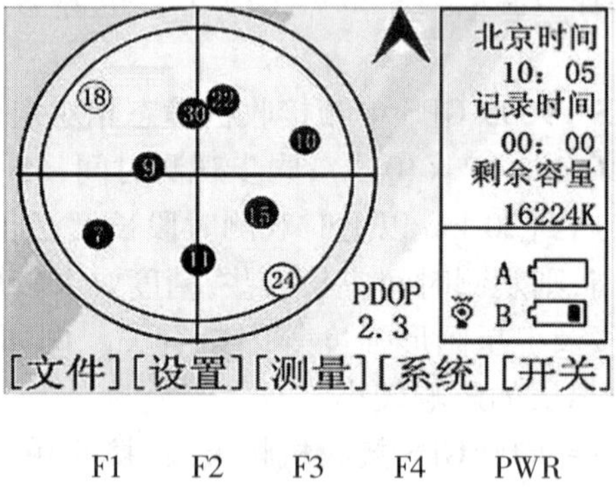

图 9-15　主界面

在主界面中，按 F1 键进入图 9-17 所示的“文件”子界面，可以查看已采集数据的存储情况。

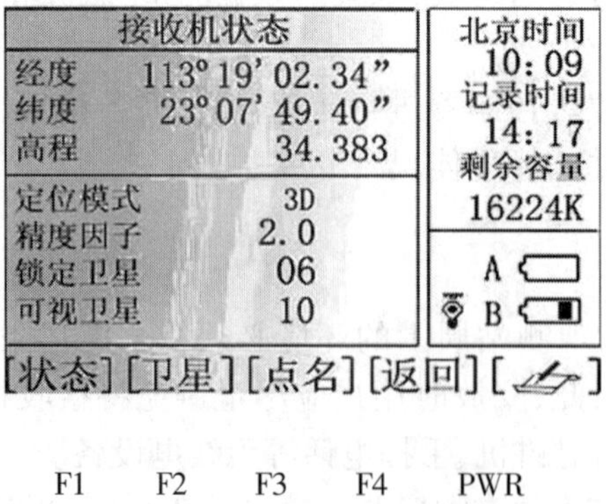

图 9-16　“测量”子界面

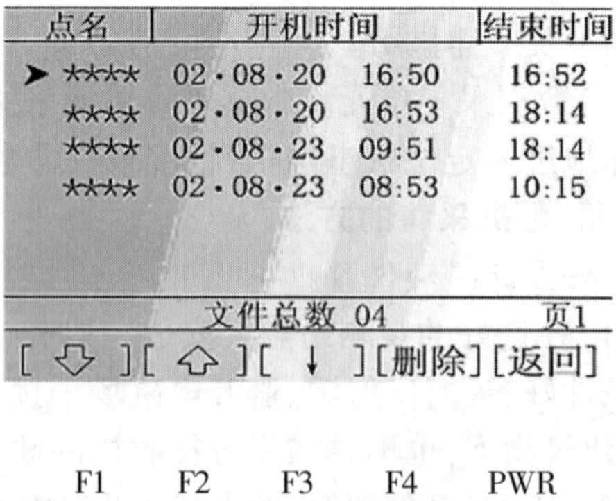

图 9-17　“文件”子界面

在主界面中，按 F2 键进入图 9-18 所示的“设置”子界面，可以设置数据的采样间隔和卫星高度截止角。

采样间隔，出厂时默认为10°，连续按F1键，设置采集间隔值由1 s到60 s可改(变化间隔为5 s)。

高度截止角，出厂时默认为10°，连续按F1键，设置高度截止角由0°到45°可改(变化间隔为5°)。

用F3设置采点次数，次数为3次，则表示采3个点取一个平均值。若设置成采样间隔5 s，采点次数3次，则每一个点上需测15 s。

以上设置选择好后，要用F4键确定，否则退出后还是以前的设置而非当前设置值。

在主界面中，按F3键进入图9-16所示的“测量”子界面，该界面显示了测站的地理坐标、自动累计的采集时间、PDOP值和可视卫星以及锁定卫星的数量。

在“测量”子界面中，按F3键，液晶显示屏显示图9-19所示的“点名”子界面，首先输入由英文或阿拉伯数字组成的点名，必须输入4个字符，若不输入，系统自动默认＊ ＊ ＊ ＊作为点名，其次输入观测时段数和实际量取的接收机天线高。

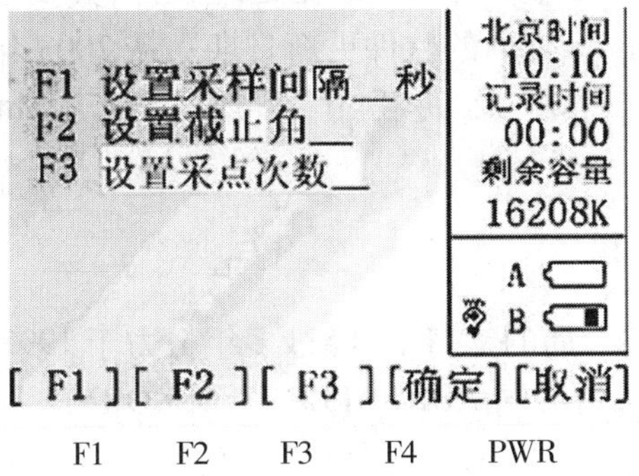

图9-18 “设置”子界面

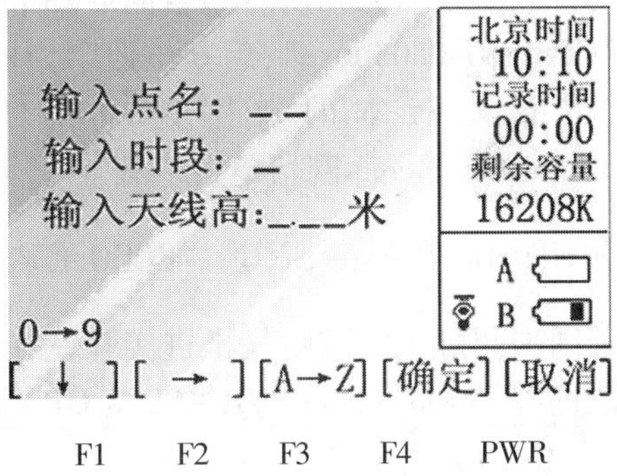

图9-19 “点名”子界面

在测量子界面中，按F2键，液晶显示屏显示图9-20所示的“卫星”子界面，该界面显示了所有可视卫星的信息。

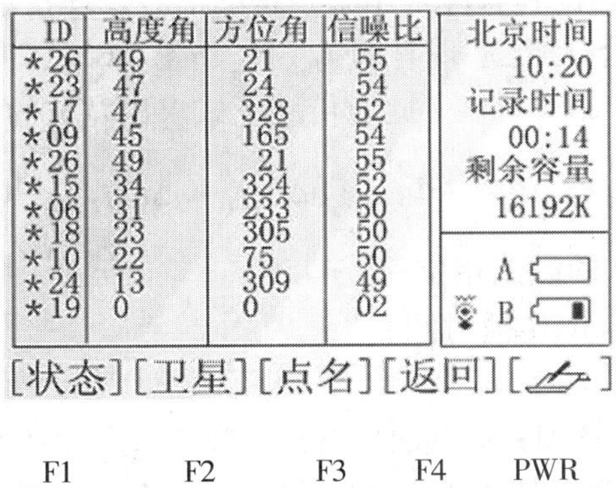

图9-20 “卫星”子界面

进入智能模式观测后，接收机就按设置的要求自动进行数据的采集，并记录在存储器中，所有中间的操作都不会影响数据采集的进程。在任何界面下同时按下F1 + F4快捷键关机，即可退出采集。

(3)在开始界面下按 F2 键进入手动模式，在该状态下需要人工判断是否满足采集条件，一般采集条件要求 PDOP <6，定位状态为 3D，在显示屏上看到满足条件后就可输入点号以及时段号，让接收机进入采集状态。

(4)在开始界面下按 F3 键进入节电模式。9600 可根据采集条件判断自动进入采集状态(例如：PDOP <6，3D 状态)。在选择这种模式后，液晶显示屏关闭，仅靠指示灯来指示采集状态。在显示屏上方三个指示灯依次为电源灯、卫星灯、信息灯。

①电源灯的工作情况。若正在使用 A 电池，则电源灯为绿色；若正在使用 B 电池，则电源灯为黄灯；若 A、B 电池均不足，则电源灯变为红色，此时应更换电池。

②卫星灯和信息灯的工作情况。未进入 3D 状态时，信息灯每闪烁 N 次红灯，则卫星闪烁一次红灯(N 表示可视的卫星数)；进入 3D 状态后，开始记录，此时信息灯闪烁 M 次绿灯，卫星灯闪烁一次绿灯(M 表示采集间隔，即每隔 M 秒记录一次数据)。

节电模式能被任意键激活显示屏而进入智能模式。

(五)数据处理

南方测绘仪器公司所有型号的 GPS 信号接收机均共用一个数据处理软件，其安装程序名为“GPSPro040803. exe”，后 6 位数字为按年、月、日排列的软件更新日期。从 2003 年 4 月开始，其最新版本的数据处理软件安装程序及其操作手册可以从 http://www. southsurvey. com 网站免费下载。

四、Turbo Rogue SNR －8000 GPS 接收机

美国加州理工学院喷气推进实验室在航空航天局的支持下，经过多年努力于 1992 年推出了改进型 Turbo Rogue SNR－8000 GPS 接收机，由美国 AOA(ALLEN OSBORNE ASSOCIATES，INC)公司生产。

经试验结果表明，其陆地定位精度为 $3\ \text{mm} + 0.1 \times 10^{-6} D$，海上定位精度为厘米级，飞机动态定位精度为 10 cm。

该接收机能同时跟踪 8 颗卫星。可由 L_1 C/A 码、L_1 P 码和 L_2 P 码信号进行伪距测量和载波相位测量。接收机的硬件和软件采用了独特的信号处理技术，对采集的双频 C/A 码和 P 码数据进行人工差分组合，使之从现有的 L_1(19 cm) 和 L_2(24 cm) 产生更大的波长(86 cm)和带观测噪声的 P 码(±60 cm)。此时借助下式求出宽波的整周未知数：

$$N_{LW} = \Phi_{L_1} - \Phi_{L_2} - (\Delta t_{L_1} f_1 + \Delta t_{L_2} f_2)\frac{f_1 - f_2}{f_1 + f_2}$$

式中 Φ_{L_1}、Φ_{L_2}——L_1 和 L_2 的载波相位；

Δt_{L_1}、Δt_{L_2}——L_1 和 L_2 的传播时间；

f_1、f_2——载波频率。

由于准确、快速地解算整周未知数，使 GPS 测量的速度和精度大为提高。

接收机天线采用双频交叉偶极型，天线上装有独特的扼流圈天线，可极大地消除多路径效应。

Turbo Rogue SNR－8000 GPS 接收机的主要特点是：

(1)采用了扩波技术，实现了长距离整周未知数的快速解算；

(2)改进了 GPS 接收机的内部电路，显著降低了因内部电路误差而产生整周跳变的

频率；

(3)采用了扼流圈天线和20 MHz C/A 码处理技术，有效地扼制了多路径误差的影响。

该GPS接收机系统提供的三种软件可处理大规模GPS网，通过卡尔曼滤波进行轨道精化。由于采用的数学模型顾及了高阶项，使测量结果的精度进一步提高。

以上我们简单介绍了几种有代表性的测地型GPS接收机。随着GPS定位技术的不断发展和日趋完善，GPS接收机的研究和生产必将不断创新。可以预言，结构精巧、功能齐全、高度自动的新型GPS接收机将会不断问世，推动经典大地测量工作的全面变革。

第三节　导航型GPS信号接收机

一、Etrex summit 手持导航型GPS信号接收机概述

Etrex summit是美国Garmin公司2000年推出的一款手持导航型GPS信号接收机，它在继承了以往手持GPS的所有功能和优点的基础上，又新添了最新的电子罗盘和气压测高功能，解决了以往GPS手持机在全屏蔽状态下无法导航和测高不准的缺陷。Summit超越了单纯GPS的限制，使手持机真正发展成为一种全功能、全方位的野外作业工具。

Summit的全新电子罗盘是GPS罗盘与磁力线罗盘结合的产物，它利用磁力线导航的原理，使您无论是在屋内还是坑道内都能轻松辨别方向，进行导航。

Summit可将测高精度稳定在±2.5 m之内。它将气压测高和GPS测高结合起来，使手持GPS的测高精度超过了水平精度。在行进中可显示运动的高程变化曲线，还可以任意查询单位时间或距离内任一点的高程值。

Summit的电子罗盘不但灵敏地指示方向，还能随时提醒用户偏离航线的距离，使用户的旅行、工作更加后顾无忧。

使用Etrex summit，无须再亲身实地到某地去定点、找点，使用电子罗盘锁定角度，再输入距离，Summit便可自动换算出目标点的坐标，极大地方便了野外的工作，同时使严重屏蔽地区甚至是坑道内的定点成为可能。

中文Etrex summit新添了求面积功能，加上10条航迹的超大内存设计，使Garmin独创的求面积功能更加方便实用。

Etrex summit为用户提供了包括北京54坐标、WGS-84国际通用坐标在内的104种标准坐标格式，可以轻松实现各坐标系统间的相互转换，极大地方便了广大用户的工作需求。

Etrex summit手持导航型GPS信号接收机按键如图9-21所示。

(1)上下移光标键(简称上键)。这两个按键的主要功能有四项：①在各画页或菜单中用于选择功能选项；②在卫星状态页调整显示屏对比度；③在地图页中用于缩放比例尺；④在罗盘导航页中查看各种数据。

(2)ENTER(输入键)。主要功能有三项：①长时间按住此键，可直接进入存点画页；②按此键可在各主画页调出下一级次级画页；③对于所进行的操作进行最后确认。

(3)PAGE(翻页键)。此键用于顺序循环显示各画页，并从菜单各功能页中退回主页。

(4)PWR(电源键)。用于开机、关机和控制屏幕背景光的强度。

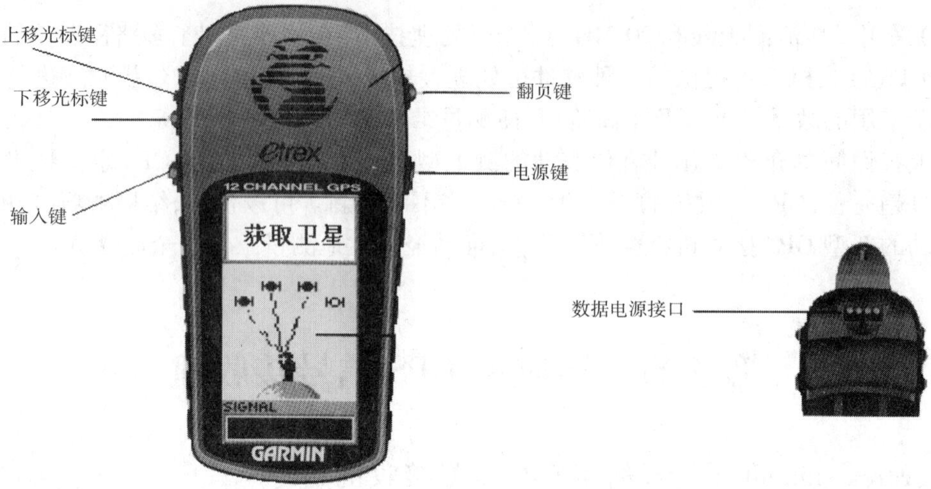

图 9-21　Etrex summit 手持导航型 GPS 信号接收机

二、基本操作

(一)开机

GPS 的使用依赖于从卫星搜集到的数据。将 eTrex SUMMIT 置于露置的天空下,握住机器使内部天线水平面向天空。按住电源键(PWR)约 1 s 开机,机内进行自检,将会看到机器在自检时显示的自检页图,几秒后显示卫星状态页,见图 9-22。

(二)卫星画页

在该画页可以在一般表示和详细表示两种卫星显示方式间选择,详细表示时可以得到卫星状况、星号、星空位置、信号强度、估计误差等数据,见图 9-23。

图 9-22　卫星状态

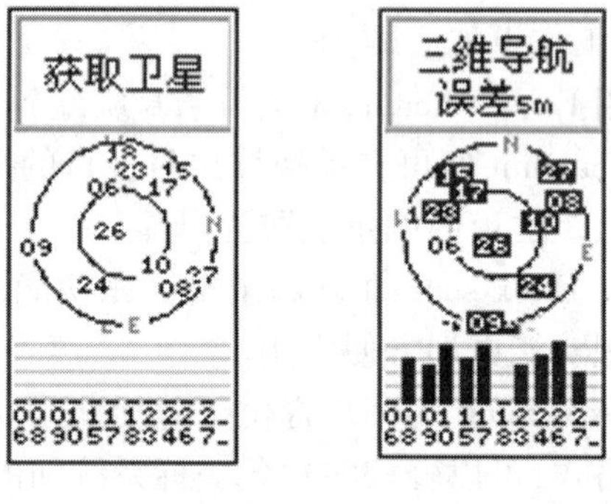

图 9-23　卫星显示方式

(三)航迹画页

在航迹画页可以查询运动轨迹、行进路线、有关航点、方位角等信息,见图 9-24。

(四)罗盘画页

该画页可以得到航向、航速、航程、高度、偏行距、均速、目标点固定角等数据,并可实现目测导航等功能,见图 9-25。

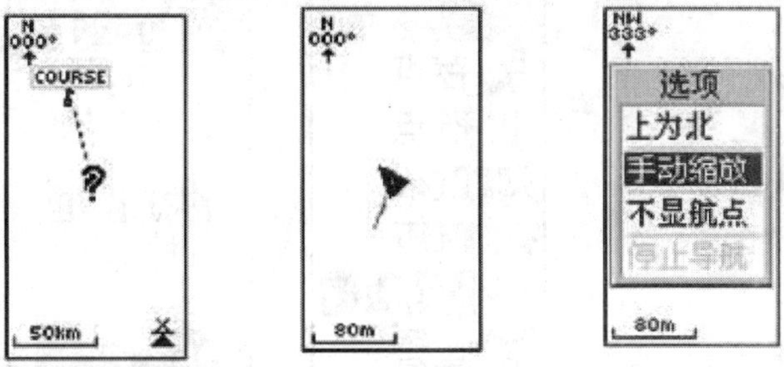

图 9-24　航迹

（五）高程画页

在该画页可以查看高度的变化曲线，气压变化，单位时间或距离的高度变化，上升下降距离，各点的高度、最大高度、最小高度等信息，见图 9-26。

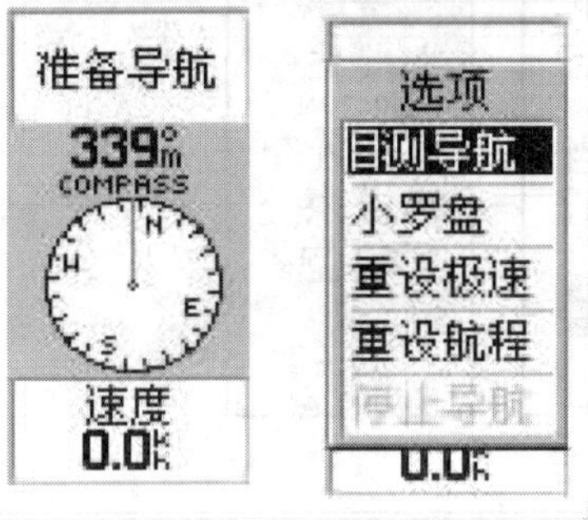

图 9-25　罗盘

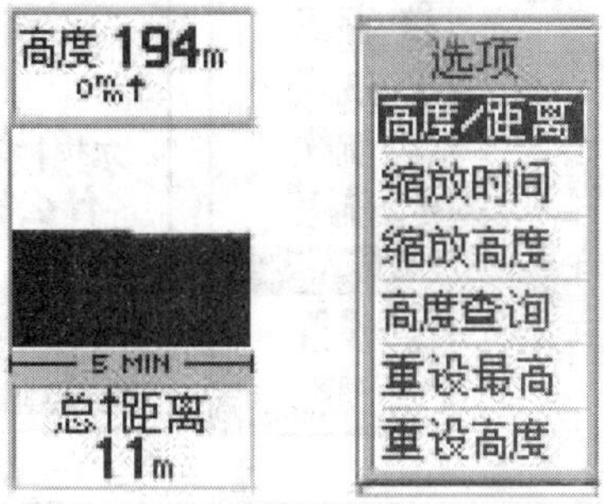

图 9-26　高程

（六）菜单画页

在菜单画页可以查询关于航点、航迹、航线的所有储存资料，并可校准罗盘、高度，设置单位、接口、坐标系统、时间，显示明暗等，见图 9-27。

三、手持机功能设置

（一）罗盘校准

按翻页键到菜单画页，按上下键将光标移到校准处，按输入键进入校准过程画页；按上下键到罗盘处，按输入键进入校准过程；按开始（输入键）；将手持机水平放置，朝同一方向匀速旋转两周；画页提示"正好"时，为转速正合适；画页提示"太快"或"太慢"时需重新开始校正；校正完毕，按输入键确定，返回菜单画页，见图 9-28。

（二）高程校准

在菜单画页，按上下键将光标移到校准处，按输入键进入校准过程画页；按上下键到高度计处，按输入键进入高度过程，按输入键（是）确认，进入数字编辑画页；按上下键将光标移到需要编辑的位置，按输入键，再按上下键选择需要的数字，编完后按输入键（是）确认。如果不进行高程校正，SUMMIT 会自动采用 GPS 测高。如果知道作业地区某一点的确切海拔高度或气压，并输入手持机，那么在相关地区的测高数值将稳定在 3 m 之内，见图 9-29。

图 9-27　菜单

图 9-28　罗盘校准

图 9-29　高程校准

(三)坐标系转换及参数输入

1. 位置格式设置(User Grid)

移动光标选中位置格式,在选择栏中将光标移至“User Grid”(用户自定义)处,按输入键进入 User UTM Grid 画页(用户自定义格式)(其中“LONGITUDE ORIGIN”项应输入当地所在的3°带或6°带的中央子午线经度。第一位的“W”代表西经,“E”代表东经)。在数字选择栏中按上下键选择所需要的数字并按输入键确认(注:务必将“W”改为“E”)。“SCALE”为比例参数,输入数字应为“1. 0000000”,“FALSE E”输入数字为“500000. 00”,“FALSE N”输入数字为“0. 0”,输入编辑方法如上,各数值编辑完成后,按上下键将光标移至“SAVE”(存储)处,按输入键完成编辑,见图 9-30。

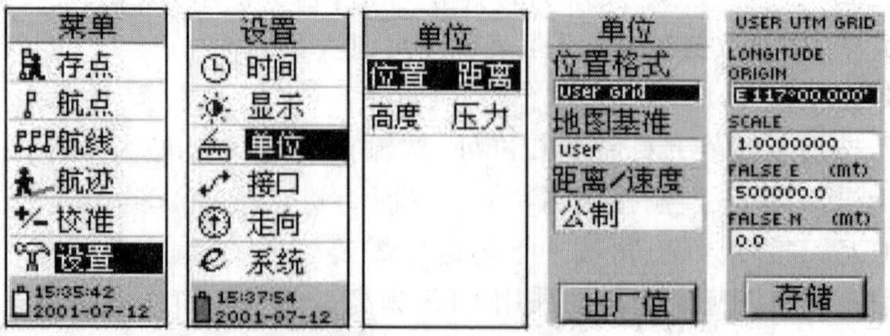

图 9-30　位置格式设置

2. 参数输入

如果使用的是 BJ54 或西安 80 坐标,必须在将位置格式改为 USER GRID 的同时,对地图基准中的五个参数进行校正,其中 DA = -108,DF = 0.0000005,另外三个参数 DX、DY、DZ,根据不同的作业区有不同的数值,可在当地测绘部门得到标准点的 54 和 84 坐标,计算出参数值后输入手持机,见图 9-31。

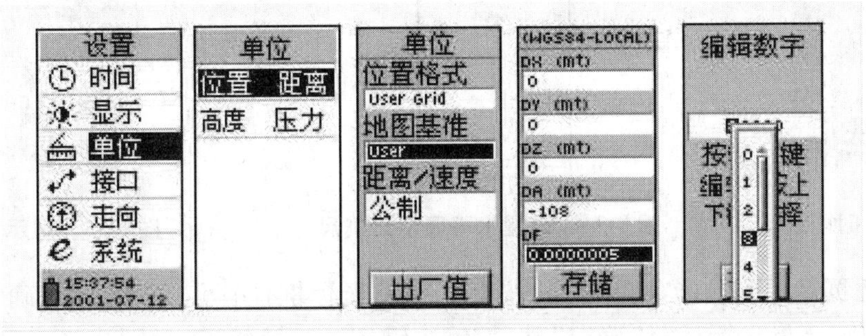

图 9-31 参数输入

(四)单位设置

可以对距离、速度、高度、气压及角度的单位根据需要进行选择,见图 9-32。

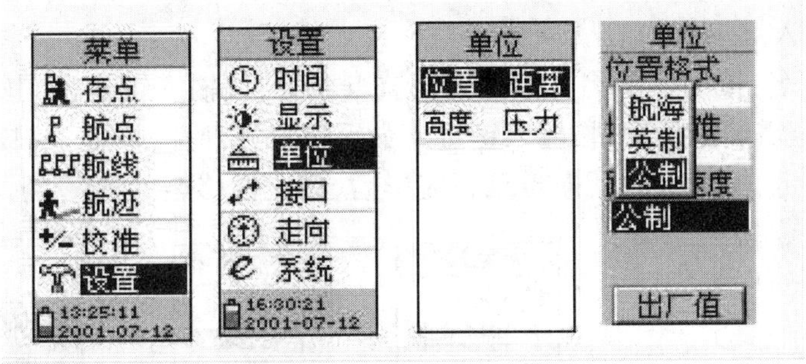

图 9-32 单位设置

(五)时区设定

按翻页键到菜单画页,按上下键将光标移至设置处,按输入键进入设置画页;将光标移至时间处,按输入键进入时间设定画页,在该页您可以对时间格式、时差进行设定,其中时间格式为 12 h 或 24 h 两种显示方式,时偏差处按输入键,选择“+08:00”后,按输入键确认,见图 9-33。

(六)设置水平显示比例尺

按翻页键到航迹显示画页,按上下键可以调节屏面显示的范围,见图 9-34,Summit 的显示范围为 50 m ~ 1 200 km。

(七)显示设置

可以用三种方式对显示的明暗度进行调节,见图 9-35。

四、主要功能操作说明

(一)如何定点

定点有两种方法:当想记录当前位置时,操作如下:

（1）在任意画面长时间按住输入键，画面自动转为存点画面，在对航点名、图标进行编辑后将光标移至"是"处，按输入键确认。

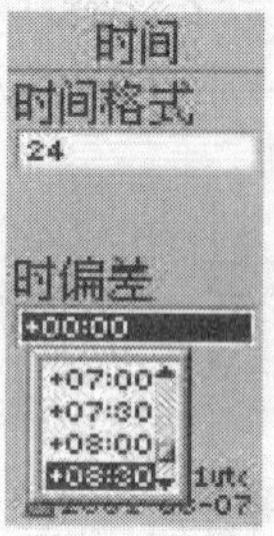

图 9-33　时区设定

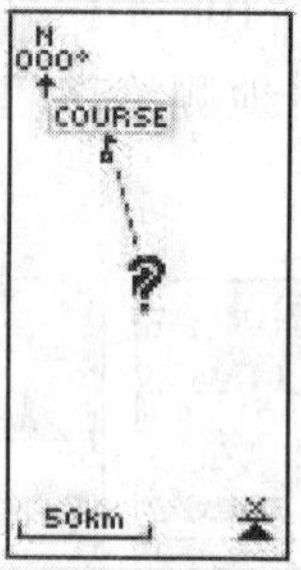

图 9-34　设置水平显示比例尺

图 9-35　显示设置

（2）按翻页键找到功能菜单画页，按上下键使光标框住存点，按输入键确认，若采用默认航点名，则直接将光标移至"确定"处，按输入键记录下该航点，见图 9-36。

（二）如何编辑、修改、删除航点

在航点查看画面，可以完成查找、编辑、修改、删除功能。

（1）修改图标：按上下键将光标移至原图标处，按输入键进入图标选择栏，按上下键选择所要图标，按输入键确认。

（2）修改航点名：按上下键将光标键移至航点名处，按输入键进入编辑航点名画页。按上下键将光标移至需编辑位置，按输入键进入数字字母选择栏，按上下键选定所需的数字或字母，按输入键确定，见图 9-37。航点编辑完毕后，将光标移至"确定"处，按输入键确定。

图 9-36　定点

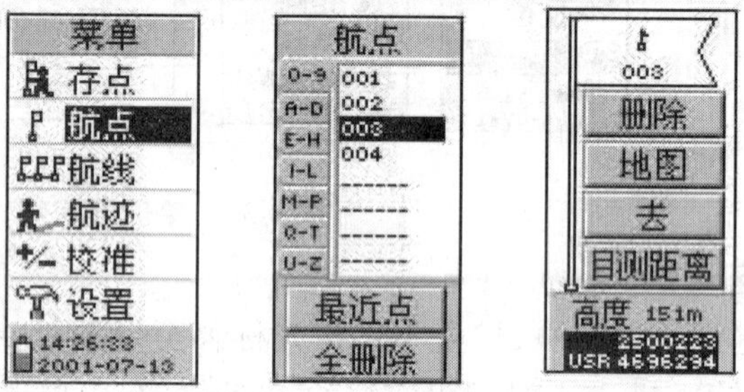

图 9-37　编辑、修改、删除航点

（3）位置修改：按上下键将光标移至画页底部坐标位置处，按输入键进入编辑位置画页，按上下键将光标移至所需编辑的数字处，按输入键进入数字选择栏，按下键将光标移至所选数字，按输入键确认。编辑完成后，将光标移至确定处，按输入键确定。

（4）航点删除：按上下键将光标移至删除处，按输入键，将光标移至"是"处，按输入键确认（亦可在航点画页按"全删除"删除全部航点，见图 9-37）。

（5）查看航点：按上下键将光标移至地图处，按输入键进入地图画页。在该页可以查询所查点周围的航点和航迹情况，还可以按上下键调节显示范围。

（三）如何进行直线导航

从菜单画页选航点，按输入键进入航点画面，按上下键选择所要航点，按输入键进入航点查看画面，按上下键将光标移至"去"处，按输入键进入罗盘导航画页。导航时，应使箭头保持指向正上方，见图9-38。

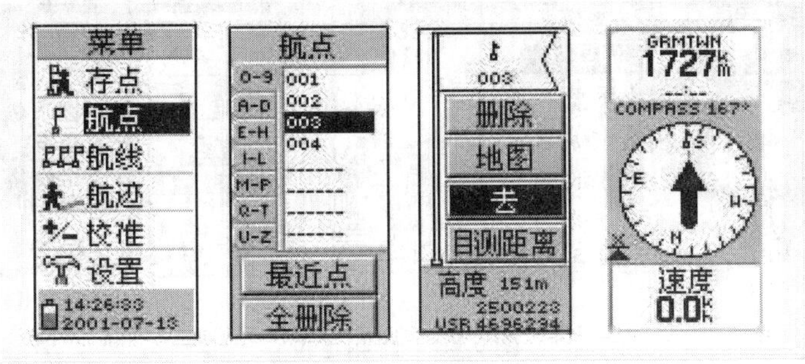

图9-38　直线导航

(四)如何设置航线并按航迹导航

根据需要可以先预设20条包含50个航点的航线。操作如下：

在菜单画页按上下键将光标移至航线项，按输入键进入航线编辑画页。如为新航线，可在新航线处按输入键进入航线画页，选择航线中所需航点，按输入键将其顺次插入航线。如某航线中已有航点，而又想加入新航点，则将光标移至该航线处，按输入键进入航线画页，将光标移至想插入新点的位置，按输入键调出选项栏，将光标移至插入处，按输入键进入加航点画页，选择想插入的航点，按输入键确定。如果想从航线中删除航点，则将光标移至该航点处，按输入键调出选择栏，将光标移至清除处，按输入键确认，见图9-39。

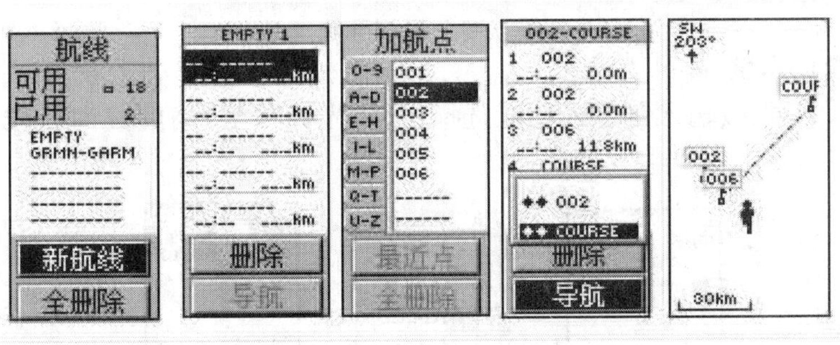

图9-39　设置航线并按航迹导航

(五)如何使用目测导航功能

1. 用目测导航功能定位

在罗盘画页中调出功能选择栏；将光标移至目测导航，按输入键进入定向画页，将SUMMIT水平指向目标点，测出该点角度，按输入键锁定该角度，将光标移至目测距离，按输入键进入目测航点画页，将光标移至“0.0 km”处，将从地图或目测得到的距离输入，按“确认”，见图9-40。使用该功能，可以在不知道目标点确切坐标，只知道目标点的方位和距离时，自动算出目标点的坐标。

2. 用目测导航功能导航

在罗盘画页中调出选项栏，在目测导航处按输入键；将手持机水平放置指向目标点，按输入键锁定角度，将光标移至设置方向处，按输入键，手持机会自动切换到磁力线罗盘导航画页进行导航，用该种导航方式，可以查询偏行距；如果知道目标点的大致距离，可在锁定角度后，将光标移至目测距离处，按输入键进入目测航点画页，将光标移至“0.0 km”处，按输入键进入编辑距离画页，输入数值，按确定回到目测航点画页，将光标移至“去”处，按输入

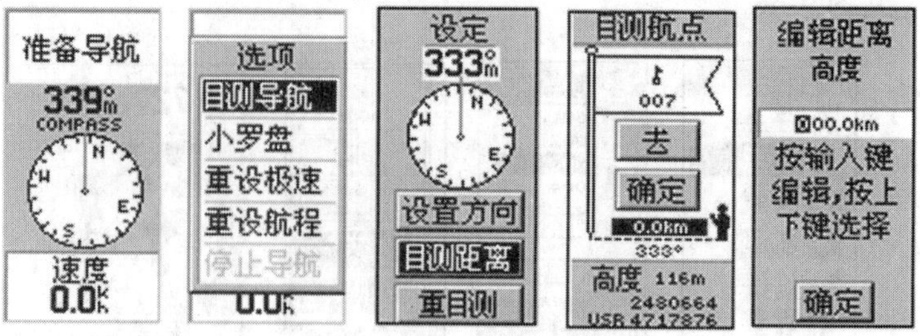

图 9-40　目测定位

键进入导航画页，见图 9-41。

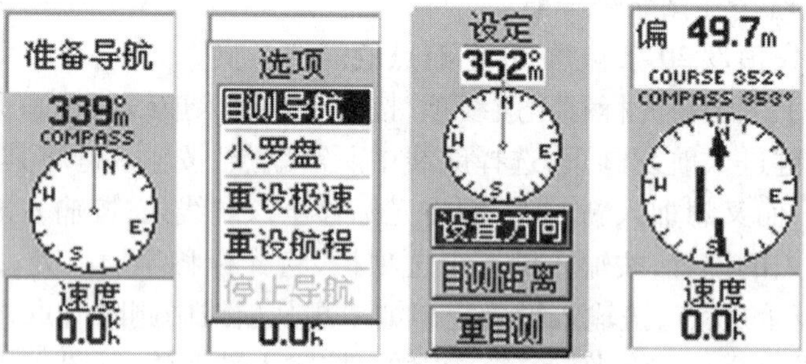

图 9-41　目测导航

（六）如何查询高度

在高程显示画页，按输入键进入功能选择栏，将光标移至“高度查询”，按上下键查询各点的高度，见图 9-42。

图 9-42　查询高度

（七）如何查询单位时间内高度的变化

从高程画页中调出选项菜单，将光标移至高度/时间（距离）处（下次再进入该画页时，会自动切换成高度/距离），按输入键确认；按输入键再次进入选项菜单，将光标移至缩放距离（时间）处，按上下键选择所需的时间段（2 min ~ 2 h），选好后，按输入键结束，见图 9-43。

按输入键再次进入选项菜单，按上下键调节高度（200 m ~ 5 000 km）；单位距离的高度变化查询方法相同。如果选择高度/距离，再次调出选项栏时下面的缩放时间会自动切换成缩放距离。

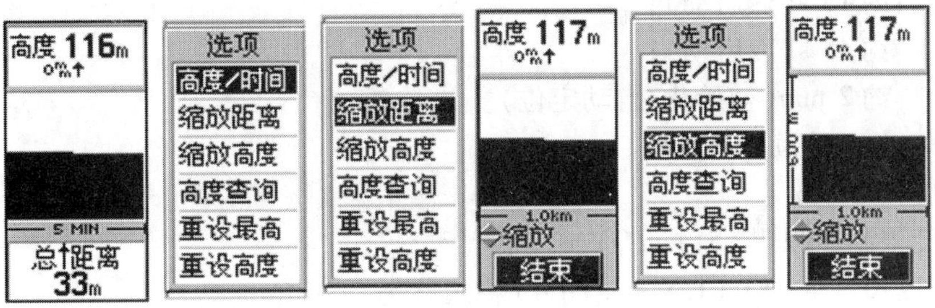

图 9-43　查询单位时间内高度的变化

（八）如何求面积

1. 概述

在户外开机定位后，找菜单画页，选中航迹后按输入键，出现求面积画面，将光标移至面积处，按输入键，这时会出现一个关于面积数据及单位的文本框。上方为“面积”二字，中间是具体数字和单位，下方为“确定”二字。先进行面积单位的设定。方法是按上下键选中SQ..（面积单位），按输入键，出现面积单位选择栏，其中列有各种面积单位。用户根据实际需要选择适合的单位，然后按输入键确定即可，见图 9-44。其中，SQ FT：平方英尺；SQ YD：平方码；ACERS：英亩；SQ MI：平方英里；SQ NM：平方海里；SQ MT：平方米；SQ KM：平方千米。每次求面积之前，删除以前的航迹，使面积数值归零。

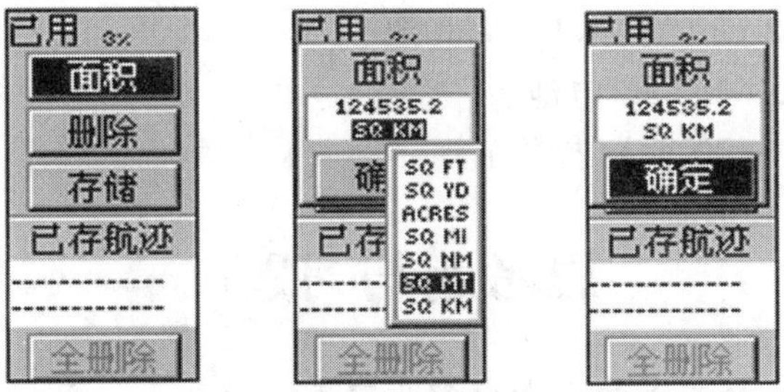

图 9-44　求面积

2. 实测

结束内存清零及单位选择后，开始行走。走完一个闭合轨迹后，选中“确定”，按输入键确定，即可看到测出的面积结果。

为了提高测量精度，在可能的情况下小面积测量建议用户可多次测量取平均值。行走过程中，请保持较慢的均匀速度，接收机收星状况良好。

采用累加方式测面积对提高精度有一定的帮助。具体如下：在行走过程中，每遇到拐弯处，可多停留一段时间，待坐标位置显示末位数停止变动后，设一个点，再继续行走，直到回到出发点。例如走一正方形，在沿途的三个直角处可设三个点，最后回到起点，再按“确定”，即可得结果。

五、性能指标

（一）性能

接收机：并行 12 通道，可同时跟踪 12 颗卫星。

定位时间:约 15 s(热启动);

约 45 s(冷启动);

约 2 min(初始化/自动定位)。

更新速率:1/s,连续。

定位精度:<10 m。

动态速度限制:999 节(514 m/s)。

速度/精度:0.1 KONT (1.8 m/s)RMS 稳定状态。

动态加速度:6 G(58.8 m/s^2)。

高程精度:±2.5 m。

接口:NMEA0183、RTCM104(DGPS 差分)及 RS-232(接口)。

天线:内置。

存贮点:500 个可命名及定义字符的航点。

航迹:10 条自动生成的航迹。

航线:20 条可包含 50 个航点的航线。

注意:GPS eTrex SUMMIT 为并行 12 通道接收机,可同时跟踪 12 颗卫星,定位速度快,虽然有初始化功能,但一般不需要做此工作。

(二)物理特性

机壳:全衬垫、高密度塑料合金,IP×7 防水标准(1 m 以内 30 min)。

尺寸:4.4 cm(高)×2 cm(宽)×1.2 cm(厚)。

重量:约 5.3 盎司(150 kg)重/电池。

温度范围:(-20°~+70 ℃)(操作)。

思考题与习题

9-1 接收机的最佳选择应该综合考虑哪些因素?

9-2 接收机的通道类型有哪几种?

9-3 码相关型接收机的优点是什么?

9-4 单频接收机的优缺点是什么?

9-5 平方型接收机的功能和作用有哪些?

9-6 用什么方法判断 4800 GPS 全站仪测得足够数据的满足快速静态测量?

9-7 当 4800 GPS 全站仪内存储存满以后,采用什么方法清除机内数据?

9-8 NGS-9600 GPS 单频接收机有多大的内存,能连续存储多少天的采集数据?

9-9 NGS-9600 GPS 单频接收机有几个并行的独立通道? 主机有哪三种数据采集模式?

9-10 NGS-9600 GPS 单频接收机进入节电模式后,液晶显示屏关闭,该机可根据哪些采集条件判断自动指示进入采集状态?

9-11 Etrex summit 手持导航型 GPS 信号接收机最多可接收几颗卫星?

第十章　GPS 在国民经济建设中的应用

第一节　GPS 在大地测量中的应用

一、全球或全国性的高精度 GPS 网

“2000 国家 GPS 大地控制网”由国家测绘局布设的高精度 GPS A、B 级网，总参测绘局布设的 GPS 一、二级网，中国地震局、总参测绘局、中国科学院、国家测绘局共建的中国地壳运动观测网组成。该控制网整合了上述三个大型的、有重要影响力的 GPS 观测网的成果，共 2 609 个点。通过联合处理将其归于一个坐标参考框架，形成了紧密的联系体系，使国家大地点的服务应用领域更广阔，从而大大提高了确定我国大地水准面的精度，特别是克服我国西部大地水准面存在较大系统误差的缺陷。可满足现代测量技术对地心坐标的需求，同时为建立我国新一代的地心坐标系统打下了坚实的基础，如图 10-1 所示。

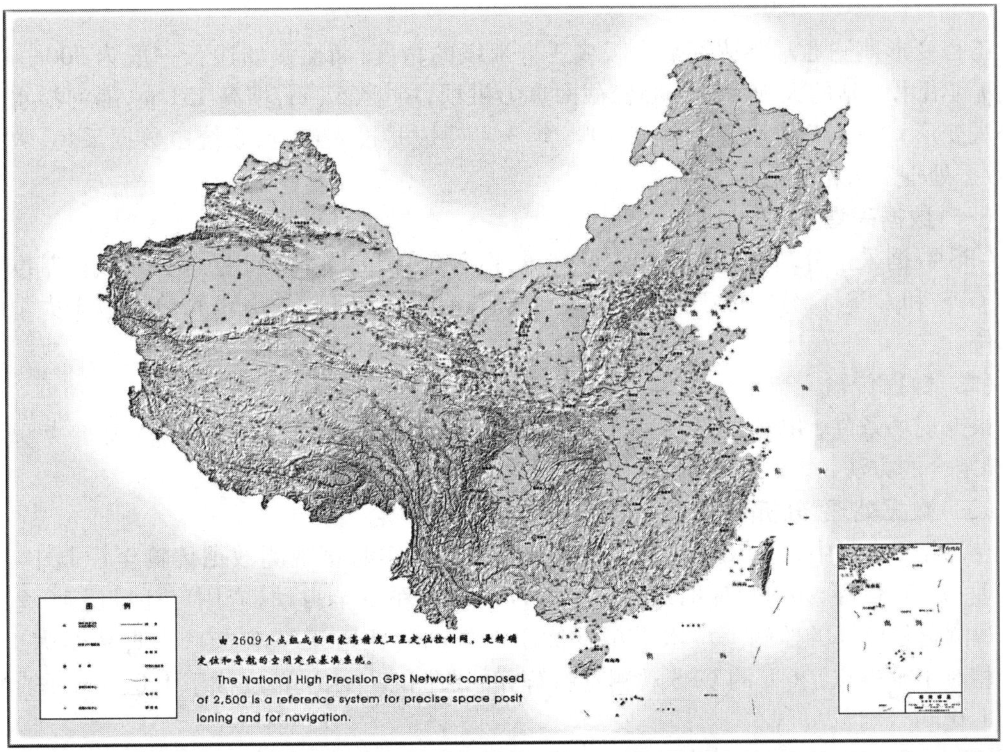

图 10-1　我国 2000 国家 GPS 大地控制网

二、区域性 GPS 大地控制网

区域 GPS 网是指国家 C、D、E 级 GPS 网或专门为工程项目布测的工程 GPS 网。该网的特点是控制区域有限(一个市或一个地区)、边长短(几百米到 20 km)、观测时间短(几分钟到一两个小时)。由于 GPS 定位的精度高、速度快、费用省等优点,区域大地控制网的建立在我国已基本被 GPS 技术所取代。主要在以下几个方面:①建立新的地面控制网;②检核和改善已有的地面控制网;③对已有的地面控制网进行加密;④拟合区域大地水准面。

第二节　GPS 在工程测量中的应用

一、建立精密工程控制网

目前我国精密工程控制网,一般都用 ME5000 测距仪和 T_3 精密光学经纬仪来施测,为研究用 GPS 来建立精密工程控制网的可行性,武汉大学测绘学院和长江水利委员会综合勘测局分别进行了试验研究。先建立高精度的精密工程控制网,每点都建立水泥墩,设有强制对中装置,试验时先用 ME5000 测距仪测边,用 T_3 精密光学经纬仪测角,然后用 GPS 接收机施测,通过对比试验后认为,完全可用 GPS 来建立精密工程控制网。

二、用于工程变形监测

工程变形监测通常要达到毫米级或亚毫米级的精度,而监测的边长一般为 300 ~ 1 000 m。隔河沿水电站的大坝为三圆心变截面重力拱坝,坝长 653 m,坝高 151 m,隔河沿水库大坝外观变形 GPS 自动化监测系统于 1998 年 3 月建成并投入运行,系统由数据采集、数据传输、数据处理三大部分组成。

(一)数据采集

GPS 数据采集分基准点和监测点两部分,由 7 台 Ashtech Z - 12 接收机组成。基准点有 2 个(GPS_1 和 GPS_2),分别位于大坝两岸。监测点有 5 个(GPS_3 ~ GPS_7),分别位于大坝的不同部位。

(二)数据传输

根据现场条件,GPS 数据传输采用有线(坝面监测点观测数据)和无线(基准点观测数据)相结合的方法,如图 10-2 所示。

(三)数据处理、分析和管理

在每年 365 d 中,7 台 GPS 接收机需连续观测,并实时将观测数据传输至控制中心,进行处理、分析、储存,系统反应时间小于 10 min。整个系统全自动,应用广播星历 1 ~ 2 h 的 GPS 观测资料解算的监测点位水平精度优于 1.0 mm(相对于基准点),垂直精度优于 1.5 mm(相对于基准点);6 h 的 GPS 观测资料解算的监测点位水平精度优于 1.0 mm,垂直精度优于 1.0 mm。

三、用于飞机场轴线定位

自 1992 年开始,我国各城市建立的新机场,其跑道的定向全部采用 GPS 来施测,如济

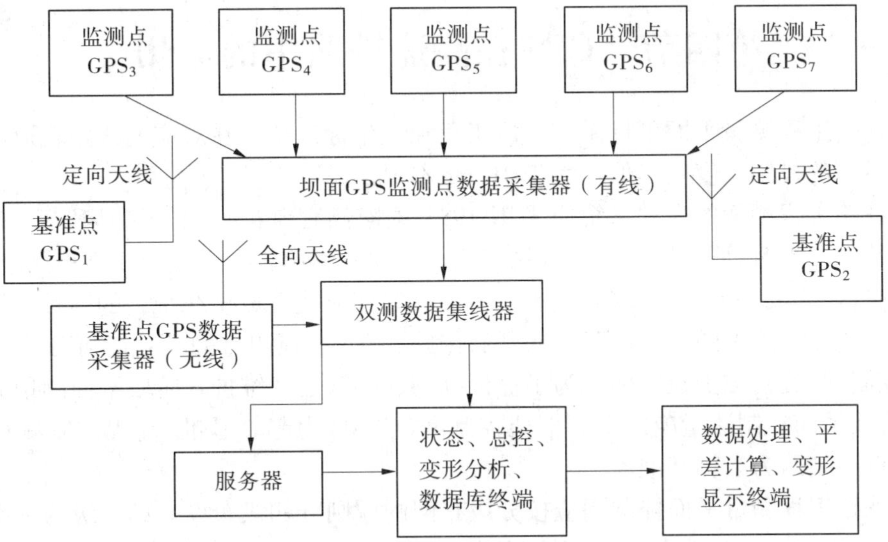

图 10-2　GPS 自动化监测系统网络结构

南国际机场、武汉天河国际机场、贵阳国际机场、南京绿口国际机场等。

在确定机场跑道中心轴线方位的精度时，按机场等级而定，最高精度应低于 ±1″，解算 GPS 基线时一定要用精密软件。最低也应优于 ±6″，可用接收机自带的商业软件解算。

第三节　GPS 在航空摄影测量中的应用

摄影测量是利用摄影所得的像片，研究和确定被摄物体形状、大小、位置、属性相互关系的一种技术。摄影测量技术的发展可分为三个阶段：

（1）经典的摄影测量，属光学、机械等模拟方法。

（2）解析法摄影测量，属数字化的方法。

（3）GPS 辅助法摄影测量。

摄影测量有两大主要任务，其中之一就是空中三角测量，即以航摄像片所量测的像点坐标或单元模型上的模型点为原始数据，以少量地面实测的控制点地面坐标为基础，用计算方法解求加密点的地面坐标。在 GPS 出现以前，航测地面控制点的施测主要依赖经纬仪、测距仪及全站仪等，在测量中都必须满足控制点间相互通视的条件，若通视条件较差，施测则十分困难。GPS 测量不需要控制点间相互通视，而且测量精度高、速度快，所以 GPS 定位技术很快就成为航测地面控制点测量的主要手段。但从总体上讲，地面控制点测量仍是一项十分耗时的工作，未能从根本上解决常规方法“第一年航空摄影，第二年野外控制联测，第三年航测成图”的作业周期长、成本高的缺点。

近年来，GPS 动态定位技术的飞速发展导致了 GPS 辅助航空摄影测量技术的出现和发展，目前该技术已进入实用阶段。我国已在北京市、海南省等地实施了 GPS 航空摄影测量。实际表明，该技术可以极大地减少地面控制点的数目，缩短成图周期，降低成本。这一技术的推广应用，必将引起测绘行业从技术到队伍结构的质变，从而产生重大的社会效益和经济效益。

第四节 GPS 在高速铁路中的应用

高速铁路工程测量平面坐标系应采用工程独立坐标系统。在对应的线路轨道设计高程面上坐标系统的投影长度变形值不大于 10 mm/km。

高速铁路工程测量的高程系统应采用 1985 国家高程基准。当个别地段无 1985 国家高程基准的水准点时,可引用其他高程系统或以独立高程起算。但在全线高程测量贯通后,应消除断高,换算成 1985 国家高程基准。有困难时亦应换算成全线统一的高程系统。

高速铁路工程测量的平面、高程控制网,按施测阶段、施测目的及功能可分为勘测控制网、施工控制网、运营维护控制网。为了保证勘测、施工、运营维护各阶段平面测量成果的一致性,各阶段平面控制测量应以平面框架控制网(CP 0)为起算基准,高程控制测量应以线路水准基点控制网为起算基准。

高速铁路工程测量平面控制网应按分级布网的原则分四级布设。第一级为平面框架控制网(CP 0)测量,第二级为基础平面控制网(CPⅠ),第三级为线路平面控制网(CPⅡ),第四级为轨道控制网(CPⅢ)。

框架平面控制网(CP 0)为满足高速铁路平面控制测量起算基准的要求,沿线路每 50 km 左右建立的卫星定位测量控制网,作为全线(段)的平面坐标起算基准。

基础平面控制网(CPⅠ)在框架平面控制网(CP 0)的基础上,沿线路走向布设,按 GPS 静态相对定位原理建立,为线路平面控制网提供起闭的基准。

线路平面控制网(CPⅡ)在基础平面控制网(CPⅠ)上沿线路附近布设,为勘测、施工阶段的线路平面测量和轨道控制网测量提供平面起闭的基准。

轨道控制网(CPⅢ)沿线路布设的三维控制网,平面起闭于基础平面控制网(CPⅠ)或线路控制网(CPⅡ)、高程起闭于线路水准点,一般在线下工程施工完成后进行施测,为轨道铺设和运营维护的基准。

高速铁路工程测量高程控制网分二级布设,第一级线路水准基点控制网,为高速铁路工程勘测设计、施工提供高程基准;第二级轨道高程控制网(CPⅢ),为高速铁路轨道施工、维护提供高程基准。

各级(阶段)平面、高程控制测量完成后,应由建设单位组织评估,并编写评估验收报告。高速铁路工程测量工作必须认真贯彻安全生产的方针,结合各阶段工作的特点和具体情况,制定相应的安全生产措施。各种测量仪器和工具应做好经常性的保养、维护工作,并定期检校和鉴定。

一、平面控制测量

(一)平面控制网技术要求

(1)高速铁路工程平面控制测量应按分级布网原则分四级布设:

第一级为框架平面控制网 CP 0,主要为全线(段)的线路平面控制测量提供坐标框架基准;

第二级为基础平面控制网 CPⅠ,主要为勘测、施工、运营维护提供坐标基准;

第三级为线路平面控制网 CPⅡ,主要为勘测和施工提供控制基准;

第四级为轨道控制网 CPⅢ,主要为铺设无砟轨道和运营维护提供控制基准。

(2)高速铁路工程测量各级平面控制网布网要求按表 10-1 的规定执行。

表 10-1　各级平面控制网布网要求

控制网级别	测量方法	测量等级	点间距	备注
CP 0	GPS	国家 B 级	50 km	专门设计
CP Ⅰ	GPS	二等	≤4 km 一对点	点对间≥800 m
CP Ⅱ	GPS	三等	600 ~ 800 m	
	导线	三等	400 ~ 800 m	
CP Ⅲ	边角交会		50 ~ 70 m 一对点	

注:CP Ⅱ采用 GPS 测量时,CP Ⅰ可按 4 km 一个点布设。隧道内的 CP Ⅱ导线测量执行《铁路工程卫星定位测量规范》隧道测量相关规定。

(3)各级平面控制网的主要技术要求应符合下列规定:

CP 0、CP Ⅰ、CP Ⅱ控制网 GPS 测量的精度指标应符合表 10-2 的规定。

表 10-2　CP 0、CP Ⅰ、CP Ⅱ控制网 GPS 测量的精度指标

控制网级别	基线边方向中误差	最弱边相对中误差
CP 0	≤0.7″	1/1 000 000
CP Ⅰ	≤1.3″	1/180 000
CP Ⅱ	≤1.7″	1/100 000

(4) GPS 定位测量应符合铁道部现行《铁路工程卫星定位测量规范》的有关规定。

各等级 GPS 测量控制网的主要技术指标应符合表 10-3 的规定。

表 10-3　卫星定位测量控制网的主要技术要求

等级	固定误差 a (mm)	比例误差系数 b (mm/km)	基线方位角中误差 (″)	约束点间的边长相对中误差	约束平差后最弱边边长相对中误差
一等	5	1	0.9	1/500 000	1/250 000
二等	5	1	1.3	1/250 000	1/180 000
三等	5	1	1.7	1/180 000	1/100 000
四等	5	2	2.0	1/100 000	1/70 000
五等	10	2	3.0	1/70 000	1/40 000

注:当基线长度短于 500 m 时,一、二、三等边长中误差应小于 5 mm,四等边长中误差应小于 7.5 mm,五等边长中误差应小于 10 mm。

各等级 GPS 测量作业的基本技术要求应符合表 10-4 的规定。

(二)平面控制网设计

(1)高速铁路平面控制测量工作开展前,应根据测区地形、地貌及线路工程情况进行平面控制网设计。

表 10-4　各等级 GPS 测量作业的基本技术要求

项目		一等	二等	三等	四等	五等
静态测量	卫星截止高度角(°)	≥15	≥15	≥15	≥15	≥15
	同时观测有效卫星数	≥4	≥4	≥4	≥4	≥4
	有效时段长度(min)	≥120	≥90	≥60	≥45	≥40
	观测时段数	≥2	≥2	1～2	1～2	1
	数据采样间隔(s)	15～60	15～60	15～60	10～30	10～30
	接收机类型	双频	双频	双频	单/双频	单/双频
	PDOP 或 GDOP	≤6	≤6	≤8	≤10	≤10
快速静态测量	卫星截止高度角(°)	—	—	—	≥15	≥15
	有效卫星总数	—	—	—	≥5	≥5
	观测时间(min)	—	—	—	5～20	5～20
	平均重复设站数	—	—	—	≥1.5	≥1.5
	数据采样间隔(s)	—	—	—	5～20	5～20
	PDOP 或 GDOP	—	—	—	≤7(8)	≤7(8)

注:平均重复设站数≥1.5 是指至少有 50% 的点设站 2 次。

(2)平面控制网设计应包括控制网基准、网形和精度设计。需要增补控制点时,须进行控制网改造设计。

(3)平面控制网设计前,应收集线路设计的有关资料和沿线的国家大地点资料,在充分研究线路平、纵断面图的基础上进行控制网设计。收集的资料应包括线路平、纵断面图及测区 1∶10 000 和 1∶50 000 地形图;线路沿线的国家或地方控制点资料,包括平面控制网图、水准路线图、点之记、成果表、技术总结等。

(4)控制网基准设计应符合以下规定:

CP 0 控制网应以 WGS－84 坐标系 ITRF2000 国际地球参考框架或 2000 国家大地坐标系作为坐标基准,以 IGS 参考站或以联测的 2000 国家大地坐标系 A、B 级 GPS 控制点作为起算点,进行控制网整体三维约束平差,然后把 WGS－84 或 2000 国家大地坐标系的三维坐标转换为高速铁路工程独立平面坐标。

CPⅠ控制网应附合到 CP 0 上,并采用固定数据平差。

CPⅡ控制网应附合到 CPⅠ上,并采用固定数据平差。

CPⅢ控制网应附合到 CPⅠ或 CPⅡ上,并采用固定数据平差。

(5)各级控制相邻点位的相对精度和重复测量精度和应符合表 10-5 的规定。

(6)控制网布设应符合因地制宜、技术经济合理、确保质量的原则。当与国家坐标系统或地方坐标系统联测时,应进行联测方案设计。

表 10-5　控制点的点位精度要求(mm)

控制点	相对点位精度	同精度复测坐标较差限差
CP 0	$D\times10^{-6}$	50
CP Ⅰ	10	20
CP Ⅱ	10	15
CP Ⅲ	1	3

二、框架平面控制网(CP 0)测量

CP 0 控制网应沿线路走向布设,每 50 km 左右布设一个点,在线路的起点和终点附近应布设控制点。CP 0 控制网应在勘测阶段采用 GPS 测量方法完成建网,全线应一次性布网,统一测量,整体平差。

CP 0 控制点应设在适合于 GPS 观测作业的地点,周围 200 m 范围内不得有强电磁干扰源或强电磁反射源,点位距离线路中线不宜大于 10 km 。控制点标石应设在基础稳定,不受施工和其他人为活动的干扰,且必须能够长期保存的地点。

标石埋设完成后,应现场填写点位说明,丈量标石至明显地物的距离,绘制点位示意图。新埋标石应办理测量标志委托保管书,一式二份,标石保管单位/个人和测量单位各存一份。

CP 0 测量布网时每个 CP 0 站点与其相邻的 CP 0 站点的连接数不小于 3 个,联测的 GPS 永久性跟踪站点与其相邻的 CP 0 站点的连接数不小于 2。CP 0 站点宜与 IGS 站点、国家地壳形变监测站点或国家 B 级以上 GPS 永久性跟踪站点进行联测,联测的站点数不少于 2 站。

CP 0 观测时应使用标称精度不低于 $5\ \text{mm}+1\times10^{-6}$的双频 GPS 接收机,同步观测的 GPS 接收机不少于 4 台。各个观测时段应昼夜均匀分布,夜间观测时段数应不少于 1 个。每个观测时段不宜跨越北京时间早 8 点(GPS 时间 0 点)。天线安置应严格整平对中,天线对中误差应不大于 1 mm。

天线高应在测前(开机之前)和测后(关机之后)各量取一次,每次应在相同的位置从天线三个不同方向(间隔 120°)量取,或用接收机天线专用量高器量取。单次天线高重复量取的读数互差不大于 ±2 mm 时,取平均值作为单次天线高观测值;测前和测后天线高观测值读数互差不大于 ±3 mm 时,取平均值作为天线高最终观测值。同一时段的观测过程中不得关闭并重新启动仪器,不得改变仪器的参数设置,不得转动天线位置。观测过程中若遇强雷雨、风暴天气应立刻停止当前观测时段的作业。

各项技术要求应符合表 10-6 的规定。

表 10-6　CP 0 测量技术要求

卫星高度截止角	采样历元间隔	同步观测有效卫星的数	有效卫星最短连续观测时间	有效同步观测时段数	有效同步观测时段长度
15°	30 s	≥4	≥15 min	≥4	≥300 min

注:同步观测时段长度是指同步环中的最短连续观测时间跨度。

CP 0 测量的数据处理时要求基线解算和整网平差应采用适合长基线的高精度 GPS 解算软件,采用精密星历解算。应采用多基线解算模式进行基线解算,计算结果应包括相应的协方差阵。基线解算和整网平差时,引入的起算点坐标位置基准应为 ITRF 或 IGS 国际地球参考框架下的坐标成果,该坐标框架应与采用的精密星历坐标框架保持一致。起算点选用联测的 GPS 永久性跟踪站点,其点位坐标精度应优于 0.1 m。基线解算过程中各项内部数据处理质量标准应符合表 10-7 的规定。

表 10-7　CP 0 内部数据处理质量检核要求

基线重复测量较差		独立(异步)闭合环或附合线路的坐标闭合差	
分量或长度	限差标准	闭合差	限差标准
ΔX	$\leqslant 3\sqrt{2}R_{\Delta X}$	W_x	$\leqslant 2\sigma_{W_x}$
ΔY	$\leqslant 3\sqrt{2}R_{\Delta Y}$	W_y	$\leqslant 2\sigma_{W_y}$
ΔZ	$\leqslant 3\sqrt{2}R_{\Delta Z}$	W_z	$\leqslant 2\sigma_{W_z}$
ΔS	$\leqslant 3\sqrt{2}R_{\Delta S}$	W_s	$\leqslant 2\sigma_{W_s}$

$R_{\Delta X}$、$R_{\Delta Y}$、$\mathrm{R}_{\Delta Z}$、$R_{\Delta S}$按式(10-1)计算:

$$R_C = \left[\frac{\dfrac{n}{n-1}\sum_{i=1}^{n}\dfrac{(C_i - C_m)^2}{\sigma_{C_i}^2}}{\sum_{i=1}^{n} 1/\sigma_{C_i}^2}\right]^{1/2} \tag{10-1}$$

式中　n——基线重复观测的总时段数;

i——时段号;

C_i——i 时段基线的某一坐标分量或长度(ΔX、ΔY、ΔZ、ΔS);

C_m——对应于 C 的多时段基线加权平均值;

$\sigma_{C_i}^2$——i 时段 C_i的方差。

σ_{W_x}、σ_{W_y}、σ_{W_z}按式(10-2)计算:

$$\sigma_{W_i} = \left[\sum_{j=1}^{r}\sigma_{i,j}^2\right]^{1/2} \tag{10-2}$$

式中　i——基线的某一分量(ΔX、ΔY、ΔZ);

r——闭合环或附合线路中的基线数;

j——基线编号;

$\sigma_{i,j}^2$——第 j 条基线 i 分量的方差。

$$\sigma_{W_s} = \left[\sum_{j=1}^{r} W D_j W^T\right]^{1/2} \tag{10-3}$$

式中　$W = \left[\dfrac{W_x}{W_s}\quad\dfrac{W_y}{W_s}\quad\dfrac{W_z}{W_s}\right]$;

D_j——环线中第 j 条基线的方差 - 协方差阵。

CP 0 整体自由网平差时,应利用联测站点的已知坐标成果对平差结果作外部的数据处理质量检核，即采用一个已知点作为位置基准，比较其他已知点的自由网平差坐标和其已知坐标间的差值，该差值的绝对值应小于 0.2 m，且由此坐标差值计算得到的两个已知点间基线的长度相对误差应小于 0.3×10^{-6}。

CP 0 测量成果资料应包括：

(1)技术设计书；

(2)外业测量观测手簿；

(3)CP 0 测量平差计算表(包括基线重复性测量较差检查表、独立(异步)闭合环或附合线路坐标闭合差检查表、基线向量及其协方差阵)；

(4)CP 0 控制点成果表(包括坐标和点位中误差)及点之记；

(5)CP 0 控制网联测示意图；

(6)测量技术总结报告。

三、基础平面控制网(CPⅠ)测量

CPⅠ控制点应按表 10-1 的要求沿线路走向布设。点位宜设在距线路中心 50～500 m 范围内不易被施工破坏、稳定可靠、便于测量的地方。控制点宜兼顾桥梁、隧道及其他大型构(建)筑物布设施工控制网的要求。

CPⅠ采用边联结方式构网，形成由三角形或大地四边形组成的带状网；在线路勘测设计起点、终点或与其他铁路平面控制网衔接地段，必须有 2 个以上的 CPⅠ控制点相重合，并在测量成果中反映出相互关系。CPⅠ控制网宜与附近的已知水准点联测。

CPⅠ控制网应与沿线的国家或城市三等及以上平面控制点联测，引入国家或城市平面坐标系统。一般宜每 50 km 联测一个平面控制点，全线(段)联测平面控制点的总数不得少于 3 个，特殊情况下不得少于 2 个。当联测点数为 2 个时，应尽量分布在网的两端；当联测点数为 3 个及其以上时，宜在网中均匀分布。

CPⅠ控制网的 GPS 控制测量外业观测和基线解算应执行现行《铁路工程卫星定位测量规范》的相关规定。

CPⅠ控制网平差及坐标转换应符合下列规定：

(1)首先进行 GPS 基线网三维无约束平差，然后将已联测的 CP 0 控制点作为固定点进行 CPⅠ控制网的三维约束平差，计算 CPⅠ控制点的空间直角坐标。

(2)根据独立坐标系投影带的划分，将 CPⅠ控制网的空间直角坐标分别投影到相应的坐标投影带中，计算 CPⅠ控制点的工程独立坐标。

(3)引入国家或城市平面坐标系统时，应在 GPS 基线网三维无约束平差的基础上，以联测的国家或城市平面控制点作为固定点进行 CPⅠ控制网的二维约束平差，计算 CPⅠ控制点的国家或城市平面坐标。

CPⅠ测量成果资料应包括：

(1)技术设计书；

(2)外业测量观测手簿；

(3)测量平差计算表；

(4)控制点成果表及点之记；

(5)控制网联测示意图；

(6)测量技术总结报告。

四、线路平面控制网(CPⅡ)测量

CPⅡ测量应在CPⅠ的基础上采用GPS测量或导线测量方法施测,主要技术指标应符合表10-2的要求。CPⅡ控制点的布设应符合表10-1的要求,一般选在离线路中线50~200 m,且不易破坏的范围内,并埋石且作点之记。

在线路勘测设计起、终点及不同单位测量衔接地段,应联测2个以上CPⅡ控制点作为共用点,并在测量成果中反映出相互关系。

GPS测量时应满足下列要求:

(1)CPⅡ控制点应有良好的对空通视条件,点间距应为600~800 m,相邻点之间应通视,特别困难地区至少有一个通视点,以满足定测放线和施工测量的需要。

(2)CPⅡ控制点分段起闭于CPⅠ控制点,测量等级及精度要求应符合表10-2和表10-3的三等GPS测量的规定。

(3)CPⅡ网采用边联结方式构网,形成由三角形或大地四边形组成的带状网,并与CPⅠ联测构成附合网。

(4)CPⅡ网坐标转换宜在GPS基线网三维无约束平差的基础上,以联测CPⅠ控制网作为约束点分带进行二维约束平差,计算CPⅡ控制点的工程独立坐标。

CPⅡ测量成果资料应包括:

(1)技术设计书;

(2)外业测量观测手簿;

(3)测量平差计算表;

(4)控制点成果表及点之记;

(5)CPⅡ控制网联测示意图;

(6)测量技术总结报告。

客运专线铁路工程测量三级平面控制网如图10-3所示。

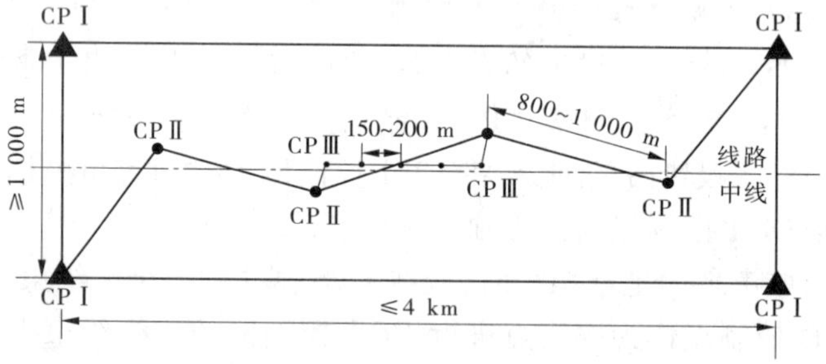

图10-3 客运专线铁路工程测量三级平面控制网示意图

第五节 GPS-RTK在地形、地籍及房地产测量中的应用

一、RTK技术在地形测量中的应用

地形测图一般是首先根据高级控制点加密图根控制点,然后在图根控制点上用经纬仪

或平板仪测图法测绘地形图。近年来发展到用全站仪和电子手簿采用地形、地物编码的方法，利用测图软件测绘地形图，还没有脱离传统方法的束缚，要求测站必须与被测的周围地物地貌等碎部点之间相互通视，并且至少要求 2～3 人操作。

采用 GPS－RTK 技术，可不布设各级控制点，仅依据一定数量的基准控制点，不要求点间通视，仅需一人操作，在要测的碎部点上停留 1～2 s 并同时输入特征编码，通过电子手簿或便携机记录，在点位精度合乎要求的情况下，把一个区域内的地形点、地物点的坐标测定后，可在室外或室内用专业测图软件一次测绘成电子地图，然后通过计算机和绘图仪、打印机输出各种比例尺的图件。

二、RTK 技术在地籍、房地产测量中的应用

地籍、房地产测量中应用 RTK 技术测定每一宗土地的权属界址点以及测绘地籍与房地产图，同测绘地形图一样，能实时测定有关界址点及地物点的位置并能达到厘米级精度。将 GPS 获得的数据处理后直接录入 GIS 系统，可及时精确地获得地籍和房地产图。但在影响 GPS 卫星信号接收的遮蔽地带，还应采用常规的测绘方法进行细部测量。

在建设用地勘测定界测量中，RTK 技术可实时地测定界桩位置，确定土地使用界限范围，计算用地面积。利用 RTK 技术进行勘测定界放样是坐标的直接放样，建设用地勘测定界中的面积量算，实际上由 GPS 软件中的面积计算功能直接计算并进行检核。避免了常规的解析法放样的复杂性，简化了建设用地勘测定界的工作程序。

第六节　GPS－RTK 在水下地形测量中的应用

水下地形测量需用测深仪测定水深。水深测线间距依比例尺不同而变化。而测深仪的定位控制除近岸测量或江河测量可使用传统的光学仪器或全站仪实施交会法定位外，其他较远区域多采用无线电定位。GPS 卫星定位技术的应用，可以快速、高精度地测定测深仪的位置。对于较大比例尺测图，可应用差分 GPS 技术进行相对定位。

一、参考站设置

参考站需采用双频接收机，位置一般设在地势比较开阔的控制点上，参考站应远离高压输电线路、配电站、电台和其他大功率无线电设施，布设时要充分考虑到图形条件、岸台与船台的高差及岸台个数等的综合影响，估算出测区内最弱处水深点的点位中误差能否满足测图精度要求。

工作前要根据测量任务的要求修改大地参数，参考站参数设置有投影类型、椭球参数、测量单位、中央子午线经度、比例因子、参考站坐标等，每次设立参考站时，均应选择附近的控制点进行检测，以确保参考站坐标和各项参数输入正确。检测结果符合要求后，方可进行 GPS－RTK 数据采集工作。

二、船台的设置及水深测量

用 GPS－RTK 的流动站测定船台的位置和高程，测深仪定测船台到水底的深度。测深仪一般安装在测量船的中舷处，因为中舷处在航行中吃水线变化最小，测深仪换能器以安装

在水下 50 cm 至船底略高位置为宜，但要避免被测区水下渔网和杂物碰撞。测深仪设置参数包括吃水深度、声速、时间门、增益等。

当 GPS 开始进入有效解状态时，开始记录，即可在电脑上看到船台的航行轨迹并同时测量船台到水底的深度。

水下地形测量的测点按横断面布设。

每次测量前后，均应测定电压、转速。测深仪的工作电压与额定电压之差，直流电源不应大于 10%，交流电源不应大于 5%；实际转速与规定转速之差不应大于 ±1%，超过时应加以修正。

三、断面线布设

在水下测量过程开始前先要在测深仪进行水下测深断面线的布设，断面线要求垂直水流方向布设；断面线间距一般为地形图上 2 cm；根据地形变化，断面的间距可适当加密或放宽，在河道转弯处进行适当的加密。

四、水下地形测量

水下地形测量应根据天气、风浪、潮汐等情况，合理安排时间，当风浪较大，气候恶劣，影响人身、仪器安全的时候应停止测量。在测深仪里将上述求得的七参数设置在测量软件里，并进行已知控制点的校核，在校核无误后方可进行测量。观测过程中，RTK 流动站的接收机天线应与换能器在同一垂线上，并保证在 RTK 固定解的情况下进行施测。测定测量断面线时，应先将测量船导航至断面位置，再按指定的间距进行测点定位与测深，在测深仪中进行记录，并实时修正船的航向。

2015 年 7 月 22 日，南方测绘与珠海云洲智能科技有限公司（以下简称云洲）联合打造的“方洲号”智能测量无人船在珠海正式发布（见图 10-4）。这是目前世界上最先进的全自动测量无人船系统。该系统将传感器、智能控制导航、无线通信、高精度卫星导航（支持北斗）、声呐探测等众多先进技术相融合，能自动、精准、高效地开展水深测量、库容勘测、水文测验、疏浚检测等各种任务，可借助 GNSS 卫星定位导航自主地在水面上航行，并自动躲避水面障碍物，确保航行线路安全可靠。除了自主导航、智能避障，“方洲号”智能测量无人船还能进行实时通信，对测量数据和 360°视频信息进行实时传输；并在测量过程中，根据惯导提供的方位、姿态、加速度等信息，对测绘数据进行实时修正，确保数据精准有效。

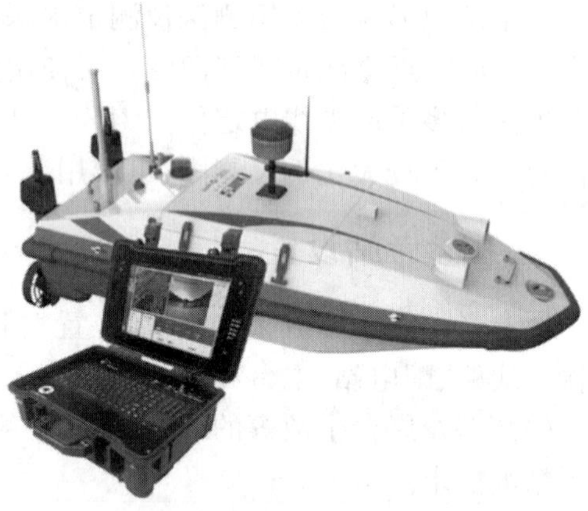

图 10-4 “方洲号”智能测量无人船

五、内业处理

将测得的数据（坐标文件）调入 CASS5.0 软件中，根据测量得到的水底高程，绘制等深线。

第七节　GPS 在其他领域中的应用

一、GPS 在公安、交通系统中的应用

过去,用于公安、交通系统的设备主要是无线电通信设备,由调度中心向车辆驾驶员发出调度命令,驾驶员根据自己的判断说出车辆的大概位置,而在生疏地带或夜间则容易迷路。因此,从调度管理和安全管理方面,其应用受到限制。GPS 定位技术的出现给车辆、轮船等交通工具的导航定位提供了具体的实时定位能力。驾驶员通过车载 GPS 接收机可以随时知道自己的具体位置,并通过车载电台将 GPS 定位信息发送给调度指挥中心,从大屏幕电子地图上显示出来,调度指挥中心便可掌握各车辆的具体位置。

二、GPS 在农业领域中的应用

利用 GPS 技术,配合遥感技术(RS)和地理信息系统(GIS),能够做到监测农作物产量分布、土壤成分和性质分布,做到合理施肥、播种和喷洒农药,节约费用,降低成本,达到增加产量、提高效益的目的。利用差分技术可以做到以下几点:

(1)土壤养分分布调查。在播种之前,用车辆(配有 GPS 接收机和计算机)按一定要求在农田中采集土壤样品,并将样品采集点的位置精确测定出来,输入计算机后,计算机依据地理信息系统将采样点标定,绘出土壤样品点位分布图。

(2)监测作物产量。在联合收割机上配置 GPS 接收机、计算机和产量监视器,就构成了作物产量监视系统。在收割作物时,同时记录作物的位置和产量,通过计算机绘制出每块土地产量的分布图,见图 10-5。

图 10-5　GPS 在农业领域中的应用

(3)合理施肥、精确农业管理。在 GPS 的控制下,依据土壤养分含量分布图,能够合理地给田地的各点施肥,施用的化肥种类和数量由计算机根据养分含量分布图控制。

在作物生长期的管理中,利用遥感影像并结合 GIS 可绘出作物色彩变化图,利用 GPS

可采集一定数量的土壤及作物样品进行分析,并绘制出作物生长的不同时期的土壤养分含量的系列分布图。可做到精确地对作物生长进行管理。

三、GPS 在林业管理方面的应用

在森林中进行常规测量非常困难,而 GPS 定位技术则可以发挥它的优越性,在确定林区面积、估算木材量、计算可采伐木材面积、确定原始森林和道路位置、对森林火灾进行周边测量、测定地区界线方面可以发挥其独特的重要作用。

四、GPS 在旅游及野外考察中的应用

在旅游及野外考察中,导航型 GPS 是人们最忠实的向导。它可以随时告诉人们所在的位置及行走速度和方向,使人不会迷失路途。

思考题与习题

10-1　2000 国家 GPS 大地控制网的特点是什么?

10-2　区域大地控制网的建立在我国已基本被 GPS 技术所取代,主要在以下哪几个方面?

10-3　铁路 GPS 线路控制网布设应满足哪几个条件?

10-4　布设 GPS 点对的原则有哪几条?

10-5　GPS 水准如何解决长隧道 GPS 施工控制网的高程问题?

10-6　地铁精密导线 GPS 测量的特点是什么?在制订作业方案时应如何考虑?

××市 GNSS 三等平面控制网 测量技术设计书

××省测绘地理信息局

编制者：×××（工程师）
审批者：×××（总工程师、高工）
甲方审查者：×××（高工）×××（教授）

二〇一六年九月

××市 GNSS 三等平面控制网
测量技术设计书

为了满足××市10年规划发展的需要,受××市规划管理处委托,××省测绘地理信息局承担该市三等 GNSS 平面控制网测量任务,测量日期定于2016年10~11月。为使该项任务顺利实施,特制定本技术设计书。

一、测区及任务概况

本测区位于××省东南部,城市规划范围为本次 GPS 测量控制区域,约500 km^2;测区东西长约31 km,南北宽约17 km,属平坦间或有部分沙丘地形,平均高程约93 m,测区中部地处北纬××°××′,东径×××°××′。

测区北临××,××铁路呈南北向横贯测区;主要公路有向北"××—××"、向东"××—××"、向西"××—××"、向南"××—××"、向东南"××—××",此外还有数条通向四周主要集镇的公路,交通甚为便利。

该 GPS 三等控制网选点埋石已由××市规划局先期完成,全网待求点32点,联测已知大地点3点,共35点,控制网联测按附图实施。

该网联测的三个已知大地点为:

Ⅰ等"王岗",位于测区南部约8 km 处,觇标已破坏,标石良好。

Ⅰ等"马村",位于测区北部边缘,寻常钢标,标石完好。

Ⅱ等"榆村",位于测区西南角边缘,35 m 双锥钢标,标石完好。

该网设计联测图以三角形点传递形式为主,全网有6个传递环路,环内侧边数不超过5条,测区东部因距已知点较远,则特辅设一个直接联测Ⅰ等"马村"的三角形以加强之。全网待求点均至少与两个三角形相连,加之Ⅰ等"王岗"必须两次设站。则全网重复设站率100%,≥3的设站率为47%,可形成充分的多余观测条件。其主要技术参数见下表:

总点数	同步图形个数	非同步图形个数	独立基线向量数	必要基线向量数	多余观测基线数	总基线向量数	重复基线向量数	全网总体可靠性	EDM 检核基线数
34	29	19	58	33	25	87	5	0.43	3

该网6°带坐标采用20带,其中央子午线经度为×××°。三个已知点有1954年北京坐标系成果及1980年西安坐标系成果,可利用其计算出该网两套坐标,此外,根据××市规划管理局要求,计算出一套 CGCS2000 国家大地坐标成果和全网"××市独立坐标系"成果。其换算公式由××市规划管理局提供。

该网位于地面上的待求点高程均由"××市规划管理局"采用Ⅱ等直接水准联测,可适当选择作为网平差的高程约束点。

二、技术依据及精度指标

1. 技术依据：

a. 中华人民共和国住房和城乡建设部．CJJ/T 73—2010 卫星定位城市测量技术规范［S］．北京：中国建筑工业出版社，2010.

b. 中华人民共和国国家质量监督检验检疫总局，中国国家标准化管理委员会．GB/T 18314—2009 全球定位系统（GPS）测量规范［S］．北京：中国标准出版社，2009.

c. 本技术设计书。

2. 精度指标：

a. 相邻点几何精度应符合下式要求：

$$m = e + ps$$

式中 e——固定误差，取仪器标称精度 10 mm；

p——比例误差，取仪器标称精度 2 mm；

s——相邻点间距离，以 km 为单位。

b. 该 GNSS 网为城市三等平面控制网，其定位精度应符合下式要求：$m = 10\ \text{mm} + 5 \times 10^{-6} s$（$s$ 为两点间距离，以 km 为单位）。

三、观测纲要

1. 观测的基本技术规定：

a. 卫星高度角≥15°。

b. 最少观测卫星数为 4 颗。

c. 每点观测时段数≥2。

d. 观测时段长度≥90 min。

e. 数据采样间隔 15 s。

2. 观测前需将接收机安置在室外采集若干信息，利用随机软件打印出当地星历预报，认真比较分析有关数据和图表，选择 PDOP 值小且变化较平缓的星座制订好观测计划。

3. GPS 观测所选的有效观测卫星与测站组成的几何图形应尽可能坚强，其图形强度因子 PDOP 值应≤8。

4. 观测作业时宜从起点开始循图形逐点或逐边顺序观测，一般不宜跳跃前进。

5. Ⅱ等“榆村”觇标高大，须事先将标头拆除。在架顶安装仪器，用 5 kg 以上重锤强制对中；Ⅰ等“马村”为寻常钢标，须将能遮挡接收机的部分拆除直接将仪器架设在标石上方。此外，该网中有相当一部分点设在水塔顶部，安置脚架时应注意脚部牢固，必要时将水塔顶部部分打毛。无论高层水塔还是高标，攀登及吊装仪器时应格外小心谨慎，以免发生安全事故，风力较大的天气，不可在高标和水塔上作业。

6. GPS 接收机所使用的光学对中器一般应每隔 5 d 检校一次，以确保对中的准确性，对中误差应满足 1 mm 的要求。

7. 安置接收机时，应精心对中整平，并利用罗盘，使天线定向标志线指向正北，其偏差不应大于 5°。

8. 个别点可能距障碍物较近，为保证卫星高度角≥15°；须将接收机架高，但需用重锤强制对中，并慎重考虑仪器高量测方法。

9. 遇到雷雨天气时，不要强行作业，以确保仪器和人身安全。

10. 观测员须遵循事先制订的作业计划，提前赶到预定点位，按规定的时间作业，同步观测同一组卫星。

11. 接收机开始记录数据后，观测员可使用专用功能键和选择菜单查看测站信息，接收卫星数量、卫星号、各通道信噪比、PDOP 值，实时定位结果及其变化等情况。

12. 每时段观测前后应各量取天线高一次，两次高之差不应大于 3 mm，取平均值作为最后天线高，若互差超限，应查明原因，提出处理意见，记入测量记录观测记事栏。

13. 观测员应细心操作，精心守护仪器，静置和观测期间防止接收机受震动、碰动和无关人员接近，尽可能保持净空，若发现信号周跳或失锁，应查明原因，及时处理。

14. 一时段观测过程中不允许进行以下操作：

a. 接收机关闭又重新启动；

b. 进行自测试（除发现故障外）；

c. 改变卫星高度角限制；

d. 改变接收机位置，修改输入天线高。

15. 当站观测完毕后，经认真检查，所有规定作业均已全面完成，并符合要求，记录与资料完整无误，方可迁站。不允许事后补记测量手簿内容。

16. 测量手簿的记录项目参照《规范》。按顺序装订成册，不得缺损。

四、数据处理

1. 每一观测日结束回到驻地后，应及时将接收机获取的数据文件传输拷贝到计算机软盘上，并在软盘外面贴上标签，标签所注内容及形式为：

文件名－网名－点名－软盘序号

其中：文件名形式取观测日期和当日时段号，如 1020－1 表示 10 月 20 日第一时段。

2. 数据存储软盘应专人精心保管，不得接近水、静电、磁场、油污等，不允许对其进行任何剔除、删改或重新加工组合。

3. 每一观测工程结束后，应当日进行基线处理，及时对已完成的重复测量基线进行比较，发现问题，及早查明原因，采取对策。

4. 全网正式平差前，应利用随机软件对同步边观测数据进行检核，分析观测值残差；计算出观测值的剔除率（应 $<10\%$）；计算各时段差值的中误差及相对中误差。

5. 同一条边两个以上时段的成果互差，应小于前述几何精度的 $\sqrt{2}$ 倍。

6. 三部接收机所测同步边组成三角形时，其坐标分量闭合差不超过下式规定：

$$W_x \leqslant 3\sqrt{3}\sigma$$

$$W_y \leqslant 3\sqrt{3}\sigma$$

$$W_z \leqslant 3\sqrt{3}\sigma$$

7. 非独立观测的闭合环，应以较合理、较重要的若干关键环组合检核，检核项目参照《规范》进行。

8. 补测与重测：

a. 未按实测方案要求，外业有缺测、漏测或经质量检查与数量处理后，观测数据不足时，有关成果应予补测。

b. 当检核发现边长观测数据或闭合差超出规定要求时，应对其中某些质量较差的成果进行重测。

c. 凡需补测或重测的边，应尽量安排一起进行同步观测。

9. 经检核分析，各种数据无误后，方可进行全网平差，平差软件使用随机的软件系统。

该网 32 个待定点的 1954 年北京坐标系和 1980 年西安坐标系两套成果平差解算后，还应计算出一套 CGCS2000 国家大地坐标成果和 × × 市独立坐标成果。

五、上交资料

1. 网中待求点的 1954 年北京坐标系 6°带坐标，1980 年西安坐标系坐标及城市独立坐标系统成果表。

2. 网中待求点的 WGS－84 系坐标成果表。

3. GNSS 控制网展点图。

4. GNSS 测量外业记录及检核计算成果。

5. 技术总结。

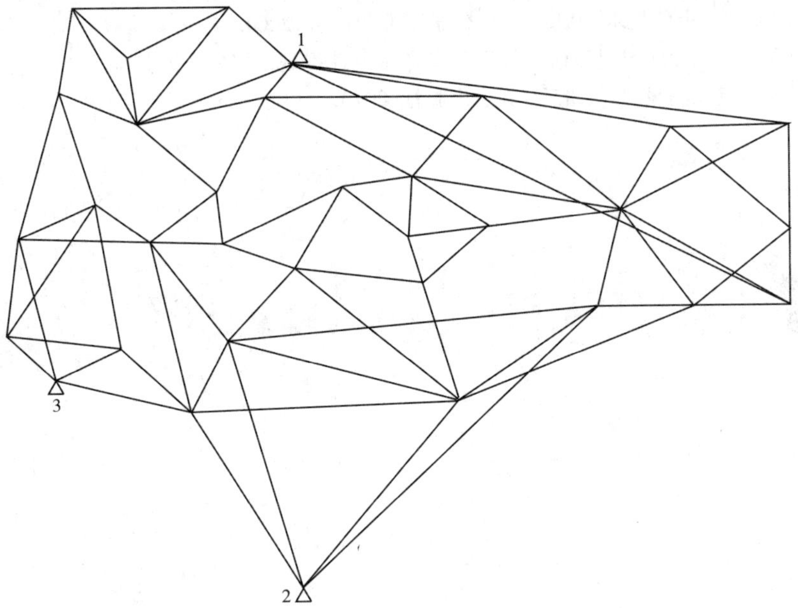

× × 市三等 GNSS 平面控制网

参 考 文 献

[1] 朱华统．常用大地坐标系及其变换[M]．北京：解放军出版社，1990.
[2] 王昆杰，王跃虎，李征航．卫星大地测量学[M]．北京：测绘出版社，1990.
[3] 王广运，陈增强，陈武，等．GPS 精密测地系统原理[M]．北京：测绘出版社，1988.
[4] 许其凤．GPS 卫星导航与精密定位[M]．北京：解放军出版社，1989.
[5] 李庆海，崔春芳．卫星大地测量原理[M]．北京：测绘出版社，1989.
[6] 周忠谟，易杰军，周琪．GPS 卫星测量原理与应用[M]．北京：测绘出版社，1992.
[7] 刘基余，李征航，王跃虎，等．全球定位系统原理及其应用[M]．北京：测绘出版社，1993.
[8] 金国雄，刘大杰，施一民．GPS 卫星定位的应用与数据处理[M]．上海：同济大学出版社，1994.
[9] 中华人民共和国行业标准．全球定位系统城市测量技术规程[M]．北京：中国建筑工业出版社，1997.
[10] 徐绍铨，张华海，杨志强，等．GPS 测量原理及应用[M]．武汉：武汉大学出版社，1998.
[11] 国家质量技术监督局．全球定位系统（GPS）测量规范[M]．北京：测绘出版社，2009.
[12] 王广运，等．GPS 测地研究与应用文集[M]．北京：测绘出版社，1992.
[13] 张凤举，王宝山．GPS 定位技术[M]．北京：煤炭工业出版社，1997.
[14] 刘基余．GPS 卫星导航定位原理与方法[M]．北京：科学出版社，2003.
[15] 周建郑．GPS 测量定位技术[M]．北京：化学工业出版社，2004.
[16] 国家测绘局．全球导航卫星系统连续运行参考站网建设规范[M]．北京：测绘出版社，2005.
[17] 周建郑. GNSS 定位测量[M]. 北京：测绘出版社，2013.